Thomas D'Aquin Simbe Avore

A institucionalização da luta moderna contra a malária

Thomas D'Aquin Simbe Avore

A institucionalização da luta moderna contra a malária

Dinâmicas, resistências, efeitos: o caso da região Centro-Camarões(1919-2020)

ScienciaScripts

Imprint
Any brand names and product names mentioned in this book are subject to trademark, brand or patent protection and are trademarks or registered trademarks of their respective holders. The use of brand names, product names, common names, trade names, product descriptions etc. even without a particular marking in this work is in no way to be construed to mean that such names may be regarded as unrestricted in respect of trademark and brand protection legislation and could thus be used by anyone.

Cover image: www.ingimage.com

This book is a translation from the original published under ISBN 978-620-6-70277-1.

Publisher:
Sciencia Scripts
is a trademark of
Dodo Books Indian Ocean Ltd. and OmniScriptum S.R.L publishing group

120 High Road, East Finchley, London, N2 9ED, United Kingdom
Str. Armeneasca 28/1, office 1, Chisinau MD-2012, Republic of Moldova, Europe
Printed at: see last page
ISBN: 978-620-7-75001-6

Conteúdo

DEDICAÇÃO

Dedico este livro ao meu diretor de tese, Sr. TCHOUPIE Andre, cuja abertura, cumplicidade e observações pertinentes me ajudaram a levar até ao fim esta aventura exigente.

AGRADECIMENTOS

Este livro não teria visto a luz do dia sem a ajuda de uma série de pessoas. Antes de mais, gostaria de agradecer a :

À Dra. Charlotte MOUSSI, delegada regional de saúde pública do Centro, por me ter dado a oportunidade de efetuar entrevistas e recolher dados no seio da instituição pela qual é responsável;

Aos doutores Daniel EKOUA, o falecido Anastasie AKAMBA e Jean Ludovic AMBASSA, respetivamente directores dos hospitais distritais de Biyem-Assi, Cite-Verte e Ntui, por me terem permitido recolher dados nos hospitais sob a sua alçada. Sem a sua ajuda, não teria sido possível analisar os dados quantitativos contidos neste trabalho. Caros Doutores, aqui fica a expressão da minha profunda gratidão!

À Sra. Olivia Ngou, Directora Executiva das ONG Malaria No Moore e Impact Sante Afrique, por ter aceitado responder às minhas perguntas durante uma entrevista telefónica;

A todas as pessoas que encontrei durante as minhas investigações, tanto as que participaram como as que se recusaram a responder. Ajudaram-me a compreender uma parte do mistério que envolve a malária... Estou a lutar convosco!

A minha gratidão!

Introdução geral

O objetivo deste livro é estudar a dinâmica da institucionalização da luta contra o paludismo nos Camarões. Mais concretamente, tem como objetivo dar conta do processo através do qual a luta contra o paludismo se estabeleceu gradual e progressivamente como uma verdadeira instituição, mostrando aos leitores as várias tribulações e efeitos associados a este processo de institucionalização. O livro é, portanto, de grande interesse social, uma vez que permite às autoridades políticas e administrativas, aos actores do sector da saúde e às populações locais compreender melhor o estado da luta dita "modema" contra o paludismo nos Camarões em geral, e na região Centro em particular, avaliando esta forma de luta. Pretende também ser um instrumento de apoio aos decisores e às autoridades estatais, permitindo-lhes definir melhores estratégias de luta contra o paludismo. Para o efeito, foram desenvolvidas neste livro propostas para melhorar a luta contra o paludismo, depois de analisados os vários obstáculos à implementação efectiva e eficaz de políticas públicas modernas de luta contra a doença.

Falar de uma luta tradicional contra o paludismo implica que, num dado momento da história, houve uma luta tradicional contra a doença. Isto é compreensível, porque os povos da África em geral, e da África Subsariana em particular, sempre tiveram de enfrentar o paludismo, seja antes, durante ou depois da colonização. Mas os métodos utilizados para combater a doença nem sempre foram os mesmos, consoante o período da história. Falar de uma luta moderna contra o paludismo implica também que deixámos de lado preceitos e métodos de resposta antigos ou arcaicos e adoptámos métodos modernos ou de um período relativamente recente. Os antropólogos políticos, como Georges BALANDIER, consideram que o que é moderno se opõe ao que é tradicional. [1]Daí o nascimento do movimento "tradição e modernidade". Com base neste postulado heurístico, pode argumentar-se que a "luta moderna" se opõe à "luta tradicional". Se a luta moderna contra o paludismo deve ser reavivada como resposta a esta doença, é necessário reconhecer simultaneamente que esta forma de luta foi precedida por uma outra denominada "tradicional".

A malária é a doença parasitária mais disseminada no mundo. [2]Constitui um risco importante para mais de três mil milhões de pessoas da população mundial". A partir desta definição, pode ver-se que o paludismo é uma doença extremamente grave que afecta o bem-estar das pessoas em todo o mundo, especialmente na África subsariana. [3]Nos Camarões, o paludismo continua a ser a principal doença endémica e a principal causa de doença (morbilidade) e de morte (mortalidade) nos grupos mais vulneráveis, nomeadamente as crianças com menos de cinco anos e as mulheres grávidas. [4]Seria ilusório pensar que esta doença não constituiu uma

[1] BALANDIER (G), Anthropologie politique. Paris, PUF, 1967, pp. 186-217.
[2] LEKE (G.F) et al, Guide pratique de lutte contre le paludisme. Yaounde, L'harmattan, 2010, p. 9.
[3] *Ibid.*, p. 18.
[4] DEBUSSMANN (R), "Medicalisation et pluralisme au Cameroun allemand : autorite medicale et stratégies profanes", in: Outre-mer, L'Etat et les pratiques administratives en situation coloniale. [er]Tome 90, n° 338-339, 1

ameaça para as populações camaronesas de hoje, porque antes e durante o período colonial, elas foram confrontadas com os perigos desta doença, se os trabalhos de Robert DEBUSSMANN servirem de referência. [5]Num dos seus artigos, ele argumenta que, durante o período colonial alemão, as velhas doenças conhecidas como o paludismo, os parasitas intestinais e sanguíneos e as doenças respiratórias continuaram a ocorrer nos Camarões. Isto implica que o problema da malária nos Camarões é anterior ao período colonial alemão. Isto também implica que os métodos de combate a esta doença sempre existiram, mas não tinham nada a ver com o que se faz atualmente. Eram tradicionais, porque a modernite só foi introduzida em África no período colonial.

Situada no centro dos Camarões, a região Centro é um caso emblemático desta "tensão" entre "tradição" e "modernidade" na luta contra a malária. De facto, a região tem a reputação de ser o local onde a colonização francesa teve o maior impacto na população indígena. [6]Yaoundé, a sua capital, foi primeiro uma das capitais dos Camarões alemães e depois a única capital dos Camarões franceses. Os franceses implantaram fortemente a sua cultura e tradição, de tal forma que os nacionais da região Centro eram (e ainda são) considerados pelas populações das outras regiões, nomeadamente as do Norte dos Camarões, como *"pequenos nassara"* ou *". neo-nassara" (nassara* significa aqui branco). Esta rotulagem é compreensível se pensarmos que as populações do centro dos Camarões são as menos apegadas aos seus valores culturais e as mais propensas a comportarem-se como "brancos". Aqui, a modernidade sobrepôs-se à tradição. Nesta perspetiva, a luta contra a malária não é exceção. Embora os métodos tradicionais de luta contra o paludismo tenham sido muito importantes na região Centro num determinado momento da sua história, há que dizer que foram muito rapidamente banidos pelos métodos impostos pela colonização. A região Centro está situada no centro dos Camarões e faz fronteira com cinco outras regiões: Oeste, Adamaoua, Litoral, Este e Sul. Elie tem dez (10) grandes departamentos, trinta (30) distritos sanitários, 63 comunas de arrondissement e uma câmara municipal. A sua capital é Yaoundé, com uma população estimada em 3.798.044 habitantes, uma superfície de 68.926 km2 e uma densidade populacional de 45 habitantes por km2. O seu mapa administrativo é o seguinte

semester 2003

[5] *Ibid.* p. 230.

[6] Originalmente chamada "*Jaunde*" (1888-1916), a cidade que estamos a estudar foi fundada pelo explorador e botânico alemão Georg August Zenker na colónia alemã de *Kamerun.* Após a Primeira Guerra Mundial, mais precisamente em 1919, "*Jaunde*" passou a chamar-se "Yaoundé", rebaptizada pelos iranianos depois de os alemães terem deixado os Camarões.

Mapa 1: Mapa administrativo da região Centro

É de salientar que o termo "região Centro" nem sempre foi utilizado, uma vez que no passado se falava da "província Centro", que por sua vez provinha da antiga província "Centro-Sud" criada em 1919 com capital em Yaoundé. O termo "província do Centro" foi utilizado de 1983 a 2008. O decreto presidencial n.º 2008/376, de 12 de novembro de 2008, relativo à organização administrativa, introduziu a designação "região Centro". No entanto, para efeitos do presente livro, a expressão "região Centro" é utilizada para designar uma parte da província "Centro-sud", a "província Centro" e a própria "região Centro". Não se trata de um distrito administrativo ou de uma coletividade territorial descentralizada, mas de uma zona geográfica que existe desde 1919 e que conta atualmente com trinta (30) distritos sanitários, seis dos quais em Yaoundé (Biyem-Assi, Cite-Verte, Djoungolo, Efoulan, Nkolbisson e Nkolndongo) e os restantes na periferia. Cada distrito está subdividido em zonas sanitárias. [7][8]Deste modo, a região Centro pode ser considerada como um sistema global no qual existem vários subsistemas de saúde que funcionam segundo a sua própria lógica e codificação. [9][10] [11]nCada subsistema de saúde da região Centro é caracterizado por um habitus específico, uma 'categorização' e uma 'diferenciação funcional'. O que resulta imediatamente

---

[7] Com a expressão "sistema global", refiro-me a uma entidade territorial tão vasta como um Estado e constituída por uma multiplicidade de subsistemas sem os quais não existiria. Em termos mais concretos, o "sistema global" refere-se aqui à região Centro entendida como um distrito administrativo.

[8] A expressão "subsistema de saúde" refere-se aqui ao Distrito Sanitário. Usada no plural, refere-se a todos os Distritos Sanitários da região Centro. Como mencionado acima, são 30, sendo 06 no centro da cidade e 24 na periferia.

[9] Este conceito vem de Pierre Bourdieu, e não é outra coisa senão *"essa* lei imanente, *lex insista,* inscrita no corpo por histórias idênticas, que é a condição não só da concertação das práticas mas também das práticas de concertação". Refere-se à cultura e aos valores sociais de uma sociedade, interiorizados por todos os componentes dessa sociedade. O habitus é o que distingue uma entidade sociológica de outra. Cada subsistema de saúde da região Centro tem um habitus que o distingue dos outros subsistemas. Para mais pormenores, ver BOURDIEU (P), Le sens pratique, Paris, Minuit, 1980.

[10] Este termo vem de Sacks Harvey. Refere-se ao motor de aprendizagem da nossa vida em sociedade. Cada membro de uma sociedade sente e experimenta o mundo da mesma forma que os seus companheiros. Tudo isto é possível graças ao fenómeno da "categorização". A categorização do mundo pelos indivíduos varia de um Distrito Sanitário para outro na região Centro.

[11] Isto deve-se à necessidade de especialização, que levou à criação de sistemas autónomos, ou seja, sistemas com tarefas próprias que são executadas de acordo com a sua própria lógica e "codificação". Ver PAPADOPOULOS (Y), Complexite sociale et politiques publiques, Paris, Montchrestien, 1995, p. 18.

da observação é que existe uma disparidade gritante entre os bairros urbanos situados na cidade de Yaoundé, no departamento de Mfoundi, e os bairros rurais situados nos outros departamentos. Esta realidade social levou-nos a concentrar a nossa atenção nesta região.

Examinar a institucionalização da luta contra o paludismo na região Centro é analisar o processo através do qual esta forma de luta se foi instalando progressivamente nesta zona geográfica. Por outras palavras, trata-se de considerar como a luta contra o paludismo evoluiu para uma verdadeira instituição no subsistema Centro-Camarões. É de salientar que os primeiros passos para a institucionalização da luta contra o paludismo neste subsistema remontam à chegada dos colonizadores franceses em 1916 e, sobretudo, à criação da província Centro-Sul em 1919. [12]No âmbito da política colonial de "assimilação", logo que entraram na região, os franceses impuseram aos indígenas métodos específicos de luta contra o paludismo, através dos "médicos militares coloniais", cujo objetivo era banir os métodos tradicionais de luta contra o paludismo, que continuavam a ser utilizados e eram, por isso, taxados de "bárbaros". [13]A colonização francesa tornou-se assim uma *"força modemizadora"* na região Centro, ou seja, um modelo de universalização da modernização. É por isso que o nosso estudo tentará mostrar como a luta moderna contra o paludismo se tornou uma verdadeira instituição na região central dos Camarões, num horizonte temporal que vai de 1919 a 2020. [14]No entanto, este empreendimento enfrenta um sério problema de clarificação concetual, uma vez que a noção de "instituição" parece ser, em muitos aspectos, um dos conceitos mais banais que existem.

Foi no século XIX que a noção de instituição se tornou, para quase todos os fundadores da sociologia, um conceito central da sua disciplina. [15]Segundo Emile DURKHEIM, "podemos (...) chamar instituições a todas as crenças e modos de conduta instituídos pela comunidade" . Para o sociólogo francês, as instituições são o próprio objeto da sociologia, pois é através delas que se estabelecem os comportamentos sociais. [16]Jacques ROJOT vê as instituições essencialmente como factos auto-impostos que devem ser constantemente tidos em conta pelos actores sociopolíticos. [17]Jacques CHEVALLIER, por seu lado, vê-as como "todos os factos sociais que, ao longo do tempo, têm a aparência de uma realidade 'objetiva', 'natural', e são percebidos como tal pelos indivíduos" . [18][19]As instituições tornam-se então "processos pelos quais a sociedade se organiza" ou, melhor ainda,

[12] Encarregados de implementar a "medicina iraniana colonial", eram médicos formados na Escola Pharo de Marselha e enviados para as colónias iranianas para ajudar a domesticar os nativos.
[13] BALANDIER (G), Anthropologie politique. *Op. cit...* p. 187.
[14] TCHOUPIE (A), "l'institutionnalisation des deliberations dans l espace public au sein des chefferies Bamileke de l Ouest-Cameroun", in *Afrique etDeveloppement,* CODESRIA, Vol. XXXIV, 2009, p. 68.
[15] HERMET (G) et al, "Institution/institutionnalisme" in Dictionnaire de la science politique et des institutions politiques. 7 eédition revue et augmentee, Paris, Armand Colin, 2010.
[16] ROJOT (J), *Theorie des organisations,* Paris, Ed. ESKA, 2003, pp. 407-430.
[17] CHEVALLIER (J), Institutions politiques, Pans, LGDJ, 1996, p. 17.
[18] QUERMONNE (J-L), "Les politiques institutionnelles. Essai d'interpretation et de typologie", in GRAWITZ (M) e LECA (J), Traite de science politique, Paris, PUF, tome 4, 1985, p. 62.
[19] DURKHEIM citado por QUERMONNE (J-L), *Idem*, p. 63.

"fenómenos sociais, impessoais e colectivos, que apresentam permanência, continuidade e estabilidade" . [20]Apesar das suas divergências, todas estas apreensões da noção de instituição parecem assentar em dois elementos fundamentais que lhes servem de denominador comum, a saber, o enraizamento no corpo social e a permanência no tempo . [21]É a partir deste entendimento dinâmico do conceito de instituição que surge o conceito de institucionalização, que se refere aos processos e acções que tendem a organizar os modelos sociais de forma estável. A institucionalização pode ser definida como o conjunto dos processos que levam à criação de uma ou mais instituições. [22]O léxico da sociologia define-a como o processo que tende a organizar o funcionamento da sociedade de forma estável e duradoura com base em regimes . [23]Elias nasce em qualquer situação que se prolonga no tempo . Por esta razão, embora os processos de tomada de decisão desempenhem um papel importante neste estudo, a tónica será colocada nas trajectórias sociais e históricas através das quais a luta livre modema se tornou uma verdadeira instituição no subsistema Centro-Camarões. Esta abordagem permitir-nos-á compreender a luta modal contra o paludismo numa dinâmica de institucionalização. Analisaremos a forma como a luta moderna contra o paludismo se tornou, gradual e progressivamente, uma crença e um modo de conduta instituído pela comunidade. A questão central subjacente a este trabalho é, portanto, a seguinte: como se institucionaliza a luta moderna contra o paludismo na região central dos Camarões?

A resposta a esta pergunta dá origem à ideia central de que a luta moderna contra o paludismo na região Centro-Camarões está a ser institucionalizada através de uma série de acções que, no entanto, estão sujeitas a numerosas tribulações e têm efeitos ambivalentes. [2425]Para verificar esta hipótese, precisamos de nos concentrar não no 'velho institucionalismo' ou no 'arqueo-institucionalismo', mas sim no neo-institucionalismo. [26]Desenvolvido como uma reação contra o "velho institucionalismo" e a abordagem formalista-legalista que lhe está subjacente, este quadro teórico está longe de constituir uma escola de pensamento unificada. [27]Pelo contrário, nos últimos quinze anos, surgiram pelo menos três métodos de análise

---

[20] TCHOUPIE (A), "l'institutionnalisation des deliberations dans 1 espace public au sein des chefferies Bamileke de 1'Ouest-Cameroun", *Op. cit*... p. 68.

[21] HERMET (G) et al, *ibid.*

[22e] D OLLO (C) et al , "Institucionalização", in *Dictionnaire de sociologie*, 5 edição, Dalloz, 2017.

[23] BERGER (P) e LUCKMANN (T), La construction sociale de la realite. Pans, Metallic (ed. ong. 1966), 1992, p. 80.

[24] CHEVALLIER (J), Institutions politiques. *Op. cit*.... p. 17.

[25] QUANTIN (P), "La decouverte des institutions", in QUANTIN (P), Gouvemer les societes africaines : acteurs et institutions. Paris, Karthala, 2005, p. 13.

[26] Durante o período do "velho institucionalismo", os cientistas políticos concentraram-se na descrição das estruturas constitucionais e institucionais dos Estados. Esta abordagem foi condenada nas décadas de 1950 e 1960 pela sua forte tendência para a descrição em detrimento da explicação. O seu carácter formalista-legalista e a sua natureza descritiva e a-teórica foram duramente criticados. É por esta razão que o prefixo "neo" foi aplicado à forma atual de institucionalismo. Ler LECOURS (A), "L'approche neo-institutionnaliste en science politique : unite ou diversite ?" in Politique et Societe. Vol. 21, 2002, pp. 5-6.

[27] HALL (P.A) e TAYLOR ROSEMARY (C.R), "La science politique et les trois neo-institutionnalismes", in Revue francaise de science politique. °47 annee, n°3-4, 1997, p. 469.

diferentes, todos eles reivindicando o título de "neo-institucionalismo": o neo-institucionalismo histórico, o neo-institucionalismo sociológico e o neo-institucionalismo da escolha racional . [28]A combinação destas três correntes fornece-nos uma grelha analítica que permite combinar a interpretação estrutural e as estratégias dos actores, a definição contextual das políticas e das escolhas dos agentes e os quadros de predefinição dos seus comportamentos . Embora a variante histórica do neo-institucionalismo constitua a base principal da nossa análise, as outras duas variantes (sociológica e de escolha racional) serão igualmente úteis para o nosso trabalho.

O neo-institucionalismo histórico permitir-nos-á destacar as diferentes trajectórias históricas e sociais que contribuíram para a introdução da luta moderna contra o paludismo na região Centro-Camarões. Melhor ainda, permitir-nos-á reconstituir o processo histórico através do qual a luta moderna contra o paludismo se impôs progressivamente como norma de conduta e como quadro pertinente para a luta contra o paludismo neste subsistema. O neo-institucionalismo sociológico será utilizado para observar a contribuição da variável cultural no processo de introdução do controlo moderno do paludismo. Melhor ainda, permitir-nos-á ver como a cultura das populações locais atenua, dificulta ou "resiste" ao domínio da modernização sobre os valores tradicionais das populações da região Centro-Camarões. Em vez de ser total, a modernização na luta contra o paludismo acaba por ser "conservadora" ou "limitada". Quanto ao neo-institucionalismo da escolha racional, ele será utilizado para analisar os aspectos da implementação da luta moderna contra o paludismo que estão de acordo com os comportamentos instrumentais que revelam o instinto calculista dos actores envolvidos no domínio do paludismo. Este estado de coisas constitui um constrangimento importante no processo de institucionalização da luta contra o paludismo.

A mobilização de todas estas variantes do neo-institucionalismo faz com que, afinal, a luta contra o paludismo se tenha institucionalizado na região Centro, seguindo uma dinâmica de gradação e progressão, ainda que com muitas atribulações e efeitos ambivalentes. Assim, este livro divide-se em duas partes principais. A primeira parte intitula-se **"A dinâmica da institucionalização da luta moderna contra o paludismo".** Esta parte é composta por dois capítulos, o primeiro dos quais trata da utilização privilegiada dos métodos tradicionais até 2002. Destaca as diferentes acções empreendidas para combater a ameaça do paludismo entre 1919 e 2002. Estas acções inscrevem-se num processo histórico que pode ser dividido em duas fases, a primeira das quais vai de 1919 a 1960. Esta fase caracterizou-se pela intervenção privilegiada dos "médicos militares coloniais" no domínio do paludismo e pela omnipresença da medicina tradicional e profética. A segunda fase, de 1960 a 2002, caracteriza-se por uma ligeira modernização da luta contra o paludismo (capítulo I). O segundo capítulo destaca os mecanismos

[28] TCHOUPIE (A), "l'institutionnalisation des deliberations dans l espace public au sein des chefferies Bamileke de l'Ouest-Cameroun", *Op. cit...* p. 69.

através dos quais a luta contra o paludismo foi reforçada a partir de 2002. Sublinhando a "centralidade" do Estado neste processo de intensificação, analisa a implementação de métodos e práticas administrativas modernas na luta contra o paludismo, que resultaram da acentuação da comunicação para a mudança de comportamentos, do aumento do poder das autoridades públicas e da distribuição gratuita de mosquiteiros às famílias (capítulo II).

A segunda parte intitula-se **"A dinâmica da institucionalização: um equilíbrio pontuado com efeitos ambivalentes".** Elie inclui também dois capítulos, o primeiro dos quais trata das tribulações da dinâmica de institucionalização na luta contra o paludismo. Analisa as tribulações ligadas às instituições de controlo do paludismo e as ligadas ao campo de implantação dos actores sociais que dificultam a dinâmica de institucionalização do modelo de controlo do paludismo. No que diz respeito às instituições envolvidas na luta contra o paludismo, o capítulo destaca dois níveis de emaranhamento, nomeadamente o "emaranhamento político vertical" e o "emaranhamento político horizontal", que constituem atribulações institucionais que pontuam o endurecimento do modelo de luta contra o problema do paludismo. No que diz respeito ao campo de implantação dos actores sociais, o capítulo analisa as tribulações ligadas ao território, as ligadas aos nacionais e as ligadas à política de droga que adoptam (capítulo III). O segundo capítulo mostra que os efeitos da institucionalização da luta "modema" contra o paludismo na zona geográfica do Centro-Camarões são relativos e sugere formas de melhorar esta forma de luta "modema" contra o paludismo. O relatório mostra que, apesar das mudanças de comportamento dos cidadãos e da diminuição do número de casos de paludismo registados nas unidades de saúde, a doença ainda persiste na região Centro. Contudo, apesar desta persistência, a luta moderna contra o paludismo ainda pode ser melhorada (Capítulo IV).

Parte I

A dinâmica da institucionalização do controlo moderno da malária

A dinâmica da institucionalização da luta contra o paludismo é o processo através do qual esta forma de controlo se foi estabelecendo e institucionalizando progressivamente. Na zona geográfica do Centro-Camarões, este processo desenrolou-se em duas fases distintas: 1919-2002 e 2002-2020. Entre 1919 e 2002, os métodos tradicionais foram utilizados predominantemente por não especialistas e curandeiros tradicionais. Durante o mesmo período, mais especificamente entre 1960 e 2002, a luta contra o paludismo sofreu uma ligeira modernização devido a reformas de gestão e à racionalização da medicina tradicional. A trajetória da luta contra a doença sofreu então uma ligeira bifurcação.

[33]Entre 2002 e 2020, a luta contra o paludismo foi reforçada com a adoção e a aplicação do programa *"Fazer Recuar o Paludismo"*, que consagrou o princípio da "multissectorialidade". A trajetória da luta contra o paludismo sofreu então uma forte bifurcação, que conduziu a rápidas mudanças institucionais. A luta contra o paludismo passou a estar sujeita a uma dinâmica multifatorial na região Centro. Daí o seu endurecimento.

[34]Analisar as dinâmicas de institucionalização da luta contra o paludismo na área geográfica do Centro-Camarões, através de uma abordagem histórica das políticas públicas descrita como "neo-institucionalismo histórico", significa destacar as duas fases principais através das quais esta forma de controlo foi gradualmente estabelecida neste subsistema. A primeira fase decorreu entre 1919 e 2002 e caracterizou-se pelo recurso privilegiado aos métodos tradicionais de luta contra o paludismo **(capítulo 1).** A segunda fase, iniciada em 2002, caracteriza-se por uma intensificação dos métodos tradicionais de luta **(capítulo 2).**

Capítulo 1

Utilização preferencial dos métodos tradicionais até 2002

Convém salientar, desde já, que a história dos Camarões foi dominada por duas

[33] Voltaremos.

[34] Ler HALL (P.A) e TAYLOR ROSEMARY (C.R), "La science politique et les trois neo- institutionnalismes", in Revue Francaise de Science Politique. [e]47 annee, n°3-4, 1997, pp. 470-476. Ver também BELAND (D), "Neo-institutionalisme historique et politiques sociales: une perspective sociologique", in Politiques et Societes. vol. 21, 2002. 21, 2002.

potências estrangeiras sucessivas, os alemães e os franceses, pelo menos na parte oriental do país. As bases da luta moderna contra o paludismo nos Camarões foram lançadas durante este período da história. De facto, a chegada dos alemães em 1884 mudou completamente a forma como a população dos Camarões pensava sobre o controlo da malária naquela altura. Os colonos alemães introduziram uma "política de imposição" para combater a malária; por outras palavras, tiveram de abolir as velhas práticas dos povos ditos "bárbaros", que se curavam com plantas medicinais e colocavam o seu destino nas mãos de um indivíduo que, segundo os alemães, era inexperiente e que se chamava tradipratician ou marabout.

Para acabar com as velhas práticas de luta contra a malária que existiam na altura, a administração alemã criou uma instituição que até então era desconhecida da população local. Trata-se do hospital, o primeiro dos quais foi batizado de "Hopital Nachtigal". [35]Mas, perante este "golpe institucional", os indígenas não cederam. [36]Daí as tensões permanentes entre "especialistas profissionais e leigos independentes". De facto, na altura, houve uma certa apatia por parte das populações, que resistiram o melhor que puderam a esta "política de imposição" alemã. [37]É por isso que podemos afirmar, com Robert DEBUSSMANN, que, durante este período da história dos Camarões, "a medicalização deparou-se com uma barreira institucional não formalizada".

A chegada dos franceses em 1916 marca um ponto de viragem. A "política de imposição" na luta contra o paludismo foi substituída por uma "política de constrangimento" no âmbito da "medicina ofensiva itinerante". A medicina militar colonial francesa acompanhou o Dr. Leon Clovis Eugene JAMOT na sua estratégia móvel de luta contra as grandes endemias. Ao contrário do que acontecia no período alemão, as cenas de brutalidade eram comuns. Os indígenas eram espancados, maltratados e torturados por não obedecerem à "medicina militar" francesa. Os chefes tradicionais eram condenados, presos e espancados se os seus administradores não comparecessem em grande número. Equipas móveis percorriam as aldeias e quem estivesse em casa à hora da manifestação era espancado. [38]No entanto, é de salientar que, apesar dos constrangimentos, os indígenas resistiram à medicina francesa, criando "farmácias do mato". Foi na sequência desta "política" de coação que, em 1919, surgiu a área geográfica dos Camarões Centrais, com a criação da Província Centro-Sul.

[39]Falar da utilização privilegiada de métodos tradicionais para combater o

---

[35] Com esta expressão, refiro-me à imposição da medicina ocidental aos indígenas pelos alemães através da criação da instituição hospitalar.

[36er] V er DEBUSSMANN (R), "Medicalisation et pluralisme au Cameroun allemand : autorite medicale et stratégies profanes", In: outre-mer, Tome 90, n° 338-339, l semestre 2003, L'Etat et les pratiques administratives en situation coloniale, p. 246.

[37] Ibid. p. 238.

[38] Uma espécie de farmácia de aldeia onde os indígenas se tratavam com plantas medicinais.

[39] Trata-se de um programa destinado a erradicar o paludismo a curto prazo, criado em 1998 por iniciativa da Dra. Gro Harlem Brundland e constituído por um consórcio que inclui o Banco Mundial, o PNUD, a UNICEF e a OMS. Foi aprovado nos Camarões em 2000 e o seu comité começou a funcionar efetivamente em 29 de julho de 2002, na sequência da decisão N°0334/MPS/CAB. Para mais pormenores, ver MOULIOM MOUNGBAKOU

paludismo é analisar os mecanismos e métodos utilizados para combater esta doença antes da adoção e implementação do programa *"Roll Back Malaria"* pelas autoridades dos Camarões em 2002. Por outras palavras, entre 1919 e 2002, a luta contra o paludismo nos Camarões Centrais baseava-se em práticas pouco ortodoxas e mais ou menos arcaicas. [40]Durante este período, a luta contra o paludismo esteve sujeita a dinâmicas históricas específicas, cuja trajetória foi marcada por pontos de bifurcação e mecanismos de bloqueio. Entre 1919 e 1960, ou seja, durante o período colonial, a luta contra o paludismo foi levada a cabo através da intervenção privilegiada dos "médicos militares coloniais" e de práticas tradicionais e proféticas **(Secção 1).** Entre 1960 e 2002, ou seja, durante o período pós-independência, a luta contra o paludismo foi ligeiramente modernizada **(Secção 2).**

SECÇÃO I

(...) a intervenção privilegiada dos "médicos militares coloniais" e ▪ a omnipresença das práticas tradicionais e proféticas (1919-1960)

Entre 1919 e 1960, a luta contra o paludismo no domínio da saúde social nos Camarões Centrais baseou-se em práticas pouco ortodoxas, daí o seu arcaísmo e carácter tradicional. Era o resultado da "medicina colonial" e das práticas das populações aldeãs que se tinham instalado no local. De facto, a administração colonial francesa tinha criado mecanismos especiais para combater as pandemias em geral e o paludismo em particular. [41]Estes dispositivos, que eram de "tipo novo" para as populações que se tinham instalado muito antes da chegada do colonizador, derivavam da chamada "medicina militar colonial francesa", porque *"nessa altura, eram os médicos militares franceses que tratavam os doentes"* . [42]Embora estes médicos fossem especialistas no domínio da medicina, tendo feito a sua formação na École du Pharo de Marselha, utilizavam métodos pouco ortodoxos para tratar os doentes nas colónias. Ao mesmo tempo, as populações locais não abandonaram as suas práticas tradicionais de luta contra as endemias locais. De facto, estas práticas foram, em tempos, o meio mais adequado para combater o paludismo.

Assim, entre 1919 e 1960, a luta contra o paludismo na zona geográfica do Centro-Camarões baseou-se na intervenção privilegiada de médicos militares, não especializados no tratamento de doentes nas colónias **(parágrafo 1). Simultaneamente**, as populações indígenas impuseram uma "resistência" a esta medicina militar, insistindo nas suas práticas tradicionais e ancestrais de luta contra a doença **(n.º 2).**

(I.B), "Concurrence des therapeutiques traditionnelles et biomedicales dans la lutte contre le paludisme a l'Extreme-nord du Cameroun", in Journal des anthropologues, 2014, pp. 137-157.

[40] THELEN (K), "Comment les institutions evoluent: perspectives d'analyse comparative historique", L'annee de la regulation, 7, 2003-2004, p. 17,

[41] Observações feitas por Gottlieb LOBE MONEKOSSO, antigo Ministro da Saúde dos Camarões, numa entrevista publicada no jornal digital Cameroon-Info.Net, disponível em linha em http://www.cameroon-info.net/article/temoignage-comment-la-fille-du-president-ahidjo-a-ete-admise-au- cuss-131502.

[42] Escola iraniana onde os futuros médicos coloniais fizeram a sua formação especializada por volta dos anos 1920.

Ponto 1: O papel privilegiado dos médicos militares coloniais no domínio da malária (1919-1950)

Foi entre 1919 e 1950 que os médicos militares coloniais se envolveram particularmente no domínio da malária através da implementação de várias acções no âmbito da *"medicina militar colonial francesa"*. [43]Eram simultaneamente médicos e militares e a sua missão era pôr em prática a "medicina colonial", que não passava de um instrumento da colonização dos Camarões. Nesta fase da história, o recurso à força física era o meio mais conveniente para assegurar a saúde da população e, assim, erradicar a malária. A administração colonial francesa, através dos seus médicos militares não especializados, utilizou a coerção tanto na medicina preventiva (A) como na medicina curativa **(B).**

A- O papel privilegiado dos médicos militares na medicina preventiva

A medicina preventiva refere-se a um conjunto de medidas e práticas implementadas para evitar que as populações locais adoeçam. [44]Os médicos militares coloniais franceses adoptaram esta forma de medicina, razão pela qual centraram inicialmente a sua luta contra o paludismo na vertente preventiva, através da estratégia conhecida como "pasteurização". Esta estratégia baseava-se numa série de medidas restritivas, através das quais os não especialistas incitavam a população a respeitar rigorosamente as medidas de higiene. A estratégia concretizou-se no plano social, com a criação de uma polícia sanitária (1) e de um sistema de disciplina sanitária (2).

1. O papel dos médicos militares na criação da polícia sanitária

Para prevenir os casos de malária, a administração francesa, seguindo os passos da administração alemã, criou uma polícia sanitária. O objetivo da medicina militar era incentivar a população a respeitar as regras básicas de higiene. Uma "vigilância sanitária", composta por militares, foi encarregada de sensibilizar e, em seguida, de punir os indígenas que praticassem actos de insalubridade. Foi criada uma forma de comunicação "informal" para alterar os comportamentos. Algumas atitudes foram proibidas:

- Tomar uma refeição ao meio-dia sem tomar banho;
- Deitar fora o lixo doméstico perto das habitações;
- Dormir ao ar livre durante a noite.

A polícia sanitária também dava grande ênfase ao desporto como "disciplina sanitária". As raparigas recebiam os calos de artes domésticas e de infantário às primeiras horas da manhã. Todas as manhãs, era feita uma chamada para detetar as faltas a estes calos e, se necessário, era aplicada uma sanção. Equipados com um chicote e colocados em frente de cada concessão, os "polícias sanitários" zelavam pelo cumprimento rigoroso das medidas de higiene por parte dos indígenas. A

[43] Que é "um instrumento ambivalente de colonização, um meio de conquistar corações e até almas, parte de uma missão civilizadora multifacetada". Ler DIAW (M), L'appropriation communautaire des cases de sante selon la perspective des populations. These de doctoral en Geographic, Universite Paris Saclay, 2019, p. 22.

[44] Técnica emprestada do biólogo francês Louis Pasteur, que foi o primeiro a descobrir os meios de prevenção da raiva em 1865.

disciplina sanitária foi assim estabelecida.

2. O papel dos médicos militares no estabelecimento da disciplina sanitária

Como contrapartida da polícia sanitária, a disciplina sanitária visava promover um tipo de comportamento ao qual os indígenas eram particularmente resistentes:

- Lavar as mãos com água limpa e sabão antes de comer;
- Tomar nivaquine todas as sextas-feiras de manhã antes de qualquer atividade;
- Limpar as latrinas todos os sábados;
- Praticar desporto;
- Abster-se de todos os ritos tradicionais e da auto-medicação.

[45]Para atingir este objetivo, os médicos militares utilizaram medidas restritivas como a "Vigilância", o "Controlo", a "Quarentena" e o "Isolamento" das populações locais. [46]A disciplina sanitária tinha também como objetivo fazer das populações do campo sócio-sanitário do Centro o protótipo de homem que a administração colonial gostaria de ter, de acordo com a "biopolítica colonial" . Em caso de abdicação, o "infrator" era apresentado ao conselho de disciplina, que se realizava todos os sábados no "Camp d'Ayos" e era presidido por um médico militar chefe.

Para erradicar a ameaça da malária, os não especialistas recorreram à medicina preventiva através de uma estratégia conhecida como "pasteurização". O objetivo era obrigar os indígenas a adotar um determinado número de comportamentos para evitar os casos de malária. Para além da prevenção, os médicos militares também estavam habilitados a tratar os doentes no âmbito da medicina curativa.

B- O papel privilegiado dos médicos militares na medicina curativa

Como a vertente preventiva da medicina não era suficiente para combater a malária, os médicos militares recorreram também à medicina curativa. Esta refere-se a todas as medidas e práticas implementadas para tratar as pessoas que já estavam doentes. A vertente curativa da medicina militar francesa recorria à força física para obrigar as pessoas a irem ao hospital (1) e para tratar os casos de paludismo em casa (2).

1. O uso da violência no encaminhamento de doentes com malária para o hospital

Entre 1919 e 1950, os habitantes da região Centro eram obrigados a dirigir-se ao hospital se adoecessem às mãos dos médicos militares franceses. De facto, a "medicina ofensiva itinerante" implementada nos Camarões Orientais Franceses não deixava margem para questionar a validade da instituição hospitalar em caso de malária. [47]Todo um sistema foi montado para obrigar a população a receber os cuidados de saúde ditos "modernos" prestados pelo "dispensário da Messa" criado

[45] Ver DEBUSSMANN (R), Op. cit... p. 234.

[46] Neologismo utilizado para identificar uma forma de poder (colonial) que não incide sobre os territórios mas sobre as populações, o biopoder. Ler CHOUMIL (E), "Les ambitions d'un medecin colonial en Afrique :l'histoire du docteur Jean Joseph David", In Classe Internationale, 8 fevrier 2018.

[47] Agora, o Hospital Central de Yaoundé...

em 1933 (ver imagem 1 abaixo). [48]É neste sentido que David APTER vê o colonialismo como uma "força modemizante", um modelo através do qual a modernização foi universalizada. Segundo a medicina colonial, as práticas tradicionais dos povos "bárbaros" deviam ser abolidas. [49]Para o conseguir, os doentes deviam ser procurados, tratados e curados a todo o custo. Para tornar isto plausível, foi confiada a uma equipa de médicos militares a tarefa de explorar meticulosamente as zonas a controlar até aos seus limites. Todas as aldeias foram visitadas, todos os habitantes foram examinados um a um e foi feito um recenseamento com o nome de cada pessoa. Os doentes eram obrigados a apresentar-se no dia seguinte no dispensário para serem tratados. Em caso de insubordinação, recorria-se à força física contra os nativos, que eram descritos como "selvagens". [50]Ao reforçar a autoridade e a posição coloniais, a medicalização fazia parte integrante do contexto político e social em que os médicos actuavam.

Imagem 1: dispensário Messa czëë em 1933.

Fonte: mystory-iwdical.jimdofree.com/etablissements-cat-l-2/hop-central/

É de salientar que a população local resistiu à medicina militar com base na coação. Os Elies recusavam-se a ir ao dispensário e a tomar medicamentos. Albert Schweitzer descreveu a insubordinação dos nativos nos seguintes termos:

"Eles não querem ir aos treinos matinais. É preciso ir buscá-los um a um. Se não for logo a vez dele, desaparece e regressa calmamente a casa. Quando se chama o medicamento ou a injeção, ele ouve o seu nome, mas não se mexe. [51]Mesmo as chamadas repetidas não lhe interessam; só vem

---

[48]Ler BALANDIER (G), Anthropologie politique. Op. cit... p. 187.

[49] Ver DEBUSSMANN (R), "Medicalisation et pluralisme au Cameroun allemand : autorite medicale et stratégies profanes", Op. cit... p. 232.

[50] Ibid. p. 230.

[51] Citado por DEBUSSMANN (R), Ibid. pp. 232-233.

quando o agarramos pelo braço" .
[52]Para "quebrar" a resistência dos indígenas, os médicos militares franceses trabalhavam em sinergia com os chefes das várias aldeias, que eram os "auxiliares de saúde indígenas", os verdadeiros intermediários entre os serviços de saúde coloniais e as populações. Era através deles que a coação se tornava mais plausível. Estes chefes eram responsáveis pela aplicação de sanções às famílias daqueles que se recusavam a ir ao dispensário. A pena mais comum era a redução da ração alimentar. Com isso, os "auxiliares de saúde indígena" conseguiam "quebrar" a resistência da população. [53]Em caso de insubordinação grave e repetida, o "delinquente" era levado para o "campo dos Ayos", onde o médico-chefe tinha poderes para disciplinar os indígenas, enquanto que, no regime colonial, o direito de punir estava reservado aos administradores das colónias. [54]Por conseguinte, a autoridade do médico dificilmente se estabelecia dentro das paredes do próprio hospital. A obrigação da população de permanecer perto do hospital era completada por rondas e visitas ao domicílio, o que permitia tratar à força os doentes em casa.

2. A relativa sistematização dos cuidados forçados aos doentes no domicílio

[55]Entre 1919 e 1950, no domínio da saúde social do centro dos Camarões, no início de cada semana, os médicos militares franceses faziam rondas e visitavam as casas das populações no âmbito da implementação de "programas verticais de luta contra o paludismo". [56]Fruto de um percurso institucional traçado pelo Dr. JAMOT, esta estratégia permitia a actores não especializados quebrar a resistência das populações, tomando-as diretamente a cargo nas suas casas, ao mesmo tempo que as intimidava. As repreensões eram feitas àqueles que estavam dispostos a utilizar plantas medicinais. [57]O objetivo da medicina francesa era proibir o auto-tratamento e as curas por especialistas locais. [58]Foi o que o médico Jean Joseph DAVID e a sua equipa se propuseram fazer nas suas várias visitas a Yaoundé por volta de 1940. Todas as casas da região de Yaoundé eram escrupulosamente inspeccionadas com a ajuda de um veículo com uma cruz vermelha, sendo a força física utilizada na maioria das vezes contra aqueles que se recusavam a abrir a porta quando os médicos chegavam. Em certos aspectos, as rondas médicas eram o pólo oposto do hospital. [59]Nas zonas remotas, onde o hospital era inacessível, o médico itinerante

[52] Ler DIAW (M), L'appropriation communautaire des cases de sante selon la perspective des populations. Op. cit... p. 23.
[53] Ler CHOUMIL (E), "Les ambitions d'un medecin colonial en Afrique : l'histoire du docteur Jean Joseph David", In Classe Internationale. 8 de fevereiro de 2018.
[54] Ver DEBUSSMANN (R), "Medicalisation et pluralisme au Cameroun allemand : autorite medicale et stratégies profanes", Op. cit... p. 233.
[55] Ver Plan Strategique National de Lutte contre le Paludisme au Cameroun 2007-2010. investing in our future, the global fund, to fight AIDS, Tuberculosis and Malaria, p. 16.
[56]Ver PALIER (B) e SUREL (Y), "Les "trois I" et l'analyse de l'Etat en action", in Revue Franqaise de Science Politique, 2005/1 Vol. 55, p. 7-32.
[57] Ver DEBUSSMANN (R), Idem, p. 237.
[58] Oficial das Troupes Coloniales, licenciou-se em 1929 no Pharo de Marselha, escola onde os futuros médicos coloniais faziam a sua formação especializada. Em 1939, foi nomeado chefe da região de Haut-Nyong pelo governador Richard Brunot. Tratou vários doentes com malária em Yaoundé, no âmbito das suas digressões e visitas ao domicílio.
[59] Ler DEBUSSMANN (R), Op. cit... P. 234.

podia contactar os doentes. [60]A desobediência dos indígenas neste contexto era uma das "estratégias típicas dos camponeses face ao poder".

Imagem 2: Um médico militar francês na companhia de indígenas durante passeios e visitas domiciliárias em Yaoundé, em 1940.

Fonte: etudescoloniales.canalblog.com

Imagem 3: Doutor Jean Joseph David no meio de 5ëance consulta de pacientes em casa (1940).

Fonte: https://www.unidivers.fr/le-medecin-qui-voulut-etre-roi-guillaume-lachenal/le-medecin-qui-voulut-etre-roi-guillaume-lachenal-aux-editions-du-seuil-4/

Imagem 4: Tratamento /ozcëe de doentes com malária em casa durante as visitas domiciliárias (1940)

[60] Ibid. p. 233.

Fonte: *https://www.unidivers.fr/le-medecin-qui-voulut-etre-roi-guillaume-lachenal/le-medecin-qui-voulut-etre-roi-guillaume-lachenal-aux-editions-du-seuil-4/*

A medicina curativa colonial para combater a malária reflectiu-se no campo social através da obrigação de a população se deslocar ao hospital e da assistência forçada aos doentes em casa. Os médicos militares franceses utilizavam a força física para tornar plausível a luta contra a malária. [61]Foi também por isso que foram descritos como "actores não especializados". A partir de 1950, o sucesso da medicina colonial é inegável e percetível, graças ao tratamento forçado dos doentes. Quase todas as doenças endémicas tinham desaparecido. As populações locais habituaram-se progressivamente a estas medidas e puseram de lado os seus antigos métodos tradicionais de luta contra o paludismo. Mas, devido às dificuldades associadas ao crescimento rápido e exponencial da população local e à procura cada vez maior de cuidados de saúde, os médicos militares sentiram-se obrigados a exigir que os indígenas pagassem uma quantia em dinheiro para receberem cuidados de saúde. Este facto levou a população local a abandonar o hospital em favor da auto-medicação. Foi nesta altura que a medicina tradicional e profética começou a ganhar terreno.

Ponto 2: A omnipresença da medicina tradicional e profética (1950-1960)

A partir de 1950, a luta contra o paludismo no Centro conheceu a sua primeira bifurcação devido à ascensão da medicina tradicional e profética. De facto, a partir deste momento histórico, a medicina tradicional francesa foi ultrapassada pela forte procura de cuidados de saúde por parte da população local, devido à combinação de dois factores: a eficácia comprovada da medicina militar francesa e o crescimento da população local. Estes dois factores obrigaram os médicos franceses a introduzir o pagamento de uma quantia em dinheiro para receber cuidados de saúde nos dispensários, que anteriormente eram gratuitos. Foi nesta altura que os indígenas

[61] Ver imagens 2, 3 e 4 em anexo a este trabalho.

introduziram medidas paralelas de luta contra a malária. Trata-se da medicina tradicional (A) e da medicina profética (B).

A- A omnipresença da medicina tradicional

[62]De acordo com a definição oficial da OMS, a medicina tradicional "refere-se a práticas, métodos, conhecimentos e crenças em matéria de saúde que envolvem a utilização, para fins médicos, de plantas, partes de animais e minerais, terapias espirituais, técnicas e exercícios manuais - separadamente ou em combinação - para tratar, diagnosticar e prevenir doenças ou para manter a saúde" . [63]Nos países industrializados, as adaptações de certas práticas médicas tradicionais são designadas "complementares", "alternativas", "não convencionais" ou "paralelas" e são objeto de controvérsia quanto ao seu carácter não científico . [64]A OMS chama a atenção para o facto de a utilização inadequada de medicamentos ou práticas tradicionais poder ter efeitos negativos ou mesmo perigosos.

Durante o período colonial, apesar da sua proibição pela administração colonial francesa, a medicina tradicional manteve-se firmemente enraizada nas práticas terapêuticas das populações locais, chegando mesmo a afirmar-se como uma alternativa à medicina colonial a partir de 1950. [65]Daí as tensões permanentes entre "especialistas profissionais e leigos independentes" na zona geográfica dos Camarões Centrais. De facto, neste período da história, a prática da medicina tradicional reflectia-se na forte dependência das populações indígenas em relação às terapias locais (1) e à automedicação (2).

1. Forte dependência de terapias locais

Para ultrapassar as limitações da medicina militar francesa, as populações do campo social e sanitário dos Camarões Centrais recorreram a terapias locais para combater o paludismo por volta de 1950. [66]Foi o reinado do "tradicionalismo fundamental", como o considera Georges BALANDIER. As plantas naturais surgiram como uma alternativa à medicina ocidental, dado o seu carácter gratuito e a sua eficácia comprovada. Neste contexto, o tratamento do paludismo era efectuado por um "curandeiro" que dominava sozinho as virtudes terapêuticas das plantas medicinais. [67]Para tratar a *"Tsid"*, os curandeiros utilizavam várias terapias tradicionais. As mais difundidas eram o l'*Efobolo, o Miam, o* l'*Ekuk, o* l'*Esi Ngang, o* l' *Eyem* e o l' *Etombo.* [68]Estes remédios naturais tornaram-se os mais eficazes para travar a ameaça do paludismo, de tal modo que o médico europeu só era considerado como último recurso quando as curas tradicionais tinham falhado. Em termos concretos, o processo de tratamento do *"Tsid"* era efectuado de uma forma particular, de acordo com a seguinte dosagem:

---

[62] Ver en.wikipedia.org/wiki/Traditional_Medicine

[63] Ibid.

[64] Ibid.

[65] Ver DEBUSSMANN (R), Op. cit... p. 246.

[66] Uma forma de tradicionalismo que tenta salvaguardar os valores e as disposições sociais e culturais mais apoiados pelo passado. Ver BALANDIER (G), Anthropologie politique. Op. cit... p. 203.

[67] Na língua Beti, isto significa "baço grande", que continua a ser sinónimo de malária.

[68]Ler DEBUSSMANN (R), Op. cit.... p. 237.

"A casca de ***Efobolo*** é esmagada com o ***Miam.*** Põe-se a mistura em água e aquece-se ao lume ou ao sol. Esta solução é utilizada para lavar o corpo inteiro das crianças que sofrem de ***Tsid,*** ou febre... Depois da lavagem, aparece a diarreia. Se este tratamento não for bem sucedido, as folhas ***de Mbubui*** são esmagadas nas pontas dos dedos das crianças. A diarreia também aparece... O tratamento em ***Ekuk*** parece mais sério: a casca é retirada batendo no tronco com uma pedra. Deixa-se de molho em água ao sol, mexendo de vez em quando com um pau. Bebe-se uma chávena deste preparado muito amargo em caso de febre ou de desmaios repetidos... Como tratamento de manutenção e contra o ***Tsid, usam-se*** clisteres de uma decocção da casca de ***Esingang,*** ou duas colheres de sopa da decocção muito amarga da casca de ***Eyem*** todos os dias. [69]A malária infantil pode ser tratada com cataplasmas de folhas de ***Otombo*** amolecidas pelo fogo, ou com uma infusão das suas folhas" .

[70]Este era o método tradicional de tratamento do paludismo na região de Yaoundé, que existia antes da chegada dos europeus e que ressurgiu por volta dos anos 50 como alternativa à medicina militar colonial francesa: é a manifestação mais visível do "tradicionalismo fundamental", que tenta salvaguardar os valores e as disposições sociais e culturais mais estreitamente associados ao passado. As plantas e cascas naturais, cujas virtudes só os curandeiros dominavam, são agora a resposta natural à malária.

Por volta dos anos 50, as terapias locais eram muito procuradas por duas razões principais. Por um lado, as populações locais eram carenciadas. De facto, este estado de indigência levava os doentes a inclinarem-se para a medicina tradicional porque esta era gratuita. O médico tradicional tratava os doentes gratuitamente porque, segundo a tradição *beti* da época, beneficiava da graça dos seus antepassados para poder curar os doentes. Por outro lado, os movimentos de emancipação estavam a crescer. Por volta dos anos 50, as populações locais começam a emancipar-se da metrópole. Os movimentos de protesto tornam-se comuns e o recurso às terapias locais é visto como uma forma de "rebelião" contra o poder colonial francês. Por outras palavras, a descolonização dos Camarões significou também a descolonização da luta contra as doenças endémicas. Daí a forte dependência das terapias locais, complementada pela prática da auto-medicação.

2. Utilização preferencial da auto-medicação

A automedicação é a utilização de medicamentos por um indivíduo, por sua própria iniciativa ou por iniciativa de alguém próximo, para tratar uma doença ou um sintoma que ele próprio identificou, sem consultar um profissional de saúde. A automedicação é mais frequentemente utilizada quando o tratamento de uma doença é efectuado no seio da família. Trata-se de uma forma tradicional de combater as pandemias, recorrendo a medicamentos de origem duvidosa e não convencional. Pouco antes da independência dos Camarões Orientais Franceses, as populações locais do Centro recorreram amplamente ao autotratamento para combater o paludismo. Este método de tratamento utilizava plantas naturais como a

[69] Ler COUSTEIX (P-J), "L'art et la pharmacopee des guerisseurs Ewondo (Region de Yaounde)", in Recherches et Etudes Camerounaises. 1961, pp. 48-49.
[70]Ver BALANDIER (G), Anthropologie politique, Loc. cit... p. 203.

Artemísia, a Citronela, a Aloevera e o *Eucalipto.*

Para além de recorrerem a um médico tradicional em caso de paludismo, as populações locais do campo social do Centro também recorrem ao tratamento familiar. De facto, cada família dispunha de plantas medicinais naturais para assegurar a sua cura, mesmo que não houvesse conhecimentos especializados neste domínio. Neste caso, eram os pais que

Os pais, sempre presentes, não eram os doentes enfraquecidos que tomavam a decisão de ir ao dispensário. [61]Robert DEBUSSMANN ilustra perfeitamente esta situação de auto-medicação, que prevaleceu durante o período colonial: *"eram os pais, sempre presentes, e não os doentes debilitados, que tomavam a decisão de seguir um determinado tratamento, de não tomar um determinado medicamento ou de alterar a dosagem, ou de abandonar o hospital antes do fim do tratamento.* Entre 1950 e 1960, os familiares dos doentes de malária tornaram-se os principais actores na luta contra a malária através da automedicação. Durante o mesmo período da história, a medicina profética também deixou a sua marca na luta contra as doenças, nomeadamente a malária.

B- A prevalência da prática da medicina profética

A medicina profética foi outra forma de reação local à imposição da medicina militar francesa no Centro a partir de 1950. Elie refere-se a uma forma de medicina essencialmente baseada nas tradições atribuídas a Mohamet, a Jesus Cristo ou aos seus antepassados. Elie caracterizava-se por uma forte crença num guia espiritual, cuja invocação poderia resolver um problema de saúde considerado aqui como um ataque místico. Por outras palavras, neste contexto, o poder espiritual é a chave para combater as pandemias.

A medicina profética mobiliza um conjunto de práticas não ortodoxas que são proibidas em matéria de saúde pública, como as sessões de oração e a organização de ritos tradicionais. Antes da independência dos Camarões, estes actos sociomédicos eram considerados como o tratamento mais eficaz contra a malária, que era vista como um ataque metassociais. O campo social do centro dos Camarões não escapou a esta gramática, pois a medicina profética impôs-se aí fortemente a partir de 1950. Assim, a par da medicina tradicional, a luta contra o paludismo neste subsistema era também efectuada através da oração (1) e da organização de ritos tradicionais (2).

[67] Ibid. p. 298.

1. O uso privilegiado da oração no tratamento da malária

A oração é definida como a elevação da alma em direção a uma divindade para exprimir adoração ou veneração, agradecimento ou ação de graças, ou para obter as suas graças ou favores. Por volta dos anos 50, o cristianismo estava firmemente enraizado na área geográfica dos Camarões Centrais e fazia parte das crenças básicas da população local. [71]*Yesus-Kristus* era para eles um ser omnisciente e omnipotente, dotado de um poder sobrenatural capaz de resolver qualquer

[71] Jesus Cristo em Ewondo.

problema, incluindo os relacionados com a saúde. Era por esta razão que, em caso de malária, em vez de irem a um médico ou a um curandeiro, algumas pessoas preferiam fazer uma sequência de orações invocando o nome de *Yesus-Kristus.* Através dele, encontravam satisfação.

[72]Em termos práticos, foi na paróquia de Bot-Макак, em Nyong et Kelle, que um famoso padre jesuíta introduziu as primeiras terapias espirituais, por volta dos anos 50. O padre em questão era o Padre Hebga, que era capaz de curar os doentes de malária através de curas de "novo estilo". [73] [74]Também apelava aos seus seguidores para que, em caso de doença, enviassem os seus filhos doentes à igreja para serem libertados. Era assim que *"as pessoas vinham ter com ele e lhe confiavam os seus sofrimentos.* Para algumas pessoas, a oração do Padre Hebga tinha virtudes terapêuticas que nenhum médico comum conseguia dominar. A imposição das mãos sobre a cabeça do doente era o remédio mais eficaz para um episódio de malária. [75]Este ato sociomédico era visto aqui como o tratamento mais eficaz para a malária, que era vista como um ataque metassociais . Por outras palavras, para a cura espiritual, o paludismo é uma doença mística e a resposta a ela deve vir do Senhor Jesus. [13]O próprio Padre Hebga dizia no seu tempo que *"não sou eu que curo, mas o Senhor Jesus, nosso Salvador".* O carácter gratuito da terapia espiritual levou muitos centro-camaroneses a abandonar os hospitais e os serviços médicos da colónia francesa. Por volta dos anos 50, a oração tornou-se o método preferido para combater a malária. A prática dos ritos tradicionais seguia praticamente a mesma linha.

2. A utilização privilegiada dos ritos tradicionais no tratamento da malária

Para além de rezar, as populações da região Centro dos Camarões, antes da independência, também recorriam a rituais tradicionais para combater eficazmente a malária, contornando ao mesmo tempo a medicina militar colonial francesa. Estes rituais assumiam a forma de um culto sagrado em que era invocado um guia espiritual. Segundo a tradição *Beti,* este guia tinha o poder de curar. [76] [77]Neste contexto, a malária é vista como um *"Evu",* ou no caso do povo *Pahouin* , um feitiço ou maldição que afecta a pessoa cuja alma deve ser purificada por um fetichista para que possa recuperar a sua saúde. Os principais ritos tradicionais utilizados pelas populações locais para "resolver" qualquer problema de saúde são o *Estle, o Mevungu* e o *Melão. Tratava-se de* ritos de expiação e de purificação da alma da pessoa doente, que se considerava ter sido atingida por um mau feitiço ou maldição *(Evu).* Estes ritos eram celebrados todos os sábados em Yaoundé e faziam parte do quadro profético da luta contra a malária *(Tsid).*

---

[72] Ler BIRABALUGE Louis, "Apprendre d'un pretre guerisseur : Pere Meinrad-Pierre HEBGA", disponível em linha em https://afrique.xaveriens.org/collaborateurs/item/louisbirabaluge-sx

[73] A Sra. Messina Tsango, de 91 anos, disse-nos numa entrevista em 17 de agosto de 2022. Elie era um devoto do Padre Hebga nos anos cinquenta.

[74] BIRABALUGE Louis, Ibidem.

[75] Ver MOULIOUM MOUNGBAKOU (I.B), "Concurrence des therapeutiques traditionnelles et biomedicales dans la lutte contre le paludisme a I extreme-nord du Cameroun", in Journal des anthropologues, 2014, p. 151.

[76] Citado por BIRABALUGE Louis, Ibidem.

[77] Grupo de povos de língua bantu dos Camarões, Guiné Equatorial e Gabão, incluindo os Fang, Beti e Bulu.

No que diz respeito ao tratamento propriamente dito, os fetichistas (*Bod Mengan*) efectuam uma série de práticas místicas para libertar a alma do paciente da mancha que a aflige. Eles sabem como ajudar e proteger as infelizes vítimas dos feiticeiros. [78]São eles que conhecem os ritos e as proibições e que sabem determinar a causa mágica de todos os males e, por conseguinte, preveni-los. Neste contexto, os feiticeiros *(Evu) são* responsáveis pela malária. [79]É por isso que, no início das suas consultas, os fetichistas cantam: *"Nós damos o mal, eu tiro-o", "Nós andamos no escuro e eu ando na luz", "Nós ficamos atrás da cabana e eu fico à frente"* . Com estas palavras, o fetichista pretende demonstrar a sua superioridade espiritual e mística sobre qualquer espírito maligno responsável pela doença do doente. [80]Antes de recorrer a práticas terapêuticas místico-espirituais, o curandeiro exige muitas vezes que os doentes que recusam o tratamento sejam levados para outra cabana, ou mesmo para outra aldeia, para os afastar da influência do "*Evu*" que os está a fazer adoecer. A terapia é então efectuada através dos seguintes ritos místico-espirituais:

- [81]O ***"Esob Nyol"*** é uma ablução ritual: o paciente dirige-se a um fetichista que o faz contar em pormenor os acontecimentos da sua vida, depois borrifa-o com água contendo várias plantas mágicas e o sangue de uma cabra ou de uma galinha ;
- [79]*I.'"**.-Ilog"*** e ***"Mbelekua", que têm um*** valor mais protetor do que punitivo, e durante as quais são utilizados os restos de um *"Evu" (Eves Osol*), retirados do cadáver de um feiticeiro.

A gratuitidade e a eficácia destes rituais místicos na luta contra as doenças, incluindo o paludismo, minaram a medicina colonial francesa e o seu cortejo de constrangimentos, levando à deserção do hospital.

Em suma, durante o período colonial (1919-1960), a luta contra o paludismo nos Camarões Centrais era arcaica e tradicional em termos dos métodos utilizados para controlar a doença. Estes métodos foram gradualmente institucionalizados e estabelecidos como a referência para a luta contra o paludismo. Entre 1919 e 1950, a luta contra o paludismo foi obra da administração colonial francesa através dos seus peritos não especializados, que utilizaram medidas restritivas para conter a ameaça do paludismo através da medicina dita "ofensiva itinerante". Esta medicina implicava o uso da força física para prevenir e tratar a malária. Esta situação alterou-se com o advento dos movimentos de emancipação orquestrados pelos nacionalistas camaroneses e outros factores como o crescimento da população local. Este facto levou a uma rutura com a medicina militar francesa. A partir de 1950, a luta contra o paludismo baseia-se unicamente nas terapias locais, noutros meios arcaicos e tradicionais de luta contra o paludismo. A medicina tradicional e
76 profética começa a ganhar terreno. As terapias tradicionais, a automedicação, as
77
78 orações e os ritos místico-tradicionais tornaram-se relevantes na luta contra o

[79] Ibid.

[78] Ver COUSTEIX (P-J), "L'art et la pharmacopee des guerisseurs Ewondo (Region de Yaounde)", Op. cit.. p. 18.

Ibid. p. 18.

Ibid. p. 27.

Ibid.

paludismo na zona geográfica dos Camarões Centrais até 1960, data da independência dos Camarões Orientais. A partir desta data, registou-se uma ligeira modernização da luta contra o paludismo, que se prolongou até 2002.

SECÇÃO II

Uma verdadeira modernização da luta contra a malária (1960-2002)

Após a independência dos Camarões em 1960, a luta contra o paludismo adquiriu uma nova dinâmica no subsistema Centro-Camarões. [82]A trajetória da luta contra o paludismo, que tinha sido traçada desde 1919 pelos colonialistas franceses no âmbito da "medicina itinerante", sofreu uma verdadeira rutura devido a um certo número de "reformas de gestão". Não se trata apenas de mudanças técnicas ou organizacionais. [83]Trata-se, por vezes, de projectos de mudança que visam desinstitucionalizar certos dispositivos institucionais existentes (desqualificar certos regimes, pôr em causa ou contestar valores ou critérios de avaliação dominantes, pôr em causa quadros cognitivos dados como adquiridos), reforçar outros, mas também legitimar e institucionalizar novas regulamentações. Por outras palavras, o objetivo das "reformas de gestão" é, simultaneamente, modificar as más práticas administrativas anteriores, conservando alguns dos seus elementos considerados "racionais", e introduzir novos elementos que faltavam. Em suma, as "reformas de gestão" têm por objetivo racionalizar as práticas administrativas anteriores.

De facto, a partir de 1960, a luta contra o paludismo no domínio social e sanitário no Centro-Camarões sofreu um certo número de alterações, apesar dos mecanismos de bloqueio existentes. Isto levou a uma ligeira modernização da luta contra o paludismo. [84][85]Em termos concretos, a partir de 1960, a dinâmica da institucionalização da luta contra o paludismo foi marcada tanto pela "*estratificação* institucional" *( )* como pela "dependência da trajetória" ( ). Por outras palavras, a partir desta data, a luta contra o paludismo profissionalizou-se, ou seja, tornou-se uma questão de profissionais com a criação de novas instituições **(n.º 1).** Apesar deste processo de profissionalização, que resultou de grandes reformas de gestão, as práticas tradicionais e arcaicas persistiram, embora sob uma forma um pouco mais racional **(ponto 2).**

Ponto 1: O início da profissionalização na luta contra o paludismo

A partir de 1960, a luta contra o paludismo na zona geográfica do Centro-Camarões foi profissionalizada, ou seja, passou a ser da competência dos profissionais de saúde. Isto marcou uma rutura com as práticas de controlo do paludismo que

[82] Ler DEMAILLY (L), GIULIANI (F) e MAROY (C), "Le changement institutionnel: processus et acteurs", in Sociologias. Dossiers, Le changement institutionnel, 2019, p. 10.
[83] Ibid., p. 10.
[84] Ver THELEN (K), "Comment les institutions evoluent: perspectives d'analyse comparative historique", Op. cit.. p. 30.
[85] Ler PIERSON (P), "Path Dependence, Increasing Returns, and the Study of Politics", in American Political Science Review, 94(2), 2000, pp. 251-267.

existiam antes dessa data. A celebração da independência dos Camarões pôs fim à colonização francesa e, *por maioria de razão,* à medicina militar itinerante. O destino da saúde do povo camaronês estava agora nas suas próprias mãos. Para o conseguir, foram efectuadas numerosas reformas no sistema de saúde. [86]A política denominada "experimental", que estabeleceu o que se designa por "serviço de saúde de base", tem por objetivo fornecer à população serviços de saúde tecnicamente avançados. O objetivo era proporcionar às pessoas cuidados de saúde tecnicamente sólidos, em harmonia com as suas realidades locais. Isto não poderia ser plausível sem um mínimo de reforma do sistema de saúde em vigor desde o período colonial. [87]Foi neste preciso momento que ocorreram mudanças institucionais na luta contra o paludismo, criando "bifurcações na estrada" que colocaram a evolução histórica num novo rumo. [88]Por outras palavras, a luta contra o paludismo sofreu uma *estratificação* institucional ( ) que conduziu a numerosas mudanças por volta da década de 1960. [89]Estas mudanças são o resultado de uma estratégia denominada "*estratificação*", que consiste em acrescentar novos domínios a uma estrutura institucional existente, de forma a afetar progressivamente o modo como os antigos domínios estruturam ou regulam os comportamentos .

Em termos concretos, na zona geográfica do Centro-Camarões, as reformas de gestão da luta contra o paludismo centraram-se na profissionalização da luta contra o paludismo. Esta profissionalização, que conduziu a mudanças institucionais não incrementais, traduziu-se na criação dos primeiros hospitais de referência (A) e no estabelecimento da primeira escola de medicina e dos primeiros distritos sanitários (B).

A- Criação dos primeiros hospitais locais de referência

O período pós-independência dos Camarões foi marcado por grandes reformas do sistema de saúde, com o objetivo de modernizar e sobretudo profissionalizar a luta contra o paludismo na região central dos Camarões: daí a "sedimentação institucional". Isto levou à criação dos primeiros hospitais locais de referência, que lançaram as bases para a modernização da luta contra a doença. Através destes hospitais, a medicalização do paludismo passou progressivamente a ser da competência dos profissionais de saúde, para além da ação dos leigos. Existem dois tipos de hospitais: o Centro Hospitalar Universitário (1) e o Hospital Geral (2).

[86] Ver Plan Strategique National de Lutte contre le Paludisme au Cameroun 2007-2010, investing in our future, the global fund, to fight AIDS, Tuberculosis and Malaria, p. 16.

[87] Ler HALL (P.A) e TAYLOR ROSEMARY (C.R), "La science politique et les trois neo- institutionnalisme", in Revue Francaise de Science Politique. ᵉ47 annee, n°3-4, 1997, p. 476.

[88] A sedimentação institucional envolve a renegociação parcial de alguns elementos de um determinado conjunto de instituições, deixando os outros inalterados, ou a adição de novas instituições ao lado das existentes, alterando gradualmente todo o edifício institucional. Neste caso, os inovadores contornam as instituições existentes e acrescentam-lhes novos segmentos, em vez de as desmantelarem. Ver THELEN (K), "Comment les institutions evoluent perspectives d'analyse comparative historique", Loc. cit... p. 30. Ver também PALIER (B) e SUREL (Y), "Les "trois I" et l'analyse de l'Etat en action", Op. cit... p. 23.

[89] Ler DEMAILLY (L), GIULIANI (F) e MAROY (C), "Le changement institutionnel: processus et acteurs", in Sociologias. Dossiers, Le changement institutionnel, 2019, pp 7-8.

1. A criação do Centro Hospitalar Universitário de Yaoundé (CHUY)

[88]Após a partida dos franceses dos Camarões, o primeiro hospital a ser criado no domínio da saúde social na região central dos Camarões foi o Hospital Universitário de Yaoundé (CHUY). A criação deste hospital marcou um avanço na luta contra o paludismo, uma vez que o papel do médico local se tornou primordial. Assim, a medicina militar francesa e as práticas tradicionais e arcaicas desapareceram, abrindo caminho para a medicina introduzida pelos profissionais de saúde.

Em termos práticos, foi o decreto presidencial de 28 de outubro de 1965 que criou o CHUY e o institucionalizou como ponto de referência para o tratamento de doentes nos Camarões, principalmente na região Centro. O CHUY está situado no departamento de Mfoundi, distrito de Yaoundé VI, no bairro de Melen. A sua principal missão é fornecer um nível muito elevado de cuidados médicos e paramédicos. É composto pelos seguintes serviços

- Departamento de Medicina Interna e Especialidades ;
- Departamento de pediatria e especialidades;
- Unidade de cuidados intensivos polivalentes e cirúrgicos ;
- Unidade de hemodiálise;
- Departamento gineco-obstétrico e especialidades ;
- Departamento de Anestesiologia ;
- Serviço de churrigie e especialidades;
- Serviço de Odonto-Stomatologia;
- Serviço de otorrinolaringologia ;
- Laboratório e serviço de radiologia ;
- Serviço de lavandaria e esterilização.

O CHUY é agora um hospital com uma multiplicidade de serviços geridos por profissionais de saúde e não por leigos. Está a trazer uma nova dinâmica à luta contra as doenças em geral e contra o paludismo em particular.

Imagem 5: Fachada principal do Hospital Universitário de Yaoundé

2. A criação do Hospital Geral de Yaoundé

O processo de modernização da luta contra o paludismo na região central dos Camarões levou à criação do Hospital Geral de Yaoundé (HGY) em 1987, na sequência da criação do Hospital Universitário. Este hospital foi financiado pelo Reino da Bélgica no âmbito de um acordo de cooperação assinado com a República dos Camarões. Custou exatamente 16 mil milhões de francos CFA, levou três anos a ser construído e foi entregue em dezembro de 1987. A principal missão do HGY é a prestação de cuidados médicos de alto nível pilotados por profissionais de saúde. Tal como o CHU, inclui os seguintes serviços:

- Departamento de medicina interna e especialidades;
- Departamento de pediatria e especialidades;
- Unidade de cuidados intensivos multidisciplinares e cirúrgicos;
- Unidade de hemodiálise ;
- Serviço gineco-obstétrico e especialidades ;
- Departamento de Anestesiologia ;
- Serviço de churrigie e especialidades;
- Serviço de Odonto-Stomatologia;
- Serviço de otorrinolaringologia ;
- Laboratório e serviço de radiologia ;
- Serviço de lavandaria e esterilização.

Situado no bairro de Ngousso em Yaoundé, o HGY tem uma capacidade de 302 camas e nada menos que dez salas de operações. Trata-se de um hospital de referência para a população da região Centro, que traz uma nova dinâmica à luta contra o paludismo, uma vez que os cuidados de saúde que presta são assegurados por profissionais de saúde.

Imagem 6: Fachada principal do Hospital Geral de Yaoundé

B- Criação da primeira escola de medicina e dos distritos sanitários

Por volta de 1960, as reformas de gestão do sistema de saúde dos Camarões abriram caminho à criação de outras novas instituições fora dos hospitais de referência. No centro desta dinâmica sócio-institucional estava a questão da luta contra o paludismo, que se propagava exponencialmente devido à "quimiorresistência". [90] [91]quimioresistência" . O objetivo era, portanto, assegurar a saúde das populações locais, tendo em conta as suas realidades locais, a fim de promover a "saúde comunitária". Estas reformas de gestão e institucionais conduziram à criação da primeira escola de medicina (1) e à divisão do território em distritos sanitários (2).

1. A criação do Centro Universitário de Ciências da Saúde (CUSS)

O Centro Universitário das Ciências da Saúde (CUSS) foi criado em 1969, no âmbito da profissionalização da luta contra as doenças em geral e o paludismo em particular. A criação desta instituição representou uma importante reforma de gestão do sistema de saúde camaronês e uma rutura com a medicina militar francesa, que não se adaptava às realidades locais das populações do centro dos Camarões. [99]Gottlieb Lobe MONEKOSSO, que foi o primeiro reitor deste estabelecimento, explica a principal razão da criação do CUSS nestes termos: *"No final dos anos 60, quase dez anos após a independência, os Camarões sentiram a necessidade de criar uma faculdade de medicina com formação local, porque nessa altura eram os médicos militares franceses que tratavam os doentes".* [92]A criação do CUSS foi, portanto, uma resposta à medicina colonial francesa, uma vez

[90] Trata-se de microrganismos presentes no corpo humano que são resistentes a todos os tipos de medidas adoptadas para combater a malária. A quimiorresistência está na origem da propagação da mortalidade e da morbilidade da malária por volta de 1960 na região Centro.

[91] Intervenção de Gottlieb LOBE MONEKOSSO, antigo Ministro da Saúde dos Camarões numa entrevista publicada no jornal digital Cameroon-Info.Net, disponível em linha em http://www.cameroon-info.net/article/temoignage-comment-la-fille-du-president-ahidjo-a-ete-admise-au-

cuss-131502.

[91] Ibid.

que *"a preocupação era adaptar o ensino às realidades locais e centrar a formação na saúde comunitária"* . Criado por iniciativa da OMS, o CUSS foi, ao mesmo tempo, uma verdadeira reforma sanitária e uma joia arquitetónica. É o que se pode ver na imagem 7 abaixo.

Imagem 7: Uma vista do CUSS, o Centro Universitário de Ciências da Saúde, inaugurado em Yaoundé em 1969.

Fonte: *https://www.osidimbea.cm/cameroun-okoba/cameroun-1969/*

O CUSS foi também criado para promover a profissionalização da luta contra as doenças, entre as quais a malária é uma das principais. A sua principal missão é formar médicos locais para tratar os doentes de forma a ter em conta as realidades locais. A medicina convencional institucionalizou-se progressivamente, em detrimento das práticas tradicionais e arcaicas que existiam na região Centro antes da independência dos Camarões. A luta contra o paludismo devia passar a ser conduzida por médicos formados localmente. Entre os primeiros médicos locais formados pelo CUSS contavam-se personalidades como Maurice NKAM, Fritz NTONE NTONE e Peter NDUMBE. Estas pessoas e profissionais de saúde desempenharam um papel crucial na luta contra a malária na área geográfica do Centro, tratando os doentes com terapias modernas e convencionais.

Além disso, a criação do CUSS foi vista como um prelúdio para a introdução da política de "cuidados de saúde primários", baseada no lema *"saúde para todos"*. O objetivo era formar o maior número possível de médicos locais para serem colocados nos diferentes serviços de saúde de base. A nova situação epidemiológica e de paludismo impunha a aproximação dos serviços de saúde às populações. Foi neste sentido que, na região Centro, por volta de 1990, foram criados distritos sanitários para tornar a luta contra a malária mais operacional no domínio social.

2. Criação de distritos sanitários

[93]A preocupação do governo camaronês de aproximar a administração da saúde das

[93] Ver a conferência inter-regional da OMS em Harare, em agosto de 1987, que recomendou vivamente a adoção do sistema de saúde distrital descentralizado como meio de atingir os objectivos de "saúde para todos" até ao ano 2000.

populações locais, em conformidade com as orientações da OMS, conduziu a uma importante reforma da política setorial da saúde com a introdução dos distritos sanitários (DHS) por volta de 1990. [94]Em 1992, o seminário de Bertoua, que reuniu os principais actores do sistema de saúde dos Camarões, propôs a divisão do território nacional em cento e vinte (120) distritos sanitários. No entanto, as directivas emanadas desta reunião foram prejudicadas por critérios demográficos. Foi a intervenção do Banco Mundial no âmbito da política setorial aplicada nas zonas urbanas que levou à identificação dos primeiros distritos sanitários nos Camarões entre 1990 e 1993: os distritos sanitários de Yaoundé e Douala. Por último, foi a Declaração Nacional de 1993 sobre a aplicação da reorientação dos cuidados de saúde primários que impôs alterações jurídicas ao sector da saúde pública e abriu caminho à introdução do texto que reorganiza o território nacional em distritos sanitários.

[95]O distrito sanitário é o nível operacional de implementação das intervenções do Plano Nacional de Desenvolvimento Sanitário (PNDS). É constituído por zonas sanitárias que incluem, nomeadamente, centros de saúde construídos em torno de um hospital de base ou de distrito. [95]A área sanitária é constituída por uma aldeia ou grupo de aldeias com uma população total entre 5.000 e 10.000 habitantes, com um território claramente definido, e servida por um centro de saúde responsável pelas actividades sanitárias. O objetivo do distrito sanitário é aproximar os cuidados de saúde da população local e promover a saúde comunitária para combater eficazmente o problema do paludismo.

Entre 1993 e 1995, foram criados trinta (30) distritos sanitários na região Centro, seis (06) em Yaoundé e vinte e quatro (24) na periferia. Com a criação destes distritos, a luta contra o paludismo torna-se mais operacional, porque as estruturas sanitárias (FOSA) multiplicam-se e estão agora próximas das populações locais. Cada um dos distritos sanitários da área geográfica do Centro-Camarões tem um hospital distrital (HD), pelo menos um centro médico distrital (CMA) e centros de saúde integrados (CSI). Atualmente, a luta contra o paludismo é efectuada por profissionais de saúde, na sua maioria licenciados pelo CUSS, e ao nível das bases, ou seja, nas casas das pessoas. No total, havia trinta HDs, setenta CMAs e mil cento e noventa e nove CSIs na região Centro por volta de 2000. [o]Os quadros 1 e 2 abaixo mostram os diferentes distritos sanitários da região Centro dos Camarões e as suas áreas sanitárias criadas entre 1993 e 1995.

Tabela n°l

[94] Ler OKALLA (R), "Cameroun: de la reorientation des soins de sante primaires au plan national de développement sanitaire", in Bulletin de 1'APAD, Un systeme de sante en mutation: le cas du Cameroun, 2001, p 2.

[95] Trata-se do primeiro plano operacional da estratégia setorial de saúde promovida pela OMS e pela FAO, cujo objetivo é assegurar a saúde da população até ao ano 2000.

[95] Ler OKALLA (R), "Cameroun: de la reorientation des soins de sante primaries au plan national de développement sanitaire", Op. cit... p. 6.

Os diferentes distritos sanitários de Yaoundé e as suas zonas de saúde

Distritos sanitários	Áreas da saúde
BIYEM-ASSI	Akok Doe, Biscuiterie, Biyem-Assi 1, Biyem-Assi 2, Etoug-Ebe, Melen, Mendong, Mvog Betsi, Nkolbikok, Simbock.
CIDADE VERDE	Briqueterie, Carriere, Cite Verte, Ekoudou, Messa, Mokolo, Nkolbisson, Nkomkana, Tsinga, Tsinga-Oliga.
DJOUNGOLO	EligEssono, Emana, Essos, Etoa Meki, Mballa II, Mballa V, Mvog Ada, Nfandena, Nkolmesseng, Nkolondom, Nlongkak, Tsinga
	Aldeia.
EFOULAN	Afane Oyoa, Ahala, Efoulan, Ngoaekelle, Nsimeyong, Obili.
NKOLBISSON	Ekorezock, Etetak, Nkolbisson, Nkolnkoumou, Nkolso 0, Nkolso-Oyomabang, Nnom Nnam, Oyom Abang.
NKOLNDONGO	Ekounou, Kondengui, Meyo, Mimboman 1, Minboman 2, Nkolndongo 1, Nkolndongo2, Nkomo, Odza.

Fonte: Compilado pelo autor com base em dados do Institut National de la Statistique.

Quadro 2
Os diferentes distritos sanitários periféricos (Centro sem Yaoundé) e as suas zonas sanitárias

Distritos sanitários	Áreas da saúde
AKONOLINGA	Abem, Akak, Akonolinga urbain, Djoudjoua, Edjom, Ekounou, Emvane Soo, Endom, Mengang, Mengueme Si, Yeme Yeme, Zalom.
AWAE	Awae, Elat-Minkom, Mimbang, Ngat, Nkolessong.
AYOS	Ayos urbain, Efoufoup, Kobdombo, Mang, Mbaka, Mboke, Nganga, Nkoambang, Nyamvoudou, Salla, Yenassa.
BAFIA	Assala, Mbam-Etlnoub, Bafia 1, Bafia 2, Bafia Rurale,

	Belamba, Baliama, Bayomen, Bokito, Bongo, Deuk, Donenekeng, Gbwah, Goufan, Kiki, Mouko, Ndikinimeki,
	Ombessa, Roum, Tsekane, Yangben.
EBEBDA	Djounyat, Leka, Ngoksa, Nkolebouga.
ELIG-MFOMO	Elig-Mfomo, Nkengue.
ESEKA	Bidjocka, Bondjock, Eseka, Ilanga, Likongue, Макак, Messondo, Mom, Song Badjeck, Song Bayang, Song Mbong.
ESSE	Afanloum, Edzendouan, Esse, Esse Ville, Mveng Essaboutou, Ngondimbele, Ngoungoumou, Ongandi.
EVODOULA	Evodoula, Nkalngaha, Nkolassa, Nloudou.
MBALMAYO	Akoeman, Angonfeme, Assie, Mbalmaya 1, Mbalmayo 2, Mbalmaya Ngallan, Mengueme, Metet, Minlaba, Ngomezap, Nkolmeyang, Nkolya, Olama, Onana Mbessa, Ossoessam, Sep, Zoatoupsi.
MBANDJOCK	Edoumdane, Lembe Yezoum, Mbandjock, Mebolo, Mvebekon, Ndjore, Ndombam, Nkoteng 1, Nyassi, Zoa.
MBANKOMO	Binguela, Ebeba, Mbankomo, Mefomo, Ntouessong, Ntouessong Mbankomo.
MFOU	Essazok, Mfou, Ndangueng, Nkilzok, Nkoabang, Nkongoa, Nsimalen, Omvan.
MONATELE	Evodoula, Eyenmeyong, Monatele, Mvomekak, Ngomo, Nkogbong, Nkolassa, Nkolkosse, Nlongbon, Tala.

NANGA-EBOKO	Bibey, Bissaga, Djassi, Emtse, Mbargue, Metep, Minta, Mvomzock, Nanga Eboko, Ngoulmekong, Nguen, Njombe, Nkoteng, Nsem, Wall.
NDIKIMINEKI	Boutourou, Makenene, Ndikimineki, Ndokwanen, Nitoukou, Nyokon.
NGONG-MAPUBI	Bot Макак, Boumyebel, Dibang, Hegba, Mandoumba, Matomb, Mbanda, Mbebe Kikot, Mintaba, Ndongo, Ngog Mapubi, Nguibassal, Ntouleng, Sombo.
NGOUMOU	Akono, Bikok, Bikop, Evindissi, Ngoumou, Nkong Abok, Offoumou Nseleck.
NTUI	Biakoa, Mbangassina, Ndimi, Ndjame, Ngambe Tikar, Ngoro, Nguila, Ntui, Nyamangall, Nyamoko, Talba, Voundou.
OBALA	Batchenga, Edingding, Efock, Ekabita Mendoum, Endinding, Essong, Etoud Ayos, Minkama, Nkol Mekok, Nkolnguem, Nkometou, Obala; Yemesoa.
OKOLA	Ebougsi, Ekekam 3, Elig Yen, Lobo, Mva A, Mvoua, Ngoya, Nkolpoblo, Nlong, Okola, Voa2.
SA'A	Lebamzip, Lepopomo, Ndong Elang, Nkolang, Nkolbogo 1, Nkolmgbana, Nkolmvak, Nlong Onambele, Ondondo, Sa'a.
SOA	Ebang, Koulou, Ngali, Ntoessong, Soa, Ting Melen.
YOKO	Doume, Linte, Makouri, Mankim, Nditam, Ndjole, Ngambe Tikar, Yoko.

Fonte: Compilado pelo autor com base em dados do Institut National de la Statistique.

A delimitação do território da região Centro em distritos e zonas sanitárias representa uma importante reforma do sistema de saúde neste subsistema e profissionaliza a luta contra o paludismo. Através destas novas instituições, a luta contra o paludismo é agora levada a cabo ao nível da base, ou seja, ao nível da comunidade. A maior parte dos arrondissements tornaram-se distritos de saúde, com um hospital de referência chamado Hospital Distrital (HD) e um hospital distrital chamado Centro Médico Distrital (CMA). As diferentes aldeias da região tornaram-se zonas de saúde com, pelo menos, um Centro Integrado de Saúde (CIS). Esta nova rede territorial favorece a saúde comunitária e está em plena conformidade com o objetivo social de "saúde para todos" no ano 2000.

Em suma, a criação dos primeiros hospitais locais, o estabelecimento da primeira escola de medicina e a criação dos distritos sanitários constituem reformas de gestão do sistema de saúde e contribuem para o processo de modernização da luta contra o paludismo na zona geográfica dos Camarões Centrais. No entanto, é de notar que, apesar deste processo de modernização, as práticas tradicionais de luta contra o paludismo que existiam antes da independência dos Camarões persistem, embora sob uma forma renovada. Estas práticas tradicionais constituem fenómenos de retroação e inércia institucionais que actuam como "mecanismos de bloqueio" à mudança institucional e ao processo de modernização da luta contra o paludismo na zona geográfica dos Camarões Centrais pós-independência. Em resultado da sua existência, a modernização da luta contra o paludismo, iniciada nos anos 60, tornou-se ligeira ou relativa.

Ponto 2: A racionalização relativa da medicina tradicional

O período 1960-2002 caracterizou-se por grandes reformas do sistema de saúde na região Centro-Camarões. Estas reformas contribuíram para a modernização da luta contra o paludismo. [96]No entanto, é de notar que, apesar deste processo de modernização, as práticas tradicionais de luta contra o paludismo persistem, embora sob uma nova forma: esta é a manifestação mais visível do "tradicionalismo formal", tal como descrito por Georges BALANDIER. [97]As instituições e os quadros sociais ou culturais do passado (a herança do passado) são mantidos, embora o seu conteúdo seja modificado. [98]É a este nível que se situa a "inércia institucional", que trava o processo de institucionalização da luta moderna contra o paludismo e, por conseguinte, as mudanças graduais. [99]Isto está de acordo com o trabalho do neo-institucionalismo histórico, que se preocupa com os efeitos das políticas passadas e se baseia na ideia de que as escolhas passadas criam estruturas e rotinas que, à medida que se institucionalizam, restringem a margem de

---

[96] Uma forma de tradicionalismo que se traduz na manutenção de instituições, quadros sociais ou culturais cujo conteúdo mudou; do património passado, apenas se conservam certos meios - as funções e os objectivos mudaram. Ler BALANDIER (G), Anthropologie politique. Op. cit... p. 203.

[97] Ibid. p. 203.

[98]Ver BELAND (D), "Neo-institutionalisme historique et politiques sociales : une perspective sociologique", in Politiques et Societes, vol. 21, 2002, p. 28. 21, 2002, p. 28.

[99] Ver KUBLER (D) e DE MAILLARD (J), Analyser les politiques publiques, Grenoble, PUG, 2009, p. 137.

manobra dos actores políticos no presente. [100]O conceito amplamente utilizado pelos especialistas em políticas públicas para descrever esta situação é o *de "dependência da trajetória"*. [101]Segundo Paul PIERSON, este conceito sugere que "as escolhas iniciais do *desenho* institucional têm implicações a longo prazo no desempenho económico e político". [102]Para a análise da ação pública, visa mostrar como as políticas e instituições públicas do passado estruturam os incentivos e recursos do presente.

Apesar das numerosas reformas institucionais do sistema de saúde na zona geográfica do Centro-Camarões, observa-se o fenómeno de "path *dependence*" com a racionalização relativa da medicina tradicional. Este fenómeno reflecte-se na "legalização" da prática da medicina tradicional (A) e na criação de centros de saúde comunitários (B) durante o período pós-colonial.

A- A "legalização" da medicina tradicional

Considerada no início da independência dos Camarões pelas autoridades públicas como uma prática arcaica cujas terapias deviam ser banidas para abrir caminho à medicina moderna e convencional, a medicina tradicional persistiu por volta dos anos 80 e integrou-se no sistema institucional de controlo do paludismo através de um mecanismo de feedback. Para racionalizar a luta contra o paludismo, as autoridades públicas pós-coloniais no domínio social dos Camarões Centrais recorreram às práticas terapêuticas que tinham sido utilizadas durante o período colonial, adaptando-as às situações e contingências actuais: é o fenómeno da *dependência* da trajetória. Este fenómeno reflecte-se em termos concretos e empíricos na ratificação da declaração de Alma Ata (1) e na emissão de certificados provisórios para a prática da medicina tradicional (2).

1. Ratificação da Declaração de Alma Ata[103]

[104]A Declaração de Alma Ata, que teve lugar em 1978 na URSS, consagrou a abordagem dos "cuidados de saúde primários" na luta contra a doença. A declaração definiu uma série de valores, incluindo a justiça social, o direito a uma melhor saúde para todos, a participação e a solidariedade. [105]Promoveu um sistema de saúde centrado no indivíduo, tendo em vista o direito de todos ao mais elevado

---

[100] Este conceito tem origem na economia e faz parte de uma crítica à teoria clássica e a alguns dos seus pressupostos associados à ideia de equilíbrio geral e à dinâmica dos rendimentos decrescentes. Foi utilizado pela primeira vez pelo economista Douglass C. North, para quem o fenómeno da *dependência da trajetória* tinha menos a ver com as tecnologias em si do que com o comportamento dos indivíduos no seio das instituições. O conceito foi retomado e inserido no domínio da ciência política pelo politólogo Paul Pierson. Ver PALIER (B) e SUREL (Y), "Les 'trois i' et l'analyse de l'Etat en action", Op. cit... pp. 21-22.

[101] Paul Pierson citado por PALIER (B) e SUREL (Y), ibid. p. 22.

[102] Ibid. p. 22.

[103] Trata-se de uma declaração resultante da Conferência de Alma Ata, que foi a primeira conferência internacional sobre cuidados de saúde organizada por organismos das Nações Unidas. Esta conferência teve lugar no Cazaquistão, em 12 de setembro de 1978, e terminou com uma declaração conhecida como a declaração de Alma Ata na URSS. A conferência de Alma Ata contou com a participação de quase 140 países, incluindo os Estados Unidos, e realizou-se sob a direção do carismático Dr. Halfdan Mahler, que leu a declaração final.

[104] Trata-se de cuidados de saúde baseados em métodos e técnicas práticas que se tornam universalmente acessíveis, com a plena participação das comunidades beneficiárias. As comunidades estão a tornar-se actores importantes na luta contra doenças como a malária.

[105] Ler o artigo VI da Declaração de Alma Ata.

nível de saúde possível. Ao promover a participação das comunidades na luta contra a doença, a Declaração de Alma Ata "ressuscita" e incentiva a prática da farmacopeia tradicional nos Estados africanos. O artigo 7 (7) desta declaração define o que se entende por cuidados de saúde primários a nível local e promove a medicina tradicional nos seguintes termos:

"os cuidados de saúde primários envolvem pessoal de saúde local e de referência - médicos, enfermeiros, parteiras, auxiliares e trabalhadores comunitários, se for caso disso, bem como **médicos tradicionais, quando necessário** - todos social e tecnicamente preparados para trabalhar em equipa e satisfazer as necessidades de saúde expressas pela comunidade".[106]

Deste artigo resulta que a Declaração de Alma Ata introduz os "médicos tradicionais" no circuito institucional de luta contra as patologias a nível local, a fim de promover os cuidados de saúde primários. [107]Em 1982, os Camarões ratificaram esta declaração e adoptaram a implementação de cuidados de saúde primários com o objetivo geral de "levar todos os povos, até ao ano 2000, a um nível de saúde que lhes permita levar uma vida social e economicamente produtiva". Os curandeiros tradicionais tornaram-se assim oficialmente actores do sistema de saúde dos Camarões e a luta contra o paludismo passou a ser travada com a farmacopeia tradicional. Antigas práticas de luta contra o paludismo, outrora qualificadas de arcaicas, ressurgem, são transpostas para o presente e tornam-se o quadro da luta contra esta doença: é o fenómeno de *path dependence.*

Na região Centro, com a implementação da política designada por "cuidados de saúde primários", a medicina tradicional resiste à mudança e faz agora parte das políticas públicas de luta contra o paludismo. O ponto de partida foi a criação de um departamento responsável pela medicina tradicional no organigrama do Ministério da Saúde Pública, na década de 1980. Este facto deu luz verde à prática da medicina tradicional na região central dos Camarões. As comunidades das aldeias estão agora envolvidas na luta contra o paludismo, com a possibilidade de organizarem e criarem farmácias de aldeia. Paralelamente aos hospitais "modernos", existem cabanas e aldeias de saúde com médicos tradicionais com experiência comprovada neste domínio. Por conseguinte, as práticas tradicionais e arcaicas que eram comuns durante o período colonial são reintroduzidas de forma mais racional nas políticas actuais para combater eficazmente a ameaça da malária. É precisamente aqui que entra o fenómeno de "path dependence", porque os actores políticos e institucionais da época não tiveram outra escolha senão recorrer a medidas anteriores de luta contra o paludismo, cuja eficácia tinha sido demonstrada, para responder a uma necessidade sanitária atual. É neste contexto que se insere a emissão de certificados provisórios para o exercício da medicina tradicional a certos ervanários.

2. A emissão de certificados provisórios para a prática da medicina tradicional

Considerada como uma prática arcaica e ultrapassada no início dos anos 60, a medicina tradicional foi durante muito tempo marginalizada pelos poderes públicos

[106] Artigo VII (7) da Declaração de Alma Ata.

[107] Ver Plan Strategique National de Lutte contre le Paludisme au Cameroun 2007-2010. Op. cit.. p.

a favor da medicina convencional. Com a criação do CUSS, apenas os profissionais de saúde foram autorizados a prestar cuidados de saúde aos doentes com malária nos hospitais. Os médicos tradicionais foram considerados "charlatães", que prescreviam "receitas da avó" à população. Devido a esta estigmatização, a medicina tradicional desapareceu temporariamente do sistema de cuidados aos doentes.

A ratificação da declaração de Alma Ata, por volta dos anos 80, reintroduziu os médicos tradicionais no circuito institucional da resposta às doenças, nomeadamente ao paludismo, na região Centro. [109,]Foi neste espírito que, a 22 de maio de 1990, foi fundada a *"Modem Traditional Clinic International"* do Dr. DEWAH e da sua equipa.

[108] O Elie está localizado no bairro de Mokolo, no Hotel Le Progres.

[108]A BROS obtém um certificado provisório para a prática da medicina tradicional emitido pelo Ministro da Saúde. Com este ato, a medicina tradicional foi institucionalmente reconhecida como um quadro pertinente para a luta contra a malária na zona geográfica do Centro-Camarões. Para o Dr. DEWAH, a medicina do homem branco tinha mostrado as suas limitações. [109]Afirmou que *"o paludismo pode ser vencido com uma planta que qualquer pessoa pode ter no seu jardim"*. [110]Na mesma linha, a clínica NOKADJI do Dr. Moherb obteve o seu primeiro certificado provisório para a prática da medicina tradicional em 23 de maio de 1990, emitido pelo Ministro da Saúde. É evidente que a medicina tradicional está a tornar-se mais racional e a adaptar-se à dinâmica da relativa modernização da luta contra o paludismo. Já não tem nada a ver com a forma arcaica de medicina que existia na zona geográfica dos Camarões Centrais antes da independência. A emissão de certificados provisórios a certos ervanários em 1990 mostra que a luta moderna contra o paludismo segue o caminho institucional construído pelos médicos tradicionais durante o período colonial. A criação de centros de saúde comunitários durante o mesmo período justifica ainda mais a influência da medicina tradicional nas actuais políticas de saúde pública.

B- Criação de centros de saúde comunitários

Os centros de saúde comunitários (CHC) que surgiram nas localidades da região Centro-Camarões por volta dos anos 90 seguem a lógica das farmácias ditas "abrousse" que existiam durante o período colonial e mesmo muito antes. São, portanto, a tradução empírica do fenómeno da dependência da trajetória e da inércia institucional. De facto, as antigas práticas administrativas são reapropriadas, embora sob novas formas, pelos actuais poderes públicos, a fim de melhor

[108] Segundo o Dr. DEWAH, numa entrevista realizada em 27 de janeiro de 2000, o Ministro da Saúde emitiu-lhe um certificado provisório para o exercício da medicina tradicional na região Centro.

[109] Durante uma entrevista com o Dr. DEWAH, este contou-nos que tinha feito estas observações em 1990, no Carrefour intendance em Yaoundé, durante uma campanha de sensibilização que contou com a presença de um grande número de pessoas.

[110] No âmbito da institucionalização da medicina tradicional, o NOKADJI do Dr. Moherb obteve o seu certificado provisório de exercício da medicina tradicional, emitido pelo Ministro da Saúde em 23 de maio de 1990. Para o efeito, abriu a sua primeira sucursal no bairro de Mokolo, em Yaoundé.

responder a uma necessidade de saúde pública atual. Com a introdução dos CHC, a medicina tradicional e de aldeia tornou-se mais racional e adaptada à dinâmica de modernização e de mudança institucional iniciada pelos poderes públicos em 1960. A nível local, ao lado dos IHCs, encontramos os CHCs, que têm como objetivo promover os cuidados de saúde primários com ênfase na participação das comunidades das aldeias. Através deles, a luta contra a malária torna-se uma questão não só para os médicos, mas também para a população local, que desempenha um papel ativo na instalação das cabanas. Na prática, a nível local, o CHC é muito mais prometedor em termos de cuidados de saúde do que o IHC, dado o seu carácter híbrido. [111]De facto, o CHC comporta dois pólos: um "tecnocrático", ou seja, o pólo da saúde, e outro "participativo", ou seja, o pólo da comunidade. Ao introduzir as populações das aldeias no circuito institucional de controlo das doenças, os CSC "ressuscitam" a medicina tradicional, que faz parte dos "primários" das comunidades das aldeias.

Na zona geográfica do Centro-Camarões, existem seis (06) CSC, todos situados em zonas rurais, ou seja, zonas onde a população está fortemente ligada às práticas tradicionais. Trata-se de :

- O Case de Sante Cammunautaire Ines d'Ebolsi no distrito sanitário de Awae, zona sanitária de Mimbang;
- Centro de Saúde Comunitário de Voundou no distrito sanitário de Ntui, zona sanitária de Voundou;
- Centro de Saúde Comunitário de Etam-Niat no distrito sanitário de Ntui, zona sanitária de Talba;
- Centro de Saúde Comunitário de Mont-Tama 1, no distrito sanitário de Ntui, zona sanitária de Talba;
- Centro de Saúde Comunitário Maim Douce Ebina 1 no distrito sanitário de Ntui, zona sanitária de Talba;
- Centro de Saúde Comunitário Mbioko II no distrito sanitário de Yoko, zona sanitária de Ngambe Tikar.

O tratamento da malária nestes CSC segue a lógica ancestral que prevalecia antes da chegada dos "brancos". As cascas de ***Efobolo, Esingang e Eyem, bem como as*** folhas ***de Mbubui*** e ***Miam***, são utilizadas pelos médicos tradicionais. Os CSC são, de facto, uma reprodução das "farmácias do mato" que existiam nesta zona antes da chegada dos colonialistas. Mas o que há de novo no CHC é o facto de ser híbrido, no sentido em que contém também um médico responsável pelo tratamento dos doentes segundo a lógica da medicina moderna. [112]Elie é, portanto, a encarnação palpável do facto de os indígenas "se terem oposto à dominação colonial, aderindo a certos meios de modernidade introduzidos pela colonização". [113]A modernização

[111] Ler DIAW (M), L'appropriation communautaire des cases de sante selon la perspective des populations. These de doctoral en Geographic, Universite Paris Saclay, 2019, p. 37.

[112] Ler BALANDIER (G), Anthropologie politique. Op. cit... pp. 194-195

[113] Ler BAYART (J-F), L'Etat en Afrique. La politique du ventre. Paris, Fayart, 1989, p. 157 e seguintes.

da luta contra a malária neste contexto é essencialmente "conservadora".

Em suma, após a independência dos Camarões, a luta contra o paludismo sofreu uma ligeira modernização na região central dos Camarões. Entre 1960 e 2002, o sistema de saúde da região foi objeto de uma reforma de gestão, com a criação de novas instituições para profissionalizar a luta contra o paludismo. Foram criados os primeiros hospitais de referência locais, que fazem agora parte do sistema institucional de controlo do paludismo. Trata-se do Hospital Universitário de Yaoundé e do Hospital Geral. Para além destes hospitais, foi criada a primeira escola de medicina e os distritos sanitários. O objetivo era modernizar e, sobretudo, profissionalizar a luta contra o paludismo. Com a criação destas instituições, a trajetória da luta contra o paludismo sofreu grandes alterações: é a *estratificação* institucional.

O esforço de modernização iniciado em 1960 não ignorou a medicina tradicional estabelecida. Pelo contrário, racionalizou-a e adaptou-a às situações e contingências actuais. Por outras palavras, a medicina tradicional persiste, embora sob uma forma renovada, apesar das numerosas reformas institucionais: é o fenómeno da *dependência* do percurso. Ao contrário da época colonial, a medicina tradicional pós-independência é muito mais racional e adapta-se às dinâmicas da modernização. Foi assim que lhe foi conferido um carácter "legal", com a ratificação da declaração de Alma Ata e a emissão de certificados provisórios para a sua prática a certos ervanários em Yaoundé, em 1990. No âmbito do mesmo esforço de modernização, foram criados centros de saúde comunitários para promover a farmacopeia tradicional a nível local.

Em conclusão, entre 1919 e 2002, a luta contra o paludismo na zona geográfica do Centro-Camarões foi marcada por uma utilização privilegiada de métodos tradicionais. Durante o período colonial, ou seja, de 1919 a 1960, a luta contra o paludismo caracterizou-se pela intervenção privilegiada de actores não especializados e pela forte presença de práticas tradicionais e proféticas. Os médicos militares franceses tiveram o privilégio de intervir no domínio do paludismo entre 1919 e 1950 e implementaram uma medicina dita "ofensiva itinerante", tanto no domínio da prevenção como no do tratamento. A força física foi utilizada para obrigar as populações locais a receberem cuidados de saúde modernos. Mas com o advento dos movimentos de emancipação, por volta dos anos 50, e o crescimento exponencial da população local, a medicina militar francesa foi posta em segundo plano, em favor da medicina tradicional e profética. Nesta altura, a luta contra o paludismo conheceu a sua primeira bifurcação desde 1919. As populações locais utilizam agora terapias locais e ritos tradicionais para combater o paludismo. Para as populações indígenas, a descolonização dos Camarões significava a descolonização do seu sistema de saúde. As práticas tradicionais e proféticas substituíram a medicina militar, dirigida por não especialistas, até 1960, altura em que a luta contra o paludismo foi ligeiramente modernizada.

Entre 1960 e 2002, a luta contra o paludismo modernizou-se ligeiramente com o aparecimento de profissionais de saúde e a racionalização relativa da medicina tradicional. A profissionalização da luta contra o paludismo reflecte-se nas "reformas de gestão" do sistema de saúde nos Camarões Centrais.

Estas reformas levaram à criação de hospitais de referência, de uma grande escola de medicina e de distritos sanitários. Os hospitais e os médicos tornaram-se os principais actores do sistema institucional de luta contra o paludismo e os leigos que existiam anteriormente foram postos de lado. [114]O resultado é uma situação de mudança institucional que Kathleen THELEN ilustra utilizando o conceito de "*camadas* institucionais".

Além disso, no âmbito deste processo de ligeira modernização da luta contra o paludismo, a medicina tradicional, outrora considerada um método arcaico, ressurgiu e tornou-se relativamente racionalizada por volta de 1990. Com a ratificação da Declaração de Alma Ata pelo Estado dos Camarões e a emissão de certificados provisórios para a prática da medicina tradicional a certos ervanários, a medicina tradicional adquiriu um carácter "legal". Este mecanismo de reprodução e readaptação das instituições anteriores nas políticas do presente corresponde ao que Paul PIERSON designa por "path *dependence*". Deste ponto de vista, os processos de desenvolvimento institucional na luta contra o paludismo, iniciados em 1960 na região Centro-Camarões, estão sujeitos aos constrangimentos impostos pelas regiões escolhidas anteriormente. Daí a "inércia institucional" que perpetua a medicina tradicional apesar das dinâmicas de mudança institucional e de modernização da luta contra o paludismo. Por conseguinte, a modernização da luta contra o paludismo iniciada entre 1960 e 2002, em vez de ser completa, é relativa, ligeira e limitada. Foi preciso esperar por 2002 para assistir a uma verdadeira mudança na dinâmica da institucionalização da luta moderna contra o paludismo. De facto, com a adoção do programa "*Fazer Recuar o* Paludismo" em 2002, a luta contra o paludismo foi reforçada e intensificada, pondo definitivamente termo aos métodos tradicionais de luta contra o paludismo.

[114] Ver THELEN (K), "Comment les institutions evoluent: perspectives d'analyse comparative historique", Op. cit.. p. 30.

Capítulo 2

Uma abordagem mais rigorosa da luta livre moderna a partir de 2002

A partir de 2002, a luta contra o paludismo na região Centro-Camarões sofreu uma importante mudança de direção. [115] [116]Com a adoção pelas Nações Unidas dos Objectivos de Desenvolvimento do Milénio (ODM) e a aprovação pelas autoridades camaronesas do programa *"Fazer Recuar o Paludismo"™*, a luta contra o paludismo foi intensificada no domínio social e sanitário da região centro-camaronesa, conduzindo a uma "rápida mudança institucional". Foi a aplicação efectiva do programa *"Roll Back Malaria"* pelas autoridades camaronesas, em 29 de julho de 2002, que deu um novo impulso à luta contra o paludismo na região Centro. [117]Este programa consagra um princípio novo e inovador: o da "multisectorialidade". Por outras palavras, a luta contra o paludismo assenta agora numa dinâmica multifatorial ou multi-actores, ou seja, envolve vários actores, públicos e privados, colectivos e individuais, estatais e não estatais.

A participação destes novos e múltiplos actores no domínio do paludismo, bem como os instrumentos e recursos que mobilizam, estão a conduzir a uma mudança institucional não incremental no processo de luta contra o paludismo no subsistema Centro-Camarões.

[119]A institucionalização da luta contra esta doença está, portanto, a passar por um processo de "*conversão* institucional", na aceção de Kathleen THELEN . Nesta perspetiva, a luta contra a malária foi orientada para novos mandatos, novos objectivos e novas funções. Já não tem nada a ver com as práticas que prevaleciam antes de 2002. Por outras palavras, deixa de ser relativamente tradicional e torna-se verdadeiramente moderna.

A intensificação da luta contra o paludismo a partir de 2002 é o resultado da interferência de uma multiplicidade de actores que estavam anteriormente fora do processo de luta contra esta doença. Estes novos actores conseguiram reformular o *desenho* institucional original e dar um novo rumo à luta contra o paludismo. Nesta

[115] A luta contra a malária em África é objeto de grande atenção.

[116] O programa "Fazer Recuar o Paludismo", cujo objetivo é erradicar o paludismo a curto prazo, foi criado em 1998 por iniciativa da Dra. Gro Harlem Brundtland e é um consórcio que inclui o Banco Mundial, o PNUD, a UNICEF e a OMS. Foi aprovado nos Camarões em 2000 e o seu comité começou a funcionar efetivamente em 29 de julho de 2002, na sequência da decisão N°0334/MPS/CAB. Para mais pormenores, ver MOULIOM MOUNGBAKOU (I.B), "Concurrence des therapeutiques traditionnelles et biomedicales dans le lutte contre le paludisme a l'Extreme-nord du Cameroun", In Journal des anthropologues, 2014, PP. 137-157.

[117] O princípio da multissectorialidade foi adotado pela ONUSIDA em 1996, recomendando a integração de um vasto leque de intervenientes na luta contra as epidemias, nomeadamente a SIDA. Este princípio foi alargado à luta contra as pandemias, como a malária, a partir de 2000, na sequência da adoção do programa "Roll Back Malaria".

dinâmica multifatorial, o Estado ocupa uma posição central e predominante em termos dos instrumentos que mobiliza e das acções que desenvolve no campo social. Os outros actores ocupam posições secundárias ou periféricas. Em termos práticos, a intensificação da luta moderna contra o paludismo reflecte-se na intensificação da comunicação sobre o paludismo, a fim de provocar uma mudança no comportamento das pessoas, e no maior envolvimento das autoridades públicas no processo **(Secção 1). Além disso,** a luta moderna contra a malária foi também intensificada desde 2002 através da organização de campanhas de distribuição gratuita em massa de redes mosquiteiras **(secção 2).**

SECÇÃO I
(Ênfase na comunicação para mudar os comportamentos e aumentar o poder das autoridades públicas)

A intensificação da luta contra o problema do paludismo a partir de 2002 reflecte-se no campo social pela acentuação da comunicação sobre o paludismo e pelo maior envolvimento das autoridades públicas no processo. [119]A comunicação sobre o paludismo é uma das abordagens estratégicas de luta contra a doença previstas no Plano Estratégico Nacional de Luta contra o Paludismo - Ler THELEN (K), "Comment les institutions evoluent: perspectives d'analyse comparative historique", Op. cit.. p. 32.

[118]Paludisme (PSNLP) centra-se na "comunicação para a mudança de comportamento" (BCC). Esta abordagem estratégica está a tornar-se a forma mais prática e eficaz de prevenir o risco de malária. O processo de implementação desta campanha foi marcado pela forte presença e preponderância do Estado, que se tornou o ator "central" no sistema institucional de controlo da malária, embora o papel de outros actores não tenha sido negligenciável.

O aumento do poder das autoridades públicas no domínio do paludismo reflecte-se na adoção e implementação de decisões importantes relacionadas com o paludismo entre 2010 e 2014. [119][120]Desta forma, estão a construir aquilo a que Jaeho EUN chama a "racionalidade pública", tornando o paludismo um verdadeiro "problema público". Estas autoridades públicas, tanto centrais como locais, estão a participar, à sua maneira, no processo de intensificação da luta contra o paludismo. As secções seguintes serão dedicadas a uma análise da importância crescente da comunicação para a mudança de comportamentos **(ponto 1)** e da importância crescente das autoridades públicas no domínio do paludismo **(ponto 2).**

Ponto 1: Ênfase na comunicação sobre a mudança de comportamentos

Desde a adoção do programa *"Fazer Recuar o Paludismo"*, em 2002, a população

---

[118] Nomeadamente o período de 2002-2006.

[119] O Elie é a base de decisão das autoridades públicas e surge quando os actores públicos assumem um determinado problema social. Ler EUN (J), Sida e ação pública. Une analyse du changement de politiques en France. Paris, L'Harmattan, 2009, p. 171.

[120] Ou seja, um problema que é tomado em mãos pelos poderes públicos ou que se pede a estes poderes que o resolvam. ºVer SHEPPARD (E), "Probleme Public", em BOUSSAGUET (Laurie), JACQUOT (Sophie) e RAVINET (Pauline), Dictionnaire des politiques publiques, 2 edição, Presses de la fondation nationale des sciences politiques, 2006, p. 354.

da zona Centro-Camarões tem sido objeto de uma intensa campanha de sensibilização sobre o paludismo. Este é o resultado de uma das abordagens estratégicas do PSNLP para combater a doença, baseada na "Comunicação para a Mudança de Comportamento". O objetivo desta estratégia é "utilizar a comunicação local para encorajar todas as famílias dos Camarões a pôr em prática as medidas de luta contra a malária recomendadas pelo Programa".
[121]Programa Nacional de Controlo da Malária (PNLP)". De acordo com o plano estratégico, *"a Comunicação para a Mudança de Comportamentos terá como objetivo induzir comportamentos na comunidade que conduzam à redução da morbilidade e mortalidade relacionadas com a malária. Para apoiar esta abordagem estratégica, serão produzidos e distribuídos materiais de comunicação aos níveis mais periféricos da comunidade e difundidos nos vários canais de rádio e televisão. Serão organizadas sessões de informação/debate nos "clubes de saúde" dos estabelecimentos pelas ONG/Associações em cada área sanitária. [122]Os dias de luta contra a malária serão comemorados em cada zona sanitária".* [123]Isto significa, por outras palavras, que a luta contra o paludismo deve basear-se numa vasta campanha de sensibilização através de uma comunicação que deve resultar numa "mudança endógena das preferências de um interlocutor ou de um público". Isto remete-nos para os trabalhos sobre a abordagem comportamental da comunicação, iniciada por Harold D. LASSWELL em 1948. [124]De acordo com esta abordagem, a comunicação caracteriza-se pelos seus efeitos no destinatário. O objetivo é levar as pessoas da zona geográfica do centro dos Camarões a mudar as suas atitudes e comportamentos em relação à malária. Não tem nada a ver com as campanhas de comunicação periféricas e informais que existiam durante o período colonial.

Na região Centro, a comunicação sobre a malária foi intensificada desde 2002 no âmbito da campanha "Comunicação sobre a mudança de comportamentos" (BCC). O objetivo é promover o cumprimento das medidas de higiene e facilitar a utilização de redes mosquiteiras impregnadas pelos agregados familiares. Por esta razão, na perspetiva da distribuição em massa dos mosquiteiros, os actores sociopolíticos e institucionais decidiram realizar uma campanha de comunicação em grande escala sobre a utilização dos mosquiteiros, denominada "Comunicação para a Mudança de Comportamento" (CMC). A implementação desta campanha segue uma dinâmica de múltiplos actores em que o Estado mantém o monopólio. [125]Durante o processo de comunicação, estes múltiplos actores mobilizam "recursos cognitivos" que lhes permitem produzir *narrativas* de políticas públicas ( ) dirigidas ao público e ter um impacto sobre ele. Em termos concretos, a partir de

---

[121] Ver Plan Strategique National de Lutte contre le Paludisme au Cameroun 2007-2010. Op. cit.. p. 91

[122] Ibid. p. 92.

[123] Ler GERSTLE (J) e PIAR (C), La communication politique. 3 ^{e}edition,Paris,Armand Colin, 2016, p. 97.

[124] Ibid. p. 36.

[125] Ler ROE (E.M), Narrative Policy Analysis. Durham, Duke University Press, 1994, pp. 36-37.

2002, tanto os actores colectivos (A) como os actores individuais (B) intensificaram a comunicação para a mudança de comportamentos na zona geográfica dos Camarões Centrais. Desta forma, Elie está a participar no processo de reforço da luta moderna contra o problema da malária.

A- Maior ênfase na comunicação sobre a mudança de comportamento por parte dos actores colectivos

[126]Contrariamente à sociologia das organizações, que considera o "ator" em termos da sua capacidade e das suas escolhas estratégicas num determinado contexto que nunca o condiciona completamente, Patrick HASSENTEUFEL considera que o termo "ator" "permite também englobar indivíduos e grupos, uma vez que o ator pode ser individual ou coletivo" . Por outras palavras, enquanto a sociologia das organizações se concentra nos actores no sentido individual, Patrick HASSENTEUFEL ensina-nos que os actores podem ser tanto individuais como colectivos. [127]Sob o termo ator, "entendemos um indivíduo (um ministro, um deputado, um jornalista especializado, etc.) ou vários indivíduos (formando, por exemplo, um gabinete ou uma secção de uma administração), bem como uma entidade jurídica (uma empresa privada, uma associação, um sindicato, etc.) ou um grupo social (agricultores, toxicodependentes, sem-abrigo, etc.)" . O ator pode ser tanto individual como coletivo. [128]Para HASSENTEUFEL, os "actores colectivos" podem ser entidades administrativas, organismos governamentais, organizações políticas, grupos de interesse, comunidades de peritos, etc. . [129]Correspondem a "agrupamentos" no sentido weberiano do termo.

A sequência de acções na luta contra o paludismo, consagrada à ênfase na comunicação para mudar os comportamentos das famílias, é o trabalho de dois tipos de actores colectivos: o Estado e as ONG. [130]Estes actores são mobilizados para uma vasta operação de comunicação dirigida ao grande público, com o objetivo de utilizar o discurso para persuadir um determinado ouvinte ou público a tomar uma determinada ação. Para o efeito, mobilizam instrumentos de incentivo e de comunicação, bem como narrativas de políticas públicas. Desta forma, dão um novo ímpeto à luta tradicional contra o problema do paludismo, tornando-a mais dura. De seguida, analisaremos os mecanismos através dos quais o Estado (1) e as ONG (2) reforçaram a comunicação para mudar os comportamentos.

1. Ênfase na comunicação para a mudança de comportamento por parte do Estado

[131]Max WEBER vê o Estado como uma *"empresa política de natureza institucional"* quando e enquanto a sua liderança administrativa reivindicar com

[126] Ler HASSENTEUFEL (P), Sociologie politique : l'action publique. Op. cit... p. 172.
[127] Ler KNOEPFEL (P), LARRUE (c), VARONE (D) e HILL (M), Public policy analysis, Op. cit... p. 39,
[128] Ibid.
[129] Ler WEBER (M), Economie et societe (1922), traduzido por Pans, Pion, 1991, p. 88.
[130] Ler GERSTLE (J) e PIAR (C), La communication politique. Op. cit... p. 108.
[131] Ver WEBER (M), Ibidem, p. 97.

sucesso o monopólio da coerção física legítima na aplicação de regulamentos. [132]O que caracteriza o Estado é o facto de a "empresa" que leva a cabo numa área geográfica ser acompanhada de "coerção física". [133134]Neste sentido, o Estado é também um "agrupamento político" cuja atividade social é sempre racionalmente determinada com vista a . [135]É, portanto, "o legatário universal dos problemas sociais não resolvidos" . [136]Por outras palavras, o Estado só existe em qualquer sociedade com base nas suas acções, todas elas destinadas a resolver os problemas sociais através da promulgação e aplicação de "regulamentos administrativos" . [137]Na sua obra, Pierre BIRNBAUM reconhece a singularidade do Estado em relação aos outros actores quando escreve: "o Estado é um ator capaz de exercer uma influência específica na sociedade, de a orientar e estruturar" . [138]Assim, o Estado aparece como uma "instituição racional" ou uma "empresa" contínua.
[139]Enquanto "legatário universal dos problemas sociais não resolvidos", o Estado lançou uma vasta campanha de comunicação para mudar o comportamento dos agregados familiares na área geográfica do Centro, como prelúdio da distribuição maciça de MILDA em 2016. Esta grande campanha de sensibilização dos agregados familiares complementa as campanhas de distribuição de MILDA às mulheres grávidas e às crianças com menos de cinco anos entre 2003 e 2007 (voltaremos a este assunto na secção seguinte). A fim de garantir que as futuras campanhas de distribuição de mosquiteiros não terminassem em fracasso, o governo decidiu levar a cabo uma campanha de comunicação intensiva antes de qualquer operação de distribuição. O objetivo era não só encorajar as pessoas a comprar REMILDs, mas sobretudo encorajá-las a utilizá-las corretamente.

O processo de sensibilização do Estado através da comunicação é tornado plausível pela mobilização de instrumentos de incentivo e de comunicação, bem como de recursos de conhecimento. Durante esta fase de sensibilização, o Estado mobiliza vários canais de comunicação com o objetivo de ter um impacto significativo na população da região Centro sobre os méritos da utilização de uma rede mosquiteira. Em termos práticos, a ênfase do governo na comunicação para a mudança de comportamento foi sentida tanto em Yaoundé como nos distritos rurais.

Na cidade de Yaoundé, uma vasta campanha de sensibilização dos agregados familiares dos seis distritos sanitários terá início em outubro de 2015. Esta

---

[132] O conceito de "empresa" vem de Max Weber e refere-se a uma atividade contínua realizada por um grupo organizado como empresa. Esta noção inclui também, evidentemente, a realização de assuntos políticos e económicos, de assuntos próprios das associações, na medida em que a caraterística da continuidade de uma atividade com um objetivo lhes convém. Ver WEBER (M), Economie et societel. Idem. p. 94.

[133] Com efeito, a sua existência e a validade dos seus regulamentos são garantidas pela permanência num território geográfico que pode ser determinado pela aplicação e pela ameaça de constrangimento físico por parte da direção administrativa. Ver WEBER (M), Ibid. pp. 96-97.

[134] Ibid. P. 68.

[135] Ver BIRNBAUM (P) e BADIE (B), Sociologie de 1 Etat. Pans, Grasset, 1979, p. 30.

[136] Trata-se de regras que se aplicam tanto ao comportamento da direção administrativa como, para utilizar uma expressão que se tornou corrente, ao comportamento dos membros "em relação ao grupo". Ver WEBER (M), Idem. p. 93.

[137]Ler BIRNBAUM (P) e BADIE (B), Sociologie de 1 Etat. Op. cit... p. 61.

[138]Ler WEBER (M), Op. cit... p. 99.

[139] Ver BIRBAUM (P) e BADIE (P), Idem, p. 30.

campanha de comunicação para
O Changing Behaviour foi concebido para vender as vantagens dos MILDAs a serem distribuídos em 2016. Cabia, portanto, ao governo mobilizar a população, incentivando-a a participar no processo de distribuição das redes através de uma vasta campanha de comunicação destinada a explicar-lhe a operação. Daí a utilização de ferramentas de incentivo e de comunicação. Desta forma, o Estado conseguiu mobilizar vários canais de comunicação para sensibilizar e mobilizar a população antes de iniciar o processo de distribuição dos MILDAs. [142]Na cidade de Yaoundé, por exemplo, um estudo mostrou que, de 1006 agregados familiares, 59,8% tinham sido informados sobre a distribuição de MILDA em 2016. °Esta campanha de comunicação de mudança de comportamento foi efectuada através de vários canais de comunicação e os resultados obtidos são apresentados na tabela n 3 abaixo.

Quadro 3

Percentagem de agregados familiares informados da distribuição de MILDA em 2016 em Yaoundé, por canal de comunicação

Canais de comunicação	Percentagem de agregados familiares informados sobre a distribuição de REMILDs em 2015/2016
Rádio	8,8%
Televisão	30,3%
Bandeira	17,8%
Hospital/centro de saúde	6,6%
Agente comunitário de saúde	13,9%
Autoridade tradicional/administrativa	4,0%
Igreja/mesquita	9,5%
Visita domiciliária da equipa de recenseamento/consciencialização	16,4%
Família/amigo	18,5%
Voisin	19,5%
Jornal	4,6%
Telefone	16,6%
Outros	0,3%

[142] Ler o documento intitulado Camarões: enquete post campagne sur l'utilisation des moustiquares impregnees d'insecticide a longue duree d'action 2016/2017. Relatório final, MINSANTE, PNLP, INS, dezembro de 2017, p. 71.

Fonte: relatório final, MINSANTE, PNLP, INS, Camarões: relatório pós-campanha sobre a utilização de insecticidas impregnados de moustiqueiros em acções de longa duração 2016/2017, dezembro de 2017, p. 7

Podemos constatar que o Estado mobilizou tanto os instrumentos de comunicação

(televisão, rádio, faixas, jornais, telefone, etc.) como os incentivos (agentes comunitários de saúde, autoridades tradicionais e administrativas, famílias e amigos, vizinhos, unidades de saúde, etc.) para levar a cabo com sucesso a campanha de sensibilização para a distribuição massiva de MILDA em 2016. [140]Foram mobilizados pelo menos treze canais de comunicação, com o objetivo de ter um impacto considerável na população local através da "persuasão direta".
A televisão, os vizinhos e os cartazes foram os canais de comunicação através dos quais a maior parte da população foi informada da próxima campanha de distribuição de MILDA. [141]De acordo com os dados oficiais, dos 1006 agregados familiares que vivem em Yaoundé, 59,8% foram informados sobre a distribuição de MILDA antes do início da operação. Isto significa que uma grande parte da população de Yaoundé já estava preparada para receber um MILDA. A implementação desta campanha de comunicação de mudança de comportamento social será apresentada e analisada no resto do presente relatório.
Nos vinte e quatro distritos sanitários da periferia de Yaoundé, o Estado também levou a cabo uma intensa campanha de comunicação sobre a próxima campanha de distribuição de MILDA, semelhante à de Yaoundé. [142]No entanto, nestas zonas sociais, utilizou incentivos em vez de ferramentas de comunicação, com resultados muito superiores, uma vez que 78,2% de uma amostra de 491 agregados familiares tinham sido informados sobre a campanha de distribuição de MILDA de 2016 desde outubro de 2015, muito antes do lançamento do processo. [o]A campanha de comunicação nas áreas periféricas também foi realizada através de vários canais de comunicação, e os resultados obtidos podem ser vistos na tabela 4 abaixo.

Quadro 4

Percentagem de agregados familiares informados sobre a distribuição de MILDA em 2016 nos vinte e quatro distritos periféricos, por canal de comunicação[146]

Canais de comunicação	Percentagem de agregados familiares informados sobre a distribuição de REMILDs em 2015/2016
Rádio	5,5%
Televisão	6,9%
Bandeira	1,5%
Hospital/centro de saúde	22,6%

[140] A persuasão é direta quando a mensagem controlada pelo ator ou difundida pelos meios de comunicação social modifica a atitude de um indivíduo em relação a uma reforma, a uma imagem política ou a qualquer outro objeto publicitado, politizado e polarizado, acrescentando informações ao conjunto de considerações disponíveis na memória. Ver GERSTLE (J) e PIAR (C), La communication politique. Idem, p. 108.

[141] Ler o documento intitulado Cameroon: enquete post campagne sur l'utilisation des moustiquares impregnees d'insecticide a longue duree d'action 2016/2017, Rapport final, MINSANTE, PNLP, INS, Decembre 2017, p. 71.

[142] Ibid.

Agente comunitário de saúde	41,9%
Auto rite tradicional/administrativo	30,5%
Igreja/mesquita	18,6%
Visita domiciliária da equipa de recenseamento/consciencialização	40,5%
Família/amigo	44,1%
Voisin	40,5%
Jornal	6,8%
Telefone	5,7%
Outros	0,4%

Fonte: relatório final, MINSANTE, PNLP, INS, Camarões: inquérito pós-campanha sobre a utilização de redes mosquiteiras tratadas com inseticida de longa duração 2016/2017, dezembro de 2017, p. 7

Os canais preferidos pelo Estado para a sensibilização dos agregados familiares nas zonas rurais foram os "vizinhos", a "família", as "visitas domiciliárias da equipa de sensibilização", os "agentes comunitários de saúde" e as "autoridades tradicionais". Os canais de comunicação tradicionais, como a "televisão", os "cartazes", o "telefone" e a "rádio" não tiveram impacto suficiente nos agregados familiares das zonas periféricas. Nestas zonas sociais, os incentivos tornaram-se a norma para sensibilizar as pessoas para a próxima campanha de distribuição de MILDA. Isto deve-se ao facto de os bairros da periferia serem fechados (os meios de comunicação convencionais y são difíceis de mobilizar), de pequena dimensão e caracterizados por uma forte solidariedade primária e comunitarismo. O Estado fez, portanto, da comunidade o centro da sua campanha de comunicação nas zonas rurais. Consequentemente, a "família/amigos", os "vizinhos", as "autoridades tradicionais" e os "agentes comunitários de saúde" têm sido canais fiáveis para a transmissão de mensagens às populações rurais, devido às suas raízes sociológicas nas zonas rurais. [143]Nesta perspetiva, a comunicação para a mudança de comportamento baseou-se no modelo do "fluxo de comunicação *em duas etapas*". Este modelo propõe uma dinâmica de influência dos media através das relações interpessoais. [144]A influência dos meios de comunicação na formação da opinião é exercida através dos líderes de opinião. Nas zonas rurais da região Centro, a comunicação para a mudança de comportamentos só poderia ser plausível se se materializasse através destes *líderes de* opinião, que neste caso eram as autoridades tradicionais, os vizinhos, os agentes comunitários de saúde e as famílias. Uma vez que partilham os mesmos determinantes sociais que a população local, estão mais aptos a transmitir mensagens sobre a prevenção do paludismo e a facilitar a sua aceitação do que os meios de comunicação tradicionais, a maioria dos quais está

[143] Ler KATZ (E) e LAZARDSFELD (P), Influence personnels. Pans, Armand Colin, CEFAI Daniel, 2008.
[144] Ler GINGRAS (A-M), "Les theories en communication politique", in GINGRAS (A-M), (dir.) La communication politique. Etat des savoirs. enjeux et perspectives. Presse de l'Universite du Quebec, 2003, p. 17.

sediada em Yaoundé. [145]De acordo com os números oficiais, 78,2% de uma amostra de 491 agregados familiares tinham sido informados sobre a distribuição de MILDAs de 2016 desde outubro de 2015, muito antes do lançamento do processo. A percentagem de agregados familiares informados era muito mais elevada nas zonas rurais do que em Yaoundé. [146]Nas zonas rurais, o governo adoptou o princípio de que "para que a comunicação seja eficaz, a mensagem deve não só estar em conformidade com os valores dos grupos a que pertencem os destinatários, mas também ser apoiada por um líder de opinião". É por esta razão que os resultados obtidos neste caso em termos de sensibilização foram muito satisfatórios, uma vez que mais de metade das famílias já sabiam o que esperar e estavam preparadas para receber e utilizar os mosquiteiros.

Em última análise, as campanhas de comunicação para a mudança de comportamentos organizadas pelo Estado entre outubro de 2015 e janeiro de 2016, tanto no centro de Yaoundé como nas zonas rurais, faziam parte de um esforço para reforçar a luta moderna contra o paludismo. Foram um prelúdio para a vasta campanha de distribuição gratuita de REMILDs em grande escala. Para isso, era necessário "preparar" as famílias para receberem este vasto programa de ação pública. Para o efeito, o governo utilizou incentivos e ferramentas de comunicação para desenvolver uma ação considerável no domínio social. Foram utilizados vários canais de comunicação para informar as famílias sobre a importância da utilização de uma rede mosquiteira. Paralelamente ao Estado, as ONG também se envolveram no processo de enfatizar a comunicação para mudar o comportamento das famílias na região Centro-Camarões.

2. Ênfase na comunicação sobre a mudança de comportamento por parte das ONG locais

[147][148]A região Centro não é vítima daquilo a que Clement SORIAT chama uma "patologia associativa" porque, a partir de 2002, com a adoção do programa *"Fazer Recuar o Paludismo",* surgiu uma multiplicidade de ONG locais nesta zona geográfica. Esta é simplesmente a consequência lógica da vontade do governo dos Camarões de efetuar a sua "transição democrática" e abrir o jogo político. Hoje, as ONG locais desempenham um papel relativamente institucionalizado e parecem ser parceiras na ação pública, sob o controlo dos actores estatais e dos doadores internacionais que agem através do Estado.

[149]"delegação" . [150]O seu aparecimento é apenas a consequência da "estruturação da

[145] Ler o documento intitulado Camarões: enquete post campagne sur l'utilisation des moustiquares impregnees d'insecticide a longue duree d'action 2016/2017. Relatório final, MINSANTE, PNLP, INS, dezembro de 2017, p. 71.

[146] Ler GINGRAS (A-M), "Les theories en communication politique", in GINGRAS (A-M), (dir.) La communication politique. Estado do conhecimento, desafios e perspectivas. Idem, p. 18

[147] Ler SORIAT (C), "L'implication des acteurs associatifs beninois dans 1 action publique de lutte contre le sida : entre domestication et prise de pouvoir", in "Penser l'action publique en contexte africain". Congres AFSP Aix, 2015, p. 2.

[148] Ver a lista de todas as ONG que trabalham no domínio da malária na região Centro no Anexo 2 do presente relatório.

[149] Ler SORIAT (C), Op. cit... p. 2

ação pública com múltiplos actores" .

[151]Segundo Edrich Nathanael TSOTSA, o termo ONG parece socialmente e mesmo politicamente mais correto e mais prestigioso do que o termo associação, tanto aos olhos dos parceiros políticos como dos doadores externos. [152]O termo ONG é utilizado para designar o conjunto das grandes organizações que enriquecem a lógica da sociedade civil, enquanto o termo associação designa as estruturas de pequena dimensão e de menor visibilidade". Para tornar esta distinção mais clara, o autor acrescenta que "uma associação é uma estrutura elementar que, no Burkina Faso e nos Camarões francófonos, é designada por clube, amical, mutuelle ou mouvement. [153]Em contrapartida, uma ONG y parece ser uma estrutura organizativa socialmente estável, com recursos humanos importantes, financeiramente viável e autónoma". Parece que a diferença entre uma ONG e uma associação reside no facto de a primeira ser muito mais ativa no domínio social do que a segunda. Na região Centro, por exemplo, as ONG são actores privados que funcionam como uma "rede de segurança" para muitas famílias afectadas pela malária e abandonadas à sua sorte.

Na região Centro-Camarões, o processo de enfatizar a comunicação para a mudança de comportamentos envolve também as ONG locais. [154]Estas são também actores colectivos que exercem um "ativismo terapêutico", intervindo no domínio do paludismo através de grandes campanhas de sensibilização dos agregados familiares. Estas ONG actuam como complemento da ação do Estado e contribuem para reforçar a luta contra a malária na região Centro. A Elies mobiliza recursos humanos e de conhecimento, histórias e declarações de políticas públicas para realizar acções significativas no domínio social. A ação comunicativa das ONG centra-se na necessidade de utilizar redes mosquiteiras para prevenir a malária. Tal como o governo, as ONG locais consideram a sensibilização como um pré-requisito para a distribuição gratuita em massa de MTIs/MILDAs. O objetivo é apelar aos agregados familiares e prepará-los para receber e utilizar os MTI/MILDA, a fim de evitar a utilização abusiva deste instrumento na luta contra a malária. [155]Na região Centro, três ONGs podem ser destacadas como representantes da implementação da comunicação para a mudança de comportamento entre a panóplia de ONGs que existem nesta área geográfica. Três ONG destacam-se pelo seu ativismo no domínio da comunicação social para sensibilizar para a utilização de redes mosquiteiras: a Association Camerounaise pour le Marketing Social (ACMS), Malaria no more (MNM) e Impact Sante Afrique (ISA).

Embora as actividades tradicionais da ACMS se centrassem na comercialização e

---

[150] Ibid., p. 4.

[151] TSOTSA (E.N) A ação pública de luta contra o VIH/Sida. Actores, controvérsias e dinâmicas. Analyse comparee a partir des exemples sud-africains. burkinabe et camerounais. These de doctoral en science politique, Institut d'Etudes politiques de Bordeaux, 2009, p. 323.

[152] Ibid. p. 323.

[153] Ibid. pp. 323-324.

[154] No sentido de que são organizações não governamentais e, portanto, pessoas colectivas.

[155] Ver a lista das ONG que trabalham no domínio da malária na região Centro no Anexo 3 do presente relatório.

distribuição de "super mosquiteiros" e kits de impregnação "Bloc" ao público em geral, é de notar que, entre 2002 e 2005, a ACMS esteve muito mais envolvida na sensibilização em grande escala através da comunicação. Durante este período, a ACMS lançou a sua principal campanha de sensibilização dos agregados familiares, a "Campanha de Comunicação para a Mudança de Comportamento" (BCC). É a tradução no terreno da política conhecida como "A CCC é o recurso cognitivo através do qual o CASI consegue ter um impacto significativo no comportamento das pessoas, utilizando os vários meios de comunicação a que estão constantemente expostas. Assim, durante o período 2002-2005, a ONG transmitiu mensagens relacionadas com a malária através de vários meios de comunicação, nomeadamente televisão, rádio, outdoors, cartazes, folhetos, centros de saúde e agentes ACMS/Blitz. [156]Um inquérito no terreno efectuado na cidade de Yaoundé pelo IRESCO (Institut de Recherche et des Etudes de Behaviour) mostrou que a população deste subsistema tinha sido exposta de várias formas às mensagens do ACMS entre 2002 e 2005, no âmbito do CCC. As mensagens transmitidas ao público foram as seguintes

- "A malária é transmitida por picadas de mosquito durante a noite. [157]Proteja-se utilizando uma rede mosquiteira impregnada de inseticida" ;
- "as mulheres grávidas e as crianças com menos de 5 anos são as pessoas mais expostas ao risco de contrair malária. [158]Proteja-as utilizando uma rede mosquiteira impregnada de inseticida" ;
- [163]"super mosquiteiro, um presente para a vida" ;
- [164]"Reforçar a eficácia da sua rede mosquiteira de 6 em 6 meses, mergulhando-a numa mistura de água e pastilha Bloc" ;
- [165]"Bloco, a força da tua rede mosquiteira" .

[166]Foram colocados painéis publicitários nos principais cruzamentos de Yaoundé para transmitir estas mensagens, como o cruzamento "Bata Longkak". Foram distribuídos folhetos nas ruas por uma equipa de jovens agentes do ACMS/Blitz; foram afixados cartazes nas paredes dos centros de saúde; as estações de rádio locais foram mobilizadas para difundir três spots publicitários produzidos em *"Mongo Ewondo", a* fim de assegurar que a mensagem fosse mais bem percebida e recebida pela população dos Camarões Centrais.

As mensagens com conteúdo "forte" e "preciso" foram transmitidas pelo ACMS à população de Yaoundé e arredores, utilizando vários meios de comunicação. Para

[156] Ver o documento intitulado Etude d'évaluation du projet de distribution des moustiquares impregnees a l'insecticide par l'association camerounaise pour marketing social. Documento preparado pelo l'Institut de Recherche et des Etudes de Comportement (IRESCO), fevereiro de 2006. Também disponível em linha em www.yumpu.com.
[161] Ibid. p. 22
[162] Ibid. p. 22.
[163] Ibid. p. 23
[164] Ibid. p. 23.
[165] Ibid. p. 23.
[166]Cartaz que ainda hoje existe.

dar um exemplo da primeira mensagem *("A malária é transmitida por picadas de mosquito durante a noite. Proteja-se usando um mosquiteiro impregnado de inseticida")*, um estudo realizado em fevereiro de 2006 mostrou que, de uma amostra de 395 pessoas que vivem em Yaoundé, 47,3% receberam a mensagem através da televisão, 38,2% através da rádio, 15,9% através de painéis publicitários, 22,0% através de cartazes, 3,8% através de folhetos, 29,6% através dos centros de saúde e 3,3% através dos agentes da ACMS/Blitz. [159]O mesmo estudo revelou que 32,4% das pessoas não tinham ouvido ou visto o anúncio. Estes números demonstram, por si só, que a ACMS fez um trabalho "titânico" no domínio da comunicação, ao popularizar os métodos de luta contra o paludismo com recurso a redes mosquiteiras. [160]Conscientes de que "a mensagem é o meio", a televisão, a rádio, os centros de saúde e os cartazes foram os meios de comunicação preferidos para tornar plausível a Campanha de Comunicação para a Mudança de Comportamento da ACMS entre 2002 e 2005. As famílias estavam assim preparadas para receber e utilizar uma rede mosquiteira.

[161]*Malaria no more* (MNM) e Impact Sante Afrique (ISA) são duas ONG que também estão envolvidas no processo de intensificação da comunicação para mudar o comportamento dos agregados familiares na região Centro-Camarões. As Elies partilham a mesma equipa de gestão executiva dos Camarões, sediada em Yaoundé. Desde 2015, a Elies tem trabalhado no domínio da malária, organizando campanhas de sensibilização dos agregados familiares no âmbito de uma política global conhecida como "Comunicação para a mudança de comportamentos". Assim, o Elies utiliza recursos de conhecimento, histórias e declarações de políticas públicas para atuar eficazmente no domínio social.

Com o objetivo de lançar uma grande campanha de sensibilização do público, em 2015, a ONG MNM organizou um "workshop em Yaoundé para reforçar as capacidades dos deputados na prevenção e gestão da malária nos Camarões". O objetivo do workshop era criar uma campanha de sensibilização do público, envolvendo no processo os deputados formados pela MNM. [162]Para a ONG, uma sensibilização adequada e eficaz junto dos agregados familiares só poderia ser alcançada de forma plausível através do envolvimento no processo dos *"líderes de*

---

[159] Dados obtidos do documento intitulado Etude d'évaluation du projet de distribution des moustiquaires impregnees a l'insecticide by l'association camerounaise pour le marketing social. Ibid.

[160] Ver Me LUHAN (M), Pour comprendre les medias. 1964, Marshall Me LUHAN, trad. fr. 1968, reed. Seuil, coleção "Points essais", 1977.

[161] Esta ONG foi fundada em Seattle, nos Estados Unidos, em dezembro de 2006, por Peter CHERNIN e Raymond CHAMBERS. Nos Camarões, esta ONG está sediada em Yaoundé e é um dos principais parceiros do MINSANTE na luta contra a malária.

[162] Ler BALLE (F), Medias et societe. Paris, Montchrestien, 9ª ed. 1999.

[171] Entrevista com Olivia Ngou, directora executiva nos Camarões da ONG "Malaria no more", em 30 de novembro de 2020.

[172] Ibid

opinião" referidos por Paul Lazarsfeld. Como os deputados estão mais próximos das pessoas (porque são eleitos por elas no seio do departamento), podem estar em melhor posição para as sensibilizar através de uma comunicação direta. Foi no final deste workshop de formação que os deputados da região Centro se comprometeram a ser "embaixadores na luta contra o paludismo", liderados por Marie-Rose NGUINI EFFA, deputada por Mefou-et-Akono. Voltaremos a este assunto no próximo parágrafo. O mínimo que se pode dizer neste momento é que o MNM fez um trabalho titânico no domínio da comunicação através do Diretor Executivo desta ONG. [171]Nada menos do que quinze programas de rádio foram produzidos entre novembro de 2015 e janeiro de 2016 por Olivia Ngou, metade dos quais foram transmitidos pela Crtv-Radio- Centre . A mensagem transmitida nestas emissões foi sobre as modalidades práticas de utilização dos mosquiteiros impregnados.

Entre 2018-2019, 1 ONG ISA também se envolveu na sequência de sensibilização da população através de um forte "ativismo terapêutico". Elie apelou às comunidades para se envolverem ativamente na luta contra a malária. Os membros desta organização efectuaram um trabalho concreto de persuasão junto da população, o seu único e principal *grupo-alvo*. É o caso da Sra. BATJE Henriette que, desde 2018, faz discursos aos estudantes do departamento de Nyong-et-Kelle, membros da "Associação de Estudantes de Nyong-et-Kelle" e residentes em Yaoundé. [172]Uma das missões fundamentais do ISA é "envolver membros influentes da sociedade civil e das comunidades para que se envolvam ativamente na luta contra a malária". Estudantes das Universidades de Yaoundé 1 e 2, bem como de vários institutos de ensino superior privados, estiveram plenamente envolvidos em campanhas de sensibilização nas aldeias de Matomb e Boumnyebel em agosto de 2019. A mensagem transmitida a estas comunidades centrou-se nas medidas básicas de higiene e nos métodos práticos de utilização das REMILDs. A Sra. Nafissa Tame fez o mesmo com as associações de mulheres muçulmanas da região Centro, nomeadamente em Yaoundé. [163]Este trabalho de sensibilização, que conduz a alianças, corresponde ao que Philippe ZITTOUN designa por "declarações de política pública", que são práticas discursivas baseadas na persuasão e na argumentação dos actores para levar os outros a concordar com o problema a resolver. Ao produzir declarações, os agentes do ISA conseguiram construir as "alianças", "associações" e mesmo "coligações" necessárias com uma grande parte da população para combater a malária, o que exige um elevado nível de participação da população em geral, de acordo com o princípio da "multisectorialidade". Ao "fazer declarações", a ONG ISA conseguiu exercer "poder" sobre os agregados familiares, que acabaram por se envolver na luta contra a pandemia através da utilização de REMILDs.

Além disso, no âmbito da utilização dos seus recursos de conhecimento, a ONG ISA mobilizou os meios de comunicação social de Yaoundé para produzir histórias

[163] Ver ZITTOUN (P), "La fabrique pragmatique des politiques publiques", Op. cit... p. 79.

destinadas à população local. Olivia Ngou, a Directora Executiva da ONG, esteve constantemente no ar nas estações de rádio locais Magic FM, Royal FM e Crtv station regionale du Centre, transmitindo a seguinte mensagem: [164]*"durmam e façam dormir os vossos filhos debaixo de uma rede mosquiteira impregnada para evitar o risco de malária"* . O objetivo desta campanha mediática era incentivar as pessoas a tomarem uma série de medidas para evitar o risco de malária.

Em suma, os actores colectivos, ou seja, o Estado e as ONG, estão efetivamente envolvidos no processo de sensibilização dos cidadãos nacionais. Nesta ocasião, mobilizaram vários instrumentos e recursos para melhor implementar a campanha de comunicação sobre a mudança de comportamentos no domínio social. Estes instrumentos e recursos estão a ser seguidos por intervenientes individuais.

B- Ênfase na comunicação da mudança de comportamento por parte de cada um dos intervenientes

A ênfase na comunicação para mudar o comportamento das pessoas não é prerrogativa apenas de actores colectivos, pois os actores individuais também estão envolvidos no processo. Na região Centro, um grande número de actores está envolvido no domínio do paludismo, para além das actividades de comunicação do Estado e das ONG. Trata-se, na sua maioria, de actores individuais que adquirem o estatuto de ator pelo simples facto de pertencerem ao nosso campo de estudo. São indivíduos cujas acções a favor do paludismo são palpáveis na arena social. À sua maneira, contribuem para a intensificação da luta moderna contra o paludismo.

[165]Ao contrário dos actores colectivos, os indivíduos são essencialmente racionais e estratégicos, ou seja, intervêm num processo de política pública quando os seus interesses estão em jogo e dispõem dos recursos necessários para os defender . [166]A sua abordagem fará sempre sentido para ele em função dos seus objectivos e das oportunidades que vê e escolhe aproveitar. As acções dos actores individuais no domínio do paludismo nos Camarões Centrais não são desprovidas de interesse. Têm interesses a satisfazer e, para isso, mobilizam recursos de vários tipos que lhes permitem ter um impacto sobre a doença do paludismo. A análise das suas acções no domínio do paludismo deve, portanto, ter imperativamente em conta os recursos que mobilizam e os interesses que defendem. Os actores individuais no domínio do paludismo na zona geográfica do Observatório incluem elites políticas e administrativas e actores intermitentes. Estes actores foram envolvidos no processo de intensificação da comunicação da mudança de comportamento a partir de 2002. Assim, analisaremos a forma como as elites políticas e administrativas de base **(1)** e os chamados actores intermitentes **(2)** põem em prática a comunicação da mudança de comportamento na arena social.

---

[164] Entrevista com Olivia Ngou, directora executiva nos Camarões da ONG "Malaria no more", em 30 de novembro de 2020.

[165] Ler KNOEPFEL (P), LARRUE (C), VARONE (F) e HILL (M), Public Policy Analysis, British Library, 2007, p. 40.

[166]Ver GROSSMAN (E), "Ator", Op. cit... p. 26.

1. Ênfase na comunicação sobre a mudança de comportamento por parte das elites políticas e administrativas de base

A investigação anglo-americana em ciência política oferece uma variedade de definições do conceito de elites. [167]Anthony GIDDENS considera que as elites são "indivíduos que ocupam posições de autoridade formalmente definidas à frente de uma organização social ou funcional". [168]Para Thomas BOTTOMORE, "as elites designam os grupos funcionais que, por qualquer razão, ocupam uma posição social elevada". [169]Robert PUTNAM considera que as elites são "indivíduos que têm a capacidade de influenciar as decisões políticas" . [170]Já para Ezra SULEIMAN, "todas as pessoas que ocupam posições de autoridade pertencem à elite" . Definido desta forma, o conceito de elite não designa uma categoria precisa de indivíduos, porque, consoante o contexto e as circunstâncias, um ou outro indivíduo pode tirar partido dos atributos da elite. Assim, uma elite pode ser política, económica, judicial, civil, militar, administrativa, etc. Mas, para efeitos do presente parágrafo, referir-nos-emos apenas à categoria de elites designada por político-administrativa.

Com a expressão "elites políticas e administrativas de base", referimo-nos a todos os actores políticos e administrativos que estão próximos dos cidadãos e que podem, melhor do que ninguém, ter um impacto direto na sua vida quotidiana. [171172]A expressão é emprestada de Michael LIPSKY, que, numa das suas obras seminais, falava de "*street-level bureaucrats*" para designar os agentes de base ou de terreno da administração. Referia-se aos funcionários públicos *no sentido estrito do termo*, que têm uma influência direta sobre os cidadãos a quem se destina uma política pública. Ao contrário do conceito de "*burocratas de rua*", a expressão "elites político-administrativas de base" refere-se não só à categoria de actores conhecidos como "funcionários públicos", mas também aos actores políticos. Pode, assim, ser utilizada para designar qualquer ator que mantenha um contacto "face a face" com o público e cujas acções tenham efeitos directos na existência dos indivíduos afectados pelas políticas públicas. [173]Neste sentido, o conceito de "elites político-administrativas de base" permite tornar plausível o que Ranate MAYNTZ designa por "estrutura de implementação", ou seja, a realidade dos fenómenos, a face concreta tal como emerge da implementação no terreno. Deste ponto de vista, estabelece-se um conjunto de relações entre os actores. [174]Os problemas são vividos e os critérios são utilizados de uma determinada forma. [175]Por outras palavras, no

[167] Citado em GENIEYS (W), Sociologie politique des elites. Paris, Armand Colin, 2011.
[168] Ibid.
[180] Ibid.
[179] Ibid.

[181] Ler Lipsky (M), Street-Level Bureaucracy: Dilemmas of the Individual in Public Services. Novo York, Russel Sage Foundation, 1980.
[172] Ver HASSENTEUFEL (P), Sociologie politique : l'action publique. Op. cit... p. 159.
[173] Ler MENY (Y) e THOENIG (J-C), Politiques publiques. Op. cit... p. 254.
[174] Ibid. p. 254.
[175] Ibid. p. 274.

processo de implementação de uma política pública, os "agentes político-administrativos de base" precedem o terreno através do mecanismo de "adaptação às circunstâncias" que lhes permite ajustar uma decisão pública de acordo com as situações locais com que se deparam.

Assim, analisar a intensificação da luta contra o paludismo com base nas acções das "elites políticas e administrativas de base" é ainda apreender a ação pública sobre o paludismo "a partir de baixo", pondo em evidência a questão da proximidade na política. [176]Christian LE BART e Remy LEFEBRE descrevem o interesse heurístico da noção de "proximidade" na análise das políticas públicas nos seguintes termos: "Através da proximidade, trata-se de restabelecer a confiança política (aproximar os eleitos dos cidadãos), restabelecer os laços sociais (aproximar as instituições dos utentes e os utentes entre si) e reconstruir a eficácia pública (aderir à procura social, produzir respostas adequadas e ajustadas)". Por outras palavras, a noção de proximidade enquadra-se na de territorialização, permitindo analisar as políticas públicas locais.

Na região Centro, as políticas públicas locais são identificadas através das acções dos agentes políticos e administrativos de base. São estes agentes que ajustam a política de luta contra o paludismo no terreno em função das situações específicas com que se deparam. São eles que permitem territorializar a ação pública contra o paludismo nesta área geográfica. São elites que mobilizam recursos políticos, sociais e temporais, e cujas acções são estratégicas porque têm interesses a defender. A Campanha de Comunicação de Mudança de Comportamento implementada na região Centro desde 2002 envolve actores individuais que desectorializam e desinstitucionalizam a luta contra a malária: elites administrativas e políticas.

O envolvimento das elites administrativas no domínio da malária na área geográfica do Centro-Camarões começou em 2002, de acordo com o princípio da "multisectorialidade". Questionar as acções destas chamadas elites administrativas significa também ter em conta o papel dos agentes de base ou de "campo" da administração no processo de implementação da ação pública. [177]Michael LIPSKY designa-os por *"Street-Level Bureaucrats"*, funcionários públicos que participam na construção da ação pública num subsistema. Assim, tal como os eleitos, são actores da territorialização das políticas públicas, pela sua proximidade com os cidadãos. Desde a obra de Max Weber até à atualidade, a definição do conceito de funcionário público sofreu uma evolução heurística. [178]O verdadeiro funcionário público", dizia Max Weber, "não deve envolver-se em política, precisamente em virtude da sua vocação: deve administrar, sobretudo de forma apartidária" . Na aceção weberiana do termo, o funcionário público caracteriza-se pelo

---

[176] Ler LE BART (C) e LEFEBRE
Presses Universitaires de Rennes, Rennes, p. 29 (R), La proximite en politique. Usos, retóricas e práticas.

[177] Ler LIPSKY (M), Street-Level Bureaucracy: Dilemmas do indivíduo nos serviços públicos. Op. cit... pp. 3-23.

[178] WEBER (M), Le savant et le politique. Pion, 1959, p. 108.

descomprometimento, pela neutralidade e pela desumanização. [179]No entanto, os trabalhos recentes no domínio da ciência administrativa mostram que os funcionários públicos são altamente politizados, daí o conceito de "politização funcional" dos funcionários públicos. Neste sentido, a lealdade dos funcionários públicos para com os seus superiores incita-os a empenharem-se e a serem influentes. [180]Jean-Michel Eymeri escreve que: "a instituição atribui ao alto funcionário a tarefa de se convencer das coisas e de convencer o político, de se comprometer e de comprometer o político a comprometer-se: ele deve exercer um ministério de influência". [181][182]Os funcionários públicos deixam, portanto, de ser considerados "funções em ação", porque têm uma tendência e interesses a defender e, consequentemente, a sua lealdade torna-se um "dever de compromisso" .

A breve apresentação de uma revolução no conceito de funcionário público era inegavelmente necessária para compreender a posição dos funcionários públicos superiores no processo de implementação da política de "Comunicação sobre a Mudança de Comportamento" na região Centro. Longe de serem actores perfeitamente neutros no sentido weberiano do termo, os funcionários públicos superiores têm interesses a defender e a proteger. Actuam em nome dos seus superiores e desejam beneficiar da sua confiança para serem promovidos a cargos mais importantes. O seu envolvimento no processo de intensificação da luta contra o paludismo através da sensibilização das famílias torna-se um pretexto para exprimirem a sua lealdade para com os seus superiores. É este o objetivo do seu envolvimento no domínio do paludismo a partir de 2002. Neste sentido, as suas acções são essencialmente estratégicas e egoístas.

Na zona geográfica do Centro-Camarões, as elites administrativas de base que actuam no domínio do paludismo, dando ênfase à comunicação para a mudança de comportamentos, são os funcionários da administração territorial, ou seja, as autoridades administrativas e tradicionais. Por outras palavras, os administradores civis e os seus auxiliares, os chefes tradicionais. Eles intervêm no domínio do paludismo através de políticas simbólicas, produzindo discursos e histórias dirigidas à população. É precisamente a este nível que a dimensão simbólica da ação pública é tida em conta. Patrick HASSENTEUFEL argumenta que: al action publique comprend une importante dimension symbolique a travers les discours et les actes de communication qui l'accompagnent. [183]Não se referem necessariamente a medidas concretas, mas podem modificar as percepções, as expectativas e até os comportamentos do público". [184]Deste ponto de vista, o significante (o significado atribuído à ação) é mais importante do que o significado (a ação em si). Na prática,

---

[179] Para conceber esta reflexão sobre a dimensão política das suas actividades por parte dos altos funcionários da administração.

[180] Ler EYMERI (J-M), "Frontiere ou marches? De la contribution de la haute administration a la production du politique", in LAGROYE (J) (ed.), La politisation. Paris, Belin, 2003, p. 70.

[181] Ler BIRNBAUM (P) e BADIE (B), Sociologie de l Etat. Op. cit... p. 186.

[182] EYMERI (J-M), Idem. p. 71.

[183] Ver HASSENTEUFEL (P), Sociologie politique : Faction publique. Op. cit... p. 61.

[184] Ibid.

na região Centro, os administradores civis e os chefes tradicionais estão envolvidos no processo de intensificação da luta contra o paludismo através da comunicação sobre a doença. Desde 2003, Emile Onanbele Zibi, presidente dos patriarcas indígenas de Mfoundi, está envolvido na luta contra a malária através da comunicação. A sua posição de patriarca com "poder tradicional" foi para ele um recurso social que facilitou a aceitação e a interiorização da sua mensagem pela população. Durante a distribuição do Mil às mulheres grávidas na região Centro, em 2003, 2004 e 2005, esta elite administrativa (auxiliares da administração) assumiu um papel central na sensibilização do público-alvo, aqui representado pelas mulheres grávidas do bairro de Febe-village, para a necessidade de se equiparem com uma rede mosquiteira. Uma mulher chamada Marylise, vendedora no mercado de Mfoundi e residente no bairro de Febe-village, testemunhou numa entrevista

"O patriarca Onambele, que a paz esteja com ele, veio uma vez a nossa casa. Falou-me da rede mosquiteira, dizendo que era o que nos ia salvar da malária e que iam vir distribuí-la em breve. Também me disse para não fechar a porta durante o dia e para me apanhar ii [195] as pessoas que virão com as redes mosquiteiras".

Estas são as palavras de uma mulher cujo nome aparecia no diretório dos agentes comunitários de saúde em Mfoundi e que iria receber gratuitamente a MU durante a campanha de 2003. Parece que o próprio patriarca ONAMBELE ZIBI saiu para o terreno para sensibilizar as mulheres grávidas e encorajá-las a tomar e utilizar uma MU. Vale a pena notar que ele escolheu algumas casas perto da sua casa no bairro de Febe-village para o fazer, e pediu aos seus pares para fazerem o mesmo nos seus bairros. Esta campanha de comunicação continuou até ao início da grande distribuição de REMILDs em 2016. Por conseguinte, pode dizer-se que o sucesso das campanhas de distribuição de MILDA em Yaoundé (mais do que nas áreas circundantes) foi, em parte, o trabalho desta elite administrativa. Voltaremos a este assunto na próxima secção.

Os administradores civis do departamento de Mfoundi também desempenharam um papel importante no processo de intensificação da comunicação para mudar o comportamento da população de Yaoundé desde 2004. [185]Antes da campanha de distribuição de Mils às mulheres grávidas na região Centro, o Prefeito Pascal Mani esteve pessoalmente envolvido na campanha de sensibilização, visitando várias casas nos bairros de Longkak e Tsinga para encorajar as mulheres grávidas a pegarem nos Mils que lhes foram distribuídos e a fazerem bom uso deles. O processo de sensibilização acelerou a partir de 2011, com a implementação do programa *"K.O Malária", que se baseia* essencialmente na distribuição em grande escala de Mil à população. O Prefeito Jean-Claude TSILA esteve pessoalmente envolvido na campanha de sensibilização da população antes da distribuição em massa de MTIs/MILDAs em 2016. [186][187]Um estudo realizado na região Centro

[195] Entrevista com Marylise, comerciante no mercado de Mfoundi, 13 de fevereiro de 2021.

[186] Ver o documento intitulado Enquete post campagne sur 1 utilisation des MILDA 2016/2017. Relatório final. Op. cit... p. 70.

durante a campanha de distribuição de MILDAs 2015/2016 mostrou que, de 78,2% das famílias abrangidas, 30,5% tinham sido abrangidas pelas autoridades administrativas e tradicionais e, na cidade de Yaoundé, 4% das famílias tinham sido abrangidas por elas. Além disso, no período que antecedeu o Dia Mundial da Malária, realizou-se em Yaoundé, na quarta-feira, 17 de abril de 2019, um dia especial de sensibilização e defesa da malária. Organizada pela Embaixada de França e pela ONG Impact Sante Afrique, as autoridades administrativas de Yaoundé participaram e estiveram no centro das atenções. O objetivo deste evento especial era dar a conhecer o MILDA à população local. [188]No bairro de Tsinga, no centro de Yaoundé, o prefeito organizou uma demonstração da utilização dos MILDA perante uma plateia de profissionais de saúde: foi a materialização da "dimensão simbólica do processo de comunicação". Posteriormente, o Ministro da Saúde Pública, o governador da região Centro, o prefeito de Mfoundi e o subprefeito do distrito de Yaoundé 2 distribuíram os MILDA aos habitantes locais. Desta forma, os "chefes da terra" foram os arquitectos de políticas simbólicas destinadas à população local. [189]Não houve um único sub-prefeito que não estivesse envolvido na campanha de sensibilização das famílias para a utilização de mosquiteiros entre 2015-2016.

Além disso, no que diz respeito às elites políticas, o seu envolvimento no domínio da malária começou em 2002, de acordo com o princípio da "multissectorialidade". Tal como o Estado e as ONG, são conhecidas por organizarem campanhas de comunicação para mudar comportamentos, produzindo histórias para o grande público. [190]Em 2015, a maioria das elites políticas da região Centro comprometeu-se solenemente a ser "embaixadora da luta contra a malária". A figura política mais emblemática e carismática deste exercício foi Marie-Rose NGUINI EFFA, deputada por Mefou-et-Akono. A sua posição de presidente da "rede de deputados, populações e desenvolvimento" e de membro da "associação das mulheres dinâmicas dos Camarões" confere-lhe uma visibilidade muito maior em zonas geográficas diferentes da sua circunscrição eleitoral. Assim, produziu constantemente relatórios sobre a política da malária para a população de Yaoundé em particular e da região Centro em geral. Os relatórios em questão centravam-se nas formas de prevenção da malária em mulheres grávidas e crianças através da utilização de redes mosquiteiras. A sua posição como representante eleita do povo contribuiu para tornar o seu discurso mais operacional, um verdadeiro recurso político para ela. Elie desempenhou assim um papel importante para encorajar a população de Yaoundé a utilizar os MILDA distribuídos pelo Estado em 2016. Voltaremos a este assunto na secção seguinte. [191]É neste sentido que as histórias

---

[187] Ibid. pp. 58-59.

[188] Ler GERSTLE (G) e PIAR (C), La communication politique. Op. cit... pp. 25-29.

[189eme]Entrevista com o Sr. Serge Herve BIWELE SAL, sub-prefeito do distrito de Yaoundé 3 le 13 de abril de 2021.

[190] Durante um seminário de formação organizado pela ONG Malaria no more em 2015, com o objetivo de reforçar as capacidades dos parlamentares da região Centro para prevenir a malária.

[191] Ler KUBLER (D) e DE MAILLARD (J), Analyser les politiques publiques. Op. cit... p. 166.

devem ser consideradas como um importante recurso cognitivo utilizado por um ator para melhor transmitir um determinado programa de ação pública.
Além disso, a deputada Marie-Rose NGUINI EFFA realizou uma grande campanha publicitária nos meios de comunicação social sobre o tema da malária. O anúncio em questão intitulava-se *"K.O paludisme, tous unis contre le paludisme" (paludismo, todos unidos contra o paludismo)* e foi difundido em todos os principais meios de comunicação social que emitem na cidade de Yaoundé desde 2014. A mensagem transmitida por este anúncio era a de "proteger l'enfant contra o paludismo". Esta elite política insiste na utilização da MU pelos pais para proteger os seus filhos. O anúncio, que apresentava o deputado em pessoa, foi amplamente difundido na Crtv-tele, no Canal 2 internacional, na estação nacional da Crtv, na estação regional da Crtv para o Centro, a Royal FM, e até nas redes sociais, nomeadamente no *You Tube.* Desta forma, a mensagem do deputado teve um impacto significativo no comportamento da população (o grupo-alvo) em relação ao uso de mosquiteiros (voltaremos a este assunto com mais pormenor no capítulo 4 deste relatório). O facto de o MINSANTE ter escolhido uma elite política para transmitir esta mensagem publicitária não é insignificante. Tratava-se de utilizar os recursos políticos e sociais de que a Sra. NGUINI EFFA dispunha para influenciar a população numa direção positiva sobre o tema da malária e, neste caso, sobre o uso de REMILDs. As acções dos actores políticos no domínio da malária não se limitam ao período eleitoral. Por conseguinte, não é apenas estratégica, mas também altamente humanitária.

2. Ênfase na comunicação sobre a mudança de comportamento por parte dos actores intermitentes

[192]Segundo Patrick HASSENTEUFEL, os actores intermitentes da ação pública, que mantêm uma relação demasiado estreita com os meios de comunicação social, são os jornalistas e os indivíduos (peritos, intelectuais, políticos, etc.) que se exprimem nos meios de comunicação social. Estes transmitem mensagens que podem ter um efeito direto no público. Através das suas intervenções constantes nos meios de comunicação social, os "actores intermitentes" modificam a perceção pública de um objeto atitudinal. Neste sentido, são actores cruciais no processo de intensificação da luta contra o paludismo. Na região Centro, desde 2010, os actores intermitentes têm sido verdadeiros "artesãos" da materialização da comunicação da mudança de comportamento no terreno social através das suas intervenções constantes nos meios de comunicação social nacionais e locais. Os seus discursos incidem principalmente sobre as formas de prevenção do paludismo, nomeadamente através da utilização de MILDA. Os actores intermitentes envolvidos no domínio do paludismo são músicos e actores sociopolíticos.
A partir de 2010, os músicos-artistas entraram no campo dos media para desempenharem o seu papel no processo de sensibilização das famílias e, por conseguinte, no reforço da luta contra a malária. A rádio e a televisão são os meios

[192] Ler HASSENTEUFEL (P), Sociologie politique : l'action publique. Op. cit... p. 192.

de comunicação utilizados por estes actores intermitentes para atingir um público vasto. [193]Foi o caso da mensagem mediática difundida no âmbito do programa *"Nightwatch"*, em que se ouvia a voz do músico Richard BONA a dizer: "São *21 horas, você e a sua família estão a dormir debaixo do mosquiteiro esta noite*? Esta mensagem era transmitida todas as noites em francês e inglês na estação nacional Crtv, na estação regional Crtv do Centro, na FM 94 e na Magic FM. O seu objetivo era encorajar as pessoas a obterem um mosquiteiro e a usá-lo antes de irem dormir à noite. O artista, Richard BONA, incitava os agregados familiares a utilizar um mosquiteiro, ao mesmo tempo que os preparava psicologicamente para a grande campanha de distribuição de MILDA que se avizinhava.

[194]Na mesma linha, um hino intitulado "K.O malária" foi repetidamente difundido nos meios audiovisuais locais da região Centro-Camarões. Todos os dias, os agregados familiares podiam ver na televisão e ouvir na rádio artistas como Ottou Marcelin, Petit Pays, Lady Ponce, Richard Bona e Sine Turn sensibilizarem para a doença através da seguinte canção:

"Sabemos o que fazer
Não vamos deixar que a malária nos detenha
Sigam os vossos sonhos e lutem contra H
A malária deve ser eliminada
Ouçam esta pose, as pessoas estão a falar
Sabes que te esqueceste da mamã
Para tomar a segunda dose do tratamento
Mulher grávida, mulher grávida
Se o seu filho pudesse falar
Ele vai ser capaz de vos dizer que a mamã era uma mamã de um hospital
É tudo o que tem de fazer
Vas a l'hopital vas a l'hopital mama
A malária...
REFRAIN:
Sabemos o que fazer
Não deixe que a malária o impeça
Siga os seus sonhos e seja você mesmo
A malária tem de desaparecer
O bebé tem febre de transplante durante a noite
Mere Mere inquiete espera que ele fique bem
Não se atrase, siga o que sabe
Ir e fazer o tratamento
Não sejas a malária Aye Aye e
Malária, Wa ngwa ma ndol'a nje
CORO
Ouvir este baixo
Sabes que te esqueceste
Para tomar a segunda dose do tratamento
Grávida, se o seu filho pudesse falar, dir-lhe-ia

[193] Este programa, iniciado pela campanha "K.O malária", é o resultado de uma vasta operação mediática, tanto na televisão como na rádio, cujo objetivo é incentivar as pessoas a dormirem debaixo de uma rede mosquiteira.
[194] Hino gravado em 2011.

Ir para o hospital, mãe
Consegues senti-lo?
A música está a tocar em todo o lado
Tratamento da malária não se esqueça da sua dose
Para todas as mamãs grávidas
Não quero a minha palapa
Por isso, vão para a clínica e tomem os vossos medicamentos
Todos ouvem
Só precisamos de prevenção
Mudar a situação dos mosquiteiros para a nação
A malária é uma doença mortal, não a tomem de ânimo leve
Muitas pessoas estão a morrer redes de cama penduradas todas as noites
REFRAIN
O vosso filho tem febre
Ele está a suar durante a noite
Não esperes mais, esperando que ele fique bem
Faça um teste agora, ameace-o, não seja lento
Não se atrase a seguir o que sabe
Fazê-lo tão depressa, a malária não pode ir e
REFRAIN
Malária malária...
Yo ma dibo wa aye, yo ma dibo wa ye
E ma mbamba na ndinga mwa o a na mwese ya e biye
Ayo ooyoyo yo
Consegues senti-lo?
CORO
Sim sim sim yo ma dibo wa ma mbamba
Ndutu monamo kolo guie elangi ti monamo
Na mwesse na i biye Malaria malaria na wo, Myola ngo
Siga os seus sonhos e lute contra ela, a malária ... [205]
tem de sair...".

Este hino, que é uma exortação à luta contra o paludismo, foi difundido durante o período 2011-2015 nas estações de televisão locais (Canal 2 internacional, Ariane tv, Samba tv) e em loop nas estações de rádio locais (FM 94, Crtv-centre, Magic FM, Royal FM). Os artistas-músicos autores desta canção desempenharam um papel importante no processo de intensificação da comunicação para a mudança de comportamentos, razão pela qual foram verdadeiros actores intermitentes na luta contra o paludismo. Na mesma linha, outra canção intitulada "Tons unis contre le paludisme" (Vamos unir-nos contra o paludismo) foi composta em 2010 por um grupo de artistas locais, incluindo X-Maleya, Duc-Z e Kate. Esta canção foi transmitida repetidamente entre 2011 e 2015 na CrtvFM94 e na Crtv-Centre, exortando as pessoas em Yaoundé e arredores a colocar redes mosquiteiras e a dormir debaixo delas. O refrão da canção é particularmente interessante, pois é um convite para dormir debaixo de um mosquiteiro. Diz o seguinte:

"Dormir debaixo de uma rede mosquiteira impregnada (impregnee)
Te protege contra as picadas de mosquito
Quem transmite a malária

Quem transmite a malária
A malária tem de sair (eee

Em suma, com a implementação dos programas *"NightWatch"* e "K.O maludisme" entre 2010 e 2011, os artistas musicais envolveram-se na luta contra o paludismo, no âmbito do CCC definido pelo PSNLP. A entrada em cena destes actores intermitentes deu um novo impulso à luta contra o paludismo, uma vez que as mensagens transmitidas pelas suas canções tiveram um forte impacto nas famílias e no público em geral. Na sua versão cantada, o hino da malária "K.O palu" não é ignorado por nenhum adulto da região. A utilização de artistas musicais de renome para sensibilizar o público em geral para a malária foi um grande sucesso.

[205] Fonte: kamerlyrics.net/lyrics-355-ko-palu-malaria-no-momento-unido-contra-a-malaria.

[206] Ibid.

As canções também podem ser perdidas como uma técnica sedutora para persuadir as pessoas.

Para além dos artistas musicais, outros actores intermitentes têm estado envolvidos no domínio da malária, comunicando sobre a doença ao público em geral desde 2002. Estes incluem políticos, intelectuais e peritos no sector da saúde. O político mais emblemático em termos de comunicação mediática sobre a malária é a deputada Marie-Rose NGUINI EFFA. Elie falou regularmente nos media sobre a malária entre 2014-2015. Elie foi mesmo atriz de um spot publicitário amplamente difundido nos meios audiovisuais no domínio da saúde social no centro dos Camarões, razão pela qual foi um importante "ator" intermitente no processo de sensibilização do agregado familiar. O anúncio em questão intitulava-se "K.O maludisme, tons unis contre le paludisme" e a sua mensagem centrava-se na "proteção das crianças contra o paludismo". O anúncio foi transmitido em massa na Crtv tele, Canal 2, Samba TV, Ariane TV e nas estações de rádio locais Sweet FM, Magic FM, FM94, Crtv-Centre, Royal FM e Sky One Radio. As pessoas foram "obrigadas" a ouvir a mensagem da Sra. Marie-Rose NGUINI EFFA, uma vez que esta foi transmitida após cada programa, praticamente de hora a hora. Na mesma linha, a Directora Executiva da ONG ISA, Olivia Ngou, aparecia regularmente nas estações de rádio de Yaoundé para sensibilizar as pessoas para os riscos da malária. [195]Entre outubro de 2015 e janeiro de 2016, este "ator" social produziu nada menos do que quinze programas de rádio, metade dos quais foram transmitidos na estação regional do crtv-centre . Um programa intitulado "Saúde da Família", transmitido na Royal FM, abriu constantemente as suas portas ao Diretor Executivo do ISA. [196]Este "ator intermitente" também se exprime sobre esta patologia em programas transmitidos na televisão, nomeadamente no Canal 2 International . Por último, é de salientar que vários outros programas de rádio e televisão convidaram especialistas em saúde para falar sobre a questão da malária, a fim de sensibilizar as famílias no âmbito da campanha de comunicação para a mudança de

[195] Entrevista com Olivia Ngou, directora executiva nos Camarões da ONG "Malaria no more", em 30 de novembro de 2020.

[196] Foi o caso de 1' Nous chez Vous em 20 de abril de 2020.

comportamentos. Os mais emblemáticos destes programas são:

- **"Sant Secours"** é um microprograma de três minutos transmitido na rádio Crtv desde 2010, de segunda a sexta-feira, às 12h30. O objetivo do programa é divulgar as questões de saúde pública, em particular a luta contra a malária;
- **"S.O.S docteur"** é um programa transmitido na estação nacional da Crtv todos os sábados, das 6h45 às 8h. O objetivo do programa é sensibilizar o público para o risco da malária;
- **"O paludismo nas mulheres grávidas"** é um programa especial transmitido na rádio Crtv na quarta-feira, 18 de abril de 2018, entre as 17h30 e as 17h55, em vésperas da celebração do Dia Mundial do Paludismo, a 25 de abril de 2018. O objetivo do programa era sensibilizar as mulheres grávidas para os riscos associados à malária;
- **"Sante plus actu"** é um programa transmitido na rádio Crtv todas as terças-feiras das 9h15 às 10h e apresentado por Marthe ADA MVONDO. No dia 22 de abril de 2019, o tema do programa foi "o paludismo agudo em crianças com menos de 5 anos", tendo como orador convidado o Dr. Issa Ngosso. O objetivo era sensibilizar os pais para os riscos da malária nos seus filhos com menos de cinco anos.
- **"Family Health"** é um programa de saúde pública transmitido pela estação de rádio privada Royal FM. O programa destaca constantemente o problema da malária, sublinhando as medidas que podem ser tomadas para a prevenir. Embora seja transmitido em inglês, atrai a participação de vários ouvintes de Yaoundé.
- **"PULSE"** é um programa sobre questões de saúde pública transmitido pela Crtv-News. A questão da malária é constantemente abordada. Num programa transmitido a 3 de junho de 2018, o objetivo era sensibilizar para "novos métodos de luta contra a malária".
- **"Notre Sante" é um** programa de saúde pública destinado a sensibilizar as pessoas para os riscos de doença e a forma de os evitar. Transmitido todos os sábados, das 9h00 às 10h00, pelo canal Vision 4, centra-se frequentemente no problema da malária. Um dos seus programas centrou-se na "prevenção da malária nas mulheres grávidas e nas crianças".

Ao aumentar o número de emissões e de programas sobre o paludismo, os meios de comunicação social e as pessoas que se exprimem contribuem para acelerar o processo de comunicação sobre a mudança de comportamentos e, assim, sensibilizar as famílias. O objetivo é ter um impacto significativo no comportamento dos *grupos-alvo*, de modo a envolvê-los na luta contra a malária através de actos de prevenção.

Em suma, a intensificação da luta moderna contra a malária a partir de 2022 refletir-se-á empiricamente num aumento da comunicação destinada a alterar o comportamento das pessoas, tanto por parte de actores colectivos como individuais. Os actores colectivos, como o Estado e as ONG, estão a mobilizar instrumentos e recursos para ter um impacto significativo no comportamento das pessoas. São seguidos por actores individuais, como as elites políticas e administrativas de base e os chamados actores intermitentes. Neste processo de comunicação em grande escala, o Estado mantém o monopólio dos instrumentos de ação pública que mobiliza e da extensão da sua esfera de ação, tanto nas zonas urbanas como nas rurais. A intensificação da luta moderna contra o paludismo na zona geográfica dos Camarões Centrais reflecte-se também, de forma muito positiva, no aumento do poder das autoridades públicas na luta contra a doença.

Ponto 2: A ascensão das autoridades públicas no domínio da malária

A intensificação da luta moderna contra a malária na zona geográfica do Centro-Camarões é ilustrada pela importância crescente das autoridades públicas no domínio da doença a partir de 2010. As autoridades públicas são actores públicos, ou seja, aqueles investidos da autoridade do Estado e do poder público. São assim designados por oposição aos actores privados, que também estão envolvidos no processo de execução das políticas públicas. A fim de travar consideravelmente a ameaça da malária, as autoridades públicas investem no domínio da malária, reforçando a sua intervenção de acordo com o princípio da "multissectorialidade".

Em termos práticos, o poder crescente das autoridades públicas no domínio do paludismo reflecte-se na tomada de várias decisões públicas "fortes" destinadas a "regular" a luta contra o paludismo nas unidades de saúde (FOSA). A decisão ocupa um lugar essencial na hierarquia dos actos públicos. Porque é neste preciso momento que o jogo se desenrola. Um político toma uma decisão. As soluções são escolhidas. Segue-se uma série de acontecimentos. Os afectados pela política pública em questão vêem a sua situação afetada. [197]O futuro parece irreversivelmente comprometido. A decisão parece, assim, ser o momento em que os actores públicos entram efetivamente em ação, fazendo escolhas óptimas susceptíveis de ter um impacto na vida das pessoas.

Entre 2010 e 2015, a luta contra o problema da malária na região Centro ganhou um novo impulso com a adoção e a aplicação de um certo número de decisões públicas. Os actores envolvidos são essencialmente autoridades públicas. Mobilizam instrumentos "regulamentares" para agir no domínio social. A partir desse momento, o paludismo foi associado a uma verdadeira "racionalidade pública" e tornou-se, de *facto,* um "problema público". A luta contra o paludismo sofreu uma verdadeira mudança de orientação, pois já não tem nada a ver com os métodos pouco ortodoxos, arcaicos e tradicionais utilizados antes da adoção do programa "*Fazer Recuar o Paludismo*". Agora, tem a marca da "modernidade". A situação torna-se ainda mais difícil com o aumento do poder das autoridades públicas centrais (A) e das autoridades públicas locais (B).

A- O aparecimento de autoridades públicas centrais no domínio da malária

A importância crescente das autoridades públicas centrais no domínio do paludismo reflecte-se num certo número de decisões públicas tomadas entre 2010 e

---

[197] Ver MENY (Y) e THOENIG (J-C), Op. cit... p. 189.

2014. [198][199]Analisar as decisões tomadas pelos actores públicos centrais significa estudar o "ambiente de decisão central" ou, por outras palavras, "o primeiro círculo de decisão", ou seja, o círculo pelo qual passam todas as decisões importantes. Em França, tal como nos Camarões, é constituído pelo Presidente da República e pelo Primeiro-Ministro. As decisões tomadas por estas autoridades públicas centrais têm um impacto real em todos os subsistemas do Estado. Todas as decisões tomadas a nível nacional têm um impacto considerável a nível local. [200]Alain FAURE ilustra bem esta realidade quando escreve que "a ação pública local está, em certa medida, *contida nas* decisões públicas que são concebidas e definidas nas administrações centrais". Por conseguinte, as decisões tomadas pelos actores públicos centrais dos Camarões têm um impacto real a todos os níveis locais, incluindo na região Centro. [201]As decisões tomadas pelas autoridades públicas centrais constituem uma atividade social "racional na sua finalidade" porque visam resolver um determinado problema social. No contexto da luta contra o paludismo, as autoridades públicas centrais são representadas pelo Presidente da República e pelo Ministro da Saúde Pública. Estes dois actores públicos tomaram decisões importantes desde 2010 para combater o problema do paludismo nos Camarões. Estas decisões tiveram um impacto na região Centro-Camarões. [202]As autoridades públicas centrais estão a intervir no domínio do paludismo emitindo aquilo a que Max Weber chama "regulamentos administrativos". Mobilizam assim "recursos regulamentares" para atuar sobre o tecido social. O Presidente da República (1) e o Ministro da Saúde Pública **(2) são os responsáveis** pela intensificação da luta contra o paludismo na região Centro-Camarões.

1. A ascensão do Presidente da República no domínio da malária

[203]Nos Camarões, o Presidente da República é o Chefe de Estado, eleito por toda a nação, e define a política do país. Ao mais alto nível, é o "decisor central", ou seja, é através dele que são tomadas todas as decisões importantes do Estado. O Presidente da República dos Camarões, que há muito se ocupa residualmente da luta contra a malária, reforçou o seu papel na luta contra a doença a partir de 31 de dezembro de 2010, tomando decisões "fortes" e "inovadoras" para limitar a propagação da doença. Ao fazê-lo, está a intensificar a luta contra a malária.

Entre 2010 e 2014, o Presidente da República reforçou a luta contra o paludismo na região Centro. [204] Esta autoridade pública intervém no domínio do paludismo através do mecanismo de "feedback democrático representativo" definido por Yves

[198] GREMION (C), citado por MULLER (P), Les politiques publiques. Op. cit... p. 39.
[199] MULLER (P), Idem. p. 40.
[200] Ler FAURE (A), La question territoriale. Poderes locais. ação pública e política (Is). Ciência política. Universite Pierre Mendes-France - Grenoble II, 2002. p. 44.
[201] Ler WEBER (M), Economia e Sociedade 1. As Categorias da Sociologia. Agora les Classiques, Pocket, Pion, 1995. p. 55.
[202] Trata-se de regras que se aplicam tanto ao comportamento da direção administrativa como, segundo uma expressão que se tornou corrente, ao dos membros "em relação ao grupo". Ver WEBER (M), Economie et societe. Op. cit... p. 93.
[203] Ver artigo 5.º, n.º 1, da Lei n.º 96/06, de 18 de janeiro de 1996, que revê a Constituição de 2 de junho de 1972.
[204]Ver MENY (Y) e THOENIG (J-C), Politiques publiques. Op. cit.. p. 161.

MENY e Jean-Claude THOENIG. [205]Nesta perspetiva, as necessidades e os problemas dos habitantes locais são vistos como desequilíbrios que, à medida que ganham dimensão, são tratados através de procedimentos e por intermediários qualificados, intermediários políticos que, em nome dos seus eleitores, pressionam a autoridade pública competente a intervir. [206]Por outras palavras, a ascensão ao poder do Presidente da República no domínio da malária "assemelha-se a um processo de escalada baseado em pedidos isolados" . Foi, de facto, a experiência quotidiana da população que levou o Presidente da República a tomar decisões "fortes" sobre a malária. "As decisões em matéria de

A Comissão adoptou decisões sobre a luta contra a malária com base numa "racionalidade ascendente". Estas decisões ditas "fortes" são de dois tipos: as que favorecem a luta contra a malária em crianças com menos de cinco anos e as que favorecem a luta contra a malária em pessoas com mais de cinco anos.

No que respeita às medidas de luta contra a malária nas crianças com menos de cinco anos, é de referir que a

[207]A 31 de dezembro de 2010, o Presidente da República, Paul BIYA, surpreendeu os profissionais de saúde e os cidadãos da região central dos Camarões ao fazer a seguinte declaração: "Tenho ***o prazer de anunciar que decidi abolir as despesas de tratamento do paludismo simples nas crianças com menos de cinco anos".*** Com estas palavras, o Presidente da República reforçou, à sua maneira, a luta contra a malária. Uma vez que as crianças com menos de cinco anos são as mais afectadas pela doença, o Chefe de Estado optou pelo tratamento gratuito deste segmento da população em caso de episódio de paludismo sem complicações. Na sequência desta decisão, ouvia-se nas ruas de Yaoundé que "Paul Biya oferece 600 francos às crianças doentes", como noticiou o diário *Le messager na* sua edição de 5 de janeiro de 2011.

[208]A decisão tomada pelo Presidente da República foi considerada pela opinião pública como uma "lufada de ar fresco", porque, segundo os médicos, "*oitenta por cento dos casos de malária em crianças com menos de cinco anos registados nos hospitais são da forma simples".* Na realidade, isto significa uma redução dos encargos financeiros para os pais, que deixarão de ter de pagar um único cêntimo para assegurar a recuperação dos seus filhos doentes. No passado, os pais tinham de pagar entre 1.000 e 2.000 francos CFA para tratar os seus filhos, mas agora o tratamento é gratuito, para garantir uma melhor resposta à malária nas crianças com menos de cinco anos.

[209][210]Em maio de 2011, no âmbito da luta contra o paludismo nas crianças com

---

[205] Ibid. p. 161.

[206] Ibid. p. 161.

[207] Excertos de um discurso proferido em 31 de dezembro de 2010 durante o ritual tradicional de apresentação dos votos à nação.

[208] Entrevista com o Sr. MENDIMI NKODO Joseph Marie, Diretor do Hospital Jamot em Yaoundé, em 04 de janeiro de 2021.

[209] O Estado dos Camarões optou por introduzir o RDT em 2008. O seu princípio baseia-se na deteção do antigénio *plasmodium sp* ou de anticorpos dirigidos contra o plasmodium (anticorpos anti-plasmodium) no sangue

menos de cinco anos, o Presidente da República, Paul BIYA, decidiu tornar gratuito o Teste de Diagnóstico Rápido (TDR) para esta categoria social. Anteriormente pago, o paracheck-pf RDT para crianças será oficialmente gratuito a partir de 2011, dando às famílias mais esperança de "salvar" os seus filhos doentes com menos de cinco anos. A lógica do Chefe de Estado é bastante clara: uma vez que o tratamento da malária sem complicações é agora gratuito para as crianças com menos de cinco anos, a deteção deste caso de malária também deve ser gratuita. Desta forma, os pais podem oficialmente testar e tratar os seus filhos doentes gratuitamente. Mas havia também a questão de saber como tratar a malária grave em crianças com menos de cinco anos. De facto, depois de ter decidido que o tratamento da malária sem complicações passa a ser gratuito para as crianças com menos de cinco anos, as pessoas do Centro foram confrontadas com um problema. Nos hospitais, os casos de malária infantil são cada vez mais declarados "graves" e, nesses casos, as pessoas têm de pagar. Numa entrevista, uma mulher do distrito sanitário de Ntui explicou-nos a situação:

"Quando o Chefe de Estado decidiu que o tratamento do paludismo sem complicações era gratuito para as crianças com menos de cinco anos, cada vez que levava o meu filho, que estava nessa faixa etária, ao hospital, o médico dizia sempre que ele tinha paludismo grave e, nessa altura, era preciso pagar o custo do tratamento, que chegava por vezes a cinco mil francos em caso de complicações. [223]Era como se a decisão de tornar o paludismo simples livre tivesse feito desaparecer esta forma de paludismo".

[224]Em junho de 2014, o Presidente da República decidiu que o tratamento da malária grave passaria a ser gratuito para as crianças com menos de cinco anos . Assim, as crianças desta faixa etária estão completamente isentas do pagamento de qualquer despesa em caso de paludismo, seja ele simples ou grave. [225]Esta decisão significa que as dificuldades encontradas pela população em relação à malária chegam ao "ambiente central de tomada de decisões" através de um processo de "escalada democrática representativa" seguindo uma lógica de baixo para cima.

Em suma, pode dizer-se que as decisões tomadas pelo Chefe de Estado - proclamando o tratamento gratuito da malária e o RDT byacheck-pf - são um passo na direção certa.

[211]A luta contra a malária em crianças com menos de cinco anos é marcada pela "vontade política", na aceção de Haroun JAMOUS . O seu objetivo era dar um novo impulso ao processo de intensificação da luta contra a malária entre as

---

(sangue total ou plasma) da pessoa testada. A grande maioria dos RDT é lida nos primeiros vinte minutos após a sua realização; os resultados podem ser armazenados durante três dias a 2-8°C. Em função da idade do doente a testar, é feita uma distinção entre o RDT Diaspot e o RDT paracheck-pf. O Diaspot RDT testa pacientes de todas as idades, enquanto o paracheck-pf RDT testa apenas crianças com menos de cinco anos de idade. Ver DJEUTCHOUANG SAYANG (G), Interet de l'utilisation des tests de diagnostic rapide du paludisme sur le cout et l'efficacite de la prise en charge des patients febriles a Yaounde Cameroun, Op. cit.. p. 93.

[210] Ver a nota informativa do MINSANTE sobre a luta contra a malária de 18 de abril de 2016.

[223] Entrevista com a Sra. ONANENA Bernadette, nacional do distrito de Ntui, em 16 de junho de 2021.

[224] Ver a nota informativa do MINSANTE sobre a luta contra a malária, de 8 de abril de 2016.

[225] Ler MENY (Y) e THOENIG (J-C), Politiques publiques. Op. cit. P. 161.

[211] Ler JAMOUS (H), Sociologie de la decision. La reforme des etudes medicales et les structures hospitalieres, Paris, CNRS, 1969, p. 175.

camadas mais vulneráveis da população.

No que diz respeito às pessoas com mais de cinco anos, é de notar que, em fevereiro de 2011, o Presidente da República flexibilizou o custo do tratamento do paludismo simples para esta categoria da população. [212]Onde antes havia arbitrariedade, desde fevereiro de 2011, o custo do tratamento de um episódio de paludismo sem complicações para as pessoas com mais de cinco anos foi fixado entre 200 e 250 francos CFA. Trata-se de uma outra medida poderosa que "minimiza" o custo do tratamento do paludismo, desta vez nos adultos, pondo fim ao carácter arbitrário das unidades de saúde. [213]Na opinião de algumas pessoas da região Centro, "se *falarmos de 250 francos, continuamos a ter tratamento hospitalar gratuito*". Assim, a luta contra o paludismo registou oficialmente um progresso significativo com a flexibilização do custo do tratamento do paludismo sem complicações. [214]Ao mesmo tempo, em março de 2012, o custo do RDT para as pessoas com mais de cinco anos foi fixado em 200 francos CFA pelo Presidente da República. Esta é outra medida "forte" para aliviar os encargos financeiros da população. Atualmente, as pessoas com mais de cinco anos podem ser testadas e tratadas por menos de 500 francos CFA.

As decisões tomadas pelo Chefe de Estado tiveram grande eco na região Centro. Nesta região, foi possível ouvir as pessoas exprimir uma certa satisfação pelo facto de o paludismo ter deixado de ter um custo enquanto tal. O Presidente da República está assim a construir uma nova era no processo de institucionalização da luta contra o paludismo. [215]A doença adquiriu verdadeiramente o estatuto de "problema público", porque passou a estar na agenda da mais alta autoridade do Estado e a ser objeto de uma ou mais decisões públicas. A luta contra o paludismo assenta agora numa verdadeira "racionalidade pública", tanto mais que o MINSANTE está envolvido no processo de "endurecimento" desde 23 de junho de 2014 através de uma outra decisão "forte" que regula a luta contra o paludismo nas unidades sanitárias.

2. A ascensão do Ministro da Saúde Pública no domínio da malária

Na luta contra as epidemias, o "ambiente de decisão central" não é exclusivo do Chefe de Estado, que interage com outros actores públicos centrais no processo de construção da resposta pública ao paludismo. De facto, o Presidente da República não é a única autoridade pública central a reforçar o seu envolvimento no domínio do paludismo através de "decisões públicas fortes" desde a adoção do programa *"Fazer Recuar o Paludismo"*. [216]De facto, não poderia ser de outra forma, uma vez que, heuristicamente, "a decisão assume a forma de um fluxo contínuo de decisões e de disposições pontuais, tomadas a diferentes níveis do sistema de ação, que

[212] Ver a nota informativa do MINSANTE sobre a luta contra a malária de 18 de abril de 2016.
[213] Entrevista com M. ONANENA Bernadette, 16 de junho de 2021.
[214] Ver a nota informativa do MINSANTE sobre a luta contra a malária de 18 de abril de 2016.
[215] Ver GARRAUD (P), "Agenda/Emergência", in BOUSSAGUET (L), JACQUOT (S) e RAVINET (P) (eds.), Dictionnaire des politiques publiques. Op. cit... p. 55
[216] Ver MULLER (P) e MENY (Y), L'analyse des politiques publiques. Paris, Montchrestion, 1998, p. 103.

devem ser analisadas como um conjunto de processos de decisão". [217]A análise sequencial mostra claramente que não existe uma decisão única; não existe uma decisão única que, num momento claramente identificável, determine o conteúdo de uma política pública . Por outras palavras, a decisão é um processo no qual estão envolvidos vários actores públicos.

No âmbito da luta contra o paludismo nos Camarões em geral, e na região Centro em particular, o Presidente Paul Biya não é o único a tomar decisões sobre o tratamento do paludismo nos hospitais. Embora o Chefe de Estado parecesse ser o único ator público no processo de tomada de decisão entre 2010 e 2014, não monopolizou o processo porque, a partir de 2014, o MINSANTE entrou no domínio da malária tomando uma decisão "forte". De facto, o MINSANTE intervém para complementar as decisões do Presidente da República, numa espécie de "solidariedade do primeiro círculo de decisão". O MINSANTE segue assim o caminho traçado pelo Chefe de Estado, fornecendo mais pormenores sobre as formas de tratamento do paludismo nos hospitais. [233]Fê-lo através de uma decisão datada de 23 de junho de 2014, cujo artigo 9º fixa o preço do tratamento da malária grave.

Em junho de 2014, em conformidade com a intenção do Presidente da República de reforçar a luta contra o paludismo, o MINSANTE intensificou as suas actividades no domínio do paludismo com uma decisão. [218]Trata-se da decisão n°0406/D/MINSANTE/CAB/ de 23 de junho de 2014 sobre o preço do tratamento da malária grave nos Camarões. O artigo 9.º da referida decisão estabelece claramente que: "os preços de transferência do tratamento no **âmbito da solidariedade intergeracional para um episódio de paludismo grave** a nível da unidade de saúde são estabelecidos da seguinte forma

- Crianças com menos de cinco anos (excluindo as despesas de hospitalização e eventuais complicações): **gratuito;**
- Mulheres grávidas a partir do segundo trimestre de gravidez (excluindo as despesas de hospitalização e eventuais complicações): **quatro mil (4.000) francos CFA;**
- **[219]**Doentes com mais de cinco anos de idade (excluindo as despesas de hospitalização e eventuais complicações): **oito mil (8.000) francos CFA" .**

Basicamente, a decisão do MINSANTE de junho de 2014 regula os preços do tratamento da malária grave nos hospitais para todos os tipos de doentes. A decisão põe fim ao "reinado arbitrário" dos médicos, que já não podem fixar o preço do tratamento da malária grave como bem entendem, porque agora existe um quadro legal. da decisão de junho de 2014 não se aplica às eventuais complicações decorrentes da malária grave nem às despesas de hospitalização, que continuam a ser pagas!

---

[217] Ver HASSENTEUFEL (P), Sociologie politique : l'action publique. Loc. cit... p. 121.
[233] A decisão completa pode ser consultada no anexo 3 do presente relatório.
[219] Ler o artigo 9.º da decisão ministerial acima referida.

No dia seguinte à sua publicação, a decisão do MINSANTE foi implementada nos hospitais da área geográfica dos Camarões Centrais, embora tenha havido várias distorções aqui e ali. De facto, deve ser feita uma distinção entre a aplicação da decisão de 23 de junho de 2014 nos hospitais de Yaoundé e nos hospitais da periferia.

[220]Isto permite-nos destacar "a produção de sistemas de ordem local para a ação pública". Por outras palavras, a política pública não é implementada de forma uniforme num território, porque cada subsistema tem as suas próprias realidades que territorializam o processo de aplicação das decisões. Assim, uma decisão não será implementada da mesma forma no espaço A e no espaço B.

Nos hospitais de Yaoundé, a decisão de 23 de junho de 2014 foi aplicada de forma rigorosa, ou seja, tendo em conta tanto o espírito como a letra da decisão. Neste caso, o problema do processo de implementação da decisão do Ministro foi o facto de não ter sido bem compreendida pela população local. Pode mesmo argumentar-se que a decisão tomada pelo MINSANTE não foi explicada em pormenor ao público. Como resultado, alguns pacientes consideraram os médicos como zelotes que iam contra as directivas do MINSANTE para fazer *"gombo"*, como se diz frequentemente na gíria local. Sobre este ponto específico, o diretor do hospital do Jamot prestou os seguintes esclarecimentos:

"Os cuidados gratuitos para crianças com menos de cinco anos estão agora disponíveis nas unidades de saúde. Aqueles que dizem que não estamos a cumprir este requisito não compreendem a medida da Ministra. Ela fala de crianças com menos de cinco anos, mas é frequente os pais virem com crianças de cinco anos e mais alguns meses e quererem também beneficiar da medida. [221]Além disso, há muitas vezes casos de complicações que têm de ser pagas" .

A dificuldade de aplicação da decisão do Ministro resulta do facto de, segundo o diretor do hospital de Jamot, os doentes que se dirigem ao hospital não compreenderem o artigo 9º da decisão. Assim, de acordo com este testemunho, os pais das crianças doentes não compreendiam o que se entendia por "crianças com menos de cinco anos" e recusavam-se a aceitar que os casos de complicação fossem pagos. Teria sido, portanto, necessário educá-los previamente, ou melhor ainda, sensibilizá-los, para evitar afirmações como estas

[222]*"Ainda estamos a pagar a malária grave em crianças com menos de cinco anos nos hospitais"* .

Nas unidades de saúde periféricas (FOSA), a decisão de 23 de junho de 2014 e o seu artigo 9.º não foram rigorosamente aplicados no dia seguinte à sua adoção. Aqui, o tratamento da malária simples ou grave das crianças com menos de cinco anos continuou a ser pago. Esta realidade social era favorecida pelo facto de a grande maioria da população das zonas rurais ser analfabeta e poder, portanto, ser

---

[220] Ler LASCOUMES (P) e LE GALES (P), Sociologie de 1 action publique. ^eArmand Colin, 2 ed. 2012, p. 38.

[221] Entrevista com o Sr. MENDIMI NKODO Joseph Marie, Diretor do Hospital Jamot em Yaoundé, em 4 de janeiro

[234] Ibid.

2021.

[222] Discurso recorrente entre os pais de crianças doentes em Yaoundé na sequência da decisão de 23 de junho de 2014.

"enganada" por certos médicos desonestos. Foi o que aconteceu no hospital distrital de Ntui, onde o tratamento da malária grave em crianças com menos de cinco anos continuou a ser cobrado depois de 23 de junho de 2014, tal como o RDT. Uma mulher local da cidade de Ntui deu-nos o seguinte relato numa entrevista: "*Sempre que fui ao hospital com a minha filha pequena, pediram-me sempre para pagar, e nunca a tratei de graça, seja em 2014, 2015 ou 2016.* [223]*E mesmo o teste do paludismo sempre custou dinheiro aqui, custa exatamente mil francos FCFA*". [224]A mesma realidade foi vivida pela população do distrito sanitário de Yoko, se os testemunhos de muitas famílias servirem de referência. Assim, no imediato após a sua adoção, a decisão de 23 de junho de 2014 revelou-se difícil de implementar.

Em suma, a importância crescente dos poderes públicos no domínio da malária está a revolucionar a luta contra a doença. As decisões tomadas por estes actores públicos centrais (o Presidente da República e o MINSANTE) foram decisivas no processo de intensificação da luta contra o paludismo na região Centro, apesar das distorções observadas durante a sua aplicação no domínio social. Os Elies regulamentam o tratamento do paludismo nos estabelecimentos de saúde. O tratamento da malária nas crianças com menos de cinco anos é agora oficialmente gratuito. A situação das mulheres grávidas que sofrem de malária também foi oficialmente melhorada. [2]Na medida em que têm por objetivo reformar a administração sanitária na luta contra o paludismo e melhorar o estado de saúde dos cidadãos, as decisões tomadas pelo Presidente da República e pelo MINSANTE não podem ser qualificadas como "decisões de parada", mas sim como "decisões voluntaristas", ou seja, decisões marcadas por uma verdadeira "vontade política". Desta forma, deram um novo impulso ao processo de institucionalização da moderna luta contra o problema da malária, ao regulamentarem o combate à malária nos hospitais. Na sequência da intervenção das autoridades públicas centrais, as autoridades públicas locais da região Centro entrarão no processo de intensificação da luta contra a malária entre o terceiro trimestre de 2014 e o primeiro trimestre de 2015, através de medidas mais concretas no domínio social.

8- A ascensão das colectividades locais no domínio da malária: o lançamento de campanhas de "higiene e saneamento

Após a intervenção das autoridades públicas centrais, as autoridades públicas locais estão a reforçar o seu papel no processo de intensificação da luta contra o paludismo através da tomada de decisões públicas. [212213]Analisar as decisões tomadas pelas autoridades públicas locais implica ainda prestar alguma atenção aos actores envolvidos no "poder periférico" ou no "segundo círculo de decisão". Os actores públicos locais são aqui representados pelas autoridades políticas e administrativas (presidente da câmara, subprefeito, prefeito, governador). [225 226 227]

[223] Entrevista com a Sra. Onanena Bernadette, natural da cidade de Ntui, em 22 de abril de 2021.
[224] Em 4 e 5 de maio de 2021, foi realizado um inquérito no terreno junto de seis agregados familiares nos bairros "Mengang" e "Yoko".
[225] Ler JAMOUS (H), Op. cit... p. 175.

[228]Em virtude da sua proximidade com a população, são eles os artífices da "territorialização da ação pública", que é "a dimensão mais imediatamente associada à retórica da proximidade". De facto, a aproximação da decisão pública aos locais onde os problemas sociais emergem e são resolvidos é um elemento central na legitimação, através da proximidade, das políticas locais de saúde pública.

As autoridades públicas locais são "agentes políticos e administrativos de base" que intervêm no processo de luta contra o paludismo em complemento da ação do Estado. Desde o terceiro trimestre de 2014, têm vindo a tomar decisões "fortes" destinadas a dar uma nova dimensão à luta contra o paludismo no domínio social e sanitário no Centro-Camarões. Desta forma, estão a tornar a luta contra o paludismo uma realidade "a partir de baixo", uma vez que estão sociologicamente mais próximos das populações do que os actores públicos centrais acima mencionados.

As autoridades locais estão a institucionalizar a luta moderna contra o paludismo entre 2014-2015 com o lançamento oficial e a implementação da campanha "higiene e saneamento". Esta campanha está em conformidade com a carta circular do MINAT n°0040/LC/MINAT/DCTD de 04 de abril de 2000, que institui a organização de campanhas de saúde pública e de higiene em todas as localidades dos Camarões. Na região Centro, esta campanha foi oficialmente lançada pelo Governador OTTO Joseph Wilson no terceiro trimestre de 2014 sob o lema *"small no be sick"*. O seu objetivo é promover uma melhor resposta às chamadas doenças sujas, das quais a malária é a mais proeminente. Entre 2014 e 2015, a campanha de higiene e saneamento foi implementada pelas autoridades locais em Yaoundé **(1)** e nas zonas rurais **(2)**.

1. Campanhas de higiene e saúde lançadas em Yaoundé

Em agosto de 2014, o prefeito do departamento de Mfoundi, Jean-Claude TSILA, lançou a campanha "higiene e limpeza" na cidade de Yaoundé por simples recomendação. Trata-se de um concurso destinado às estruturas administrativas do departamento de Mfoundi, no final do qual será selecionada a comuna mais limpa da cidade de Yaoundé. O objetivo final do concurso era lutar contra as doenças causadas pela sujidade, como a malária. Nas sete comunas do departamento de Mfoundi, a partir de agosto de 2014, houve uma forte mobilização de pessoas e agregados familiares no domínio da limpeza, com a ajuda da empresa conhecida como "Hygiene et Salubrite du Cameroun" (HYSACAM).

Na comuna de Yaoundé 6, o Presidente da Câmara, Paul-Martin LOLO, lançou a

[226] Esta expressão, emprestada de Pierre GREMION, é entendida no contexto deste estudo como o poder de decisão dos actores periféricos ou locais que, em virtude das suas prerrogativas, podem também "regular" a luta contra o paludismo nas suas localidades.

[227] Expressão emprestada de Pierre MULLER e entendida, no contexto do presente estudo, como o espaço de decisão reservado aos actores públicos sectoriais por oposição aos actores públicos centrais.

[228] Ver BERTHET (T), "L'Etat social a l'epreuve de l'action territoriale. Postmodemite et politiques publiques de proximite dans le champ de la relation emploi-formation", in FAURE (A) et NEGRIER (E) (dir), Les politiques publiques a l'epreuve de l'action locale : critique de la territorialisation. Paris, L'Harmattan, 2007, p. 47.

operação "comuna limpa", que constitui a territorialização da campanha "higiene e saneamento" nesta zona. O Presidente da Câmara procedeu ao recrutamento maciço de duzentos jovens alunos e estudantes no âmbito de um curso de férias para limpar a comuna, mais concretamente o bairro de Biyem-Assi. De segunda a sexta-feira, durante duas semanas, estes jovens foram enviados para o terreno, cada um com uma bata azul, um crachá com a inscrição "Yaoundé 6 Commune" e botas verdes. Foram-lhes postos à disposição dez baldes para os ajudar a deslocarem-se na comuna. O trabalho destes jovens consistia em

- Incentivar as pessoas a limparem as suas casas, especialmente as casas de banho quando estão fora de prazo. Esta operação foi possível graças à sensibilização das famílias;
- Recolher o lixo doméstico nas imediações dos centros comerciais;
- Varrer a via pública todas as manhãs e limpar a relva.

[229]Através da operação "município limpo", o Presidente da Câmara, Paul-Martin LOLO, tinha como objetivo tornar o município de Yaoundé seis "o município mais limpo dos Camarões". Durante a operação, os agregados familiares e os vendedores do mercado estiveram também muito activos. Fortemente sensibilizados pelos trabalhadores municipais, foram eles os verdadeiros artesãos da limpeza e da higiene no distrito de Biyem-Assi. Todos os sábados de manhã, os homens podiam ser vistos a limpar a relva à volta das suas casas e a limpar as pequenas poças e charcos de água. No local conhecido como "Grand Marche de Biyem-Assi", os vendedores limpavam todas as manhãs os charcos, as lojas e os postos de comércio. Também varrem as zonas de comércio e recolhem o lixo.

[230]A zona mais insalubre do distrito de Biyem-Assi, conhecida como "nage-glisse", propícia à propagação em grande escala de mosquitos, foi objeto de um novo estudo.

A zona foi tratada e ajardinada pelo pessoal da autarquia local e da HYSACAM a partir de agosto de 2014. No âmbito da operação "município limpo", esta zona pantanosa foi limpa e nivelada com equipamento motorizado e sofisticado. O escoamento e a água estagnada na zona foram drenados, limitando o aparecimento de mosquitos. Um habitante local testemunhou este facto durante uma entrevista:

"Era quarta-feira, 16 de abril de 2014, quando os agentes da comuna e da hysacam chegaram ao sector de nage-glisse com pás, peles e algum equipamento motorizado. Começaram a limpar e a nivelar a marecagem. Lembro-me que nessa noite, eu e a minha família dormimos muito bem, sem um único assobio de 247 mosquitos".

A campanha *"small no be sick"* e a sua contrapartida local "clean commune" permitiram às autoridades locais e à população de Biyem-Assi reduzir o risco de malária, não só mantendo a comuna limpa, mas também reduzindo drasticamente o número de fêmeas de anopheles, o vetor por excelência do plasmódio.

---

[229] De acordo com Alain Mendouga, antigo estagiário da Câmara Municipal de Yaoundé 6, numa entrevista a 19 de setembro de 2020.

[230] A expressão "nage-glisse" é uma expressão indexical com um significado puramente local. Elie refere a zona do distrito de Biyem-Assi como a mais insalubre devido à presença de zonas húmidas baixas não cuidadas. As pessoas chamam-lhe "escorrega de natação" devido à sua configuração.

[er]Na comuna de Yaounde 1 , o presidente da câmara, Emile ANDZE ANDZE, lançou a campanha "higiene e saneamento para todos" (HST) em agosto de 2014, um slogan ligado à territorialização da campanha regional *"higiene e saneamento"*. [er]A campanha baseava-se essencialmente na sensibilização das pessoas através de uma equipa de jovens recrutados pela Câmara Municipal de Yaoundé ( ). Para o presidente da Câmara, o objetivo era encorajar as pessoas a promoverem, tanto quanto possível, medidas de higiene no seu ambiente imediato. Os bairros de Tongolo, Etoa-Meki, Nylon, Manguier e Elig-Edzoa foram os principais alvos desta campanha, pois são considerados os mais insalubres da comuna. Os habitantes locais foram obrigados a limpar as casas de banho, na sua maioria inacabadas e partilhadas, sob pena de multa. Consequentemente, as pessoas são obrigadas a renovar as casas de banho de lata, caso contrário serão destruídas pela Comunidade Urbana de Yaoundé. Trata-se de uma zona propensa a acidentes, porque não só é escorregadia, como também pode levar à natação de quem lá se encontra.

[247] Entrevista com Dieudonne Nana, 58 anos, residente no bairro de Biyem-Assi e residente na zona de "nage-glisse". Entrevista realizada em 4 de setembro de 2020.

[er]Foi o que aconteceu em quase todos os bairros do distrito de Yaoundé 1, com exceção dos bairros de Etoa-Meki e Tongolo, onde as casas de banho comunitárias inacabadas foram destruídas por agentes da Comunidade Urbana de Yaoundé (CUY). [er]O que observámos foi que, na comuna de Yaoundé I, a CUY tinha uma presença forte e vigiava as coisas de perto. [er]Nesta zona, havia de facto uma justaposição de dois actores responsáveis pela implementação da campanha "higiene e saneamento", nomeadamente a comuna de Yaoundé I e a CUY. O primeiro estava empenhado na sensibilização e na prevenção, o segundo na repressão. [231][232]Jack Bauer" destruiu "setenta casas de banho sem canalização, entre agosto de 2014 e janeiro de 2015, nos bairros de Tongolo e Etoa-Meki".

A campanha "higiene e limpeza para todos" convidou igualmente os comerciantes dos mercados de Etoudi e Elig-Edzoa a demonstrarem a sua responsabilidade, recolhendo o lixo e varrendo as ruas. [er]Na mesma linha, a comuna de Yaoundé, através dos seus agentes, instalou caixotes do lixo ao longo das estradas principais e afixou cartazes com a inscrição "Não urinar aqui". [er]Havia 115 caixotes do lixo no distrito de Yaoundé 1 , o maior dos quais se encontrava no distrito de Etoudi, onde se situa o Palais de I'Unite.

Em suma, a campanha "higiene e limpeza", lançada oficialmente pelo Prefeito de Mfoundi em agosto de 2014, foi reapropriada e territorializada nos diferentes distritos de Yaoundé. [ere] [e]Assim, em Yaoundé 1 falou-se de "higiene e salubridade para toneladas", em Yaoundé 2 falou-se de "operação cidade limpa", em Yaoundé 3

[231] É uma alcunha dada ao delegado do governo da comunidade urbana de Yaoundé pela população local devido à sua capacidade de realizar facilmente a fase repressiva da política de higiene e saneamento, destruindo casas de banho, por exemplo. Na realidade, Jack Bauer é uma personagem muito popular da série americana "24 heures chrono".

[232] Entrevista com um funcionário da Câmara Municipal de Yaoundé, que preferiu manter o anonimato.

falou-se de "campanha de saneamento", [eeee]em Yaoundé 4 falou-se de "luta contra as insalubridades", em Yaoundé 5 falou-se de "operação de limpeza", em Yaoundé 6 falou-se de "município limpo" e em Yaoundé 7 falou-se de "grande campanha de limpeza". Por outras palavras, as autoridades administrativas e municipais dos sete distritos de Yaoundé seguiram o slogan lançado pelo governador regional e pelo prefeito de Mfoundi. O objetivo da campanha "*small no be sick*" era criar um espaço de concorrência entre os diferentes bairros de Yaoundé, no final do qual seria eleita a comuna mais limpa e mais saudável. Foram realizadas acções praticamente semelhantes nos diferentes subsistemas de Yaoundé pelos actores políticos e administrativos locais, ou seja, as autoridades municipais e administrativas: recrutamento de jovens para acções de sensibilização, mobilização do pessoal municipal para a manutenção das estradas municipais, assinatura de contratos especiais com a HYSACAM, aplicação de sanções aos utilizadores que depositam os resíduos domésticos em pleno centro urbano e fora dos caixotes do lixo, campanhas de sensibilização nos espaços abertos ao público, como os mercados, repressão dos comportamentos recalcitrantes pela CUY, etc. Em suma, na cidade de Yaoundé, a implementação da operação "higiene e saneamento" durante o terceiro trimestre de 2014 limpou efetivamente a cidade e, consequentemente, protegeu muitas famílias dos mosquitos e das condições insalubres que provocam a malária. A mesma ação foi levada a cabo nas zonas periféricas.

2. Lançamento de campanhas de "higiene e saúde" nas zonas rurais

Os distritos dos outros nove departamentos da região Centro, considerados aqui como zonas rurais em comparação com Yaoundé, também implementaram a campanha "higiene e saneamento". No departamento de Mbam-et-Kim, o prefeito, Sr. MAMOUDOU, lançou oficialmente a campanha a 15 de agosto de 2014. Durante a campanha, os habitantes da zona foram instados a respeitar rigorosamente as medidas de higiene e de saneamento. Na comuna de Ntui, o Presidente da Câmara, Jerome ONDOBO MONO, realizou ele próprio uma grande ação de sensibilização junto dos habitantes locais num local denominado "centro". O mercado de Ntui foi o primeiro local a ser utilizado para a campanha de higiene e saneamento na cidade. Vinte e cinco (25) caixotes do lixo foram colocados à disposição dos vendedores para a deposição do lixo proveniente das actividades comerciais. As folhas de pistácio e os paus de mandioca deviam ser depositados prioritariamente nestes caixotes. Foram também disponibilizados aos vendedores varredores tradicionais para manterem os balcões e os lagos comerciais sempre limpos. As casas de banho públicas no interior do mercado de Ntui devem ser tratadas de forma adequada pelo pessoal da autarquia local.

Uma equipa de jovens, recrutada no âmbito do programa habitual de formação para as férias, foi enviada a vários bairros para limpar a zona em torno dos poços de água, que são também zonas densamente povoadas em Ntui. Como a cidade não está coberta pela rede Camwater, toda a população se dirige para estes poços, que são os únicos reservatórios de água potável da cidade de Ntui. Limpar a relva e tratar a água estagnada à volta dos poços era a "missão" dos jovens em formação de férias na Câmara Municipal. Além disso, a campanha de higiene e saneamento em Ntui também significava que as famílias estavam fortemente envolvidas no processo. De facto, cada agregado familiar foi obrigado pelos responsáveis locais a limpar os arredores da sua casa, sob pena de sofrer sanções financeiras (pagamento de impostos). A manutenção de casas de banho comunitárias nos bairros tornou-se uma operação obrigatória.

No distrito sanitário de Yoko, o presidente da câmara, Dieudonne ANNIR TINA, lançou a campanha "higiene e limpeza" na zona a 22 de agosto de 2014. *"Como o nome indica, o objetivo desta campanha é promover a higiene e a limpeza na comuna.* [233]*Através dela, conseguimos proteger muitas famílias de certas doenças"*. A luta contra as doenças foi assim o pretexto para o lançamento da campanha "higiene e saneamento" na comuna de Yoko. No bairro da "prisão", os numerosos chifres de água que se acumulam nos becos e nas casas foram tratados especificamente para limitar a propagação dos mosquitos. No bairro de "Yoko", as numerosas zonas de relva foram limpas pelos habitantes locais. O "mercado de Yoko" foi a zona prioritária da campanha de higiene e saneamento. O grande "hangar" foi especificamente limpo pelos talhantes e outros vendedores de legumes.

A limpeza das latrinas foi o ponto central da campanha de higiene e saneamento em Yoko. [234]Nesta zona, "*noventa por cento das famílias utilizam casas de banho comunitárias"*. [235]Estas casas de banho são "*um grande risco para a saúde da população local, razão pela qual a campanha de higiene e saneamento de 2014 se centrou nelas*". A população local foi, por isso, instada pelos funcionários das autarquias locais a equipar as suas casas de banho. Durante a campanha, as latrinas de palha foram substituídas por latrinas de barro, e o chão teve de ser feito de cimento. A relva à volta das latrinas deve ser cortada. É evidente que a "campanha de higiene e saneamento" de Yoko era, antes de mais, uma campanha de luta contra as chamadas "doenças sujas", das quais a malária é uma das principais.

No departamento de Nyong-et-Mfoumou, o Presidente da Câmara, Charles KAMGA, lançou a "grande campanha de higiene e limpeza" a 22 de agosto de 2014. Como em todos os departamentos periféricos, esta campanha tem como objetivo promover a higiene e a limpeza em todos os arrondissements do departamento, a fim de proteger as famílias das doenças ditas sujas. No distrito de Akonolinga, o presidente da câmara, Joseph ESSAMA, organiza a campanha de higiene e saneamento numa base territorial, com a introdução de medidas especiais. Foram criadas equipas de varredura nas principais estradas e cruzamentos. São

[233] Entrevista com Dieudonne ANNIR TINA, Presidente da Câmara da comuna de Yoko, em 7 de novembro de 2020.

[234] Entrevista com Dieudonne ANNIR TINA, Presidente da Câmara da comuna de Yoko, em 7 de novembro de 2020.

[235] Ibid.

constituídas principalmente por jovens alunos e estudantes que estão a fazer um curso de férias na Câmara Municipal de Akonolinga, enquanto aguardam o início do novo ano escolar e académico. A zona conhecida como "centro administrativo" era uma zona prioritária para a varredura e limpeza das sarjetas. Equipas móveis de funcionários das autoridades locais percorreram os bairros para sensibilizar as pessoas para a necessidade de manter as latrinas limpas. Foram aplicadas sanções a quem não mantivesse as latrinas limpas.

Em suma, a campanha *"pequeno não fique doente"*, lançada pelo governador da região Centro no terceiro trimestre de 2014, inscreve-se no âmbito do reforço da luta moderna contra a malária. A campanha foi lançada nos diferentes subsistemas da região pelos actores políticos e administrativos de base e pelas populações locais. Em Yaoundé ou na periferia, as autoridades administrativas, municipais e legislativas foram as principais responsáveis pela implementação desta campanha de higiene e saneamento nos seus territórios. O objetivo da campanha era assegurar a limpeza nas diferentes comunas da região Centro, a fim de proteger a população de um certo número de doenças, entre as quais a malária.

O aumento do poder das colectividades locais pressagia uma nova dinâmica no processo de intensificação da luta contra o paludismo, ao mesmo tempo que institucionaliza a luta moderna. [236]Mais próximos das populações do que os actores públicos centrais, os poderes públicos locais traduzem em ação aquilo a que Thierry BERTHET chama "a retórica da proximidade", que consiste em os actores tratarem um problema social a partir do seu local de emergência. A falta de saneamento nas cidades é obra da população local e, para a combater, é necessária uma ação pública local para dar à luta contra o paludismo um carácter local. Esta é a quintessência da intervenção das autoridades públicas locais na luta contra as insalubridades na região Centro durante o terceiro trimestre de 2014 e o primeiro trimestre de 2015.

Em suma, a intensificação da luta moderna contra o paludismo na área geográfica do Centro-Camarões baseia-se na acentuação da comunicação para mudar comportamentos e no maior envolvimento das autoridades públicas no processo. Estes parecem ser os meios mais convenientes e eficazes para "contrariar" a ameaça da malária. A partir de 2002, foi lançada na região uma vasta campanha de sensibilização dos agregados familiares. Esta mobilizou uma multidão de actores para traduzir a campanha de mudança de comportamento (BCC) em acções concretas. Os actores colectivos, como o Estado e as ONG, mobilizam instrumentos e recursos de ação pública para sensibilizar os agregados familiares para os benefícios da utilização de uma rede mosquiteira e do cumprimento das medidas de higiene. Para tal, são apoiados por actores individuais, como as elites políticas e administrativas e personalidades dos meios de comunicação social. O

[236] Ver BERTHET (T), "L'Etat social a l'epreuve de l'action territoriale. Postmodemite et politiques publiques de proximite dans le champ de la relation emploi-formation", in FAURE (A) et NEGRIER (E) (dir), Les politiques publiques a l'epreuve de l'action locale : critique de la territorialisation. Paris, L'Harmattan, 2007, p. 47.

CCC é uma operação que obedece a uma dinâmica "multi-actores" em que o Estado mantém o monopólio.

O programa *"Fazer Recuar a Malária"*, adotado em 2002, baseia-se no princípio da "multissectorialidade". Este princípio significa que a luta contra o paludismo já não é da competência dos profissionais de saúde, mas da sociedade no seu conjunto, incluindo os poderes públicos. Desta forma, a luta contra o paludismo está a ser dessectorializada através do envolvimento de vários actores que anteriormente estavam fora da dinâmica da luta contra o paludismo. Para além do Estado, das ONGs, das elites políticas e administrativas e dos actores intermitentes, desde 2010 que se verifica uma forte presença das autoridades públicas no processo de intensificação da luta contra o paludismo. Estas autoridades, tanto centrais como locais, intervêm no domínio da doença através de um certo número de decisões públicas que serão aplicadas da melhor forma possível na zona geográfica do Centro-Camarões.

A intensificação da luta contra a malária a partir de 2002 não se baseia apenas no aumento da comunicação para alterar o comportamento das pessoas e na intensificação dos esforços das autoridades públicas. Foi igualmente organizada uma campanha de distribuição de MTI/MILDA.

SECÇÃO II

A 5y51ëтаИ5аИоп distribuição gratuita de redes mosquiteiras

A intensificação da luta contra o paludismo desde a adoção do programa *"Fazer Recuar o Paludismo"*, em 2002, reflectiu-se também no terreno, através da disponibilização à população de um instrumento que a ajuda a lutar contra esta doença. As primeiras campanhas de distribuição gratuita tiveram início em 2003. A distribuição de MTI/MILDA é um processo multifatorial que envolve uma multiplicidade de intervenientes, tanto públicos como privados. [237][238][239]Para os actores privados, a distribuição de MIL é feita através da mobilização de "recursos materiais" e de "conhecimentos"; para os actores públicos e o Estado, é feita através da mobilização de ferramentas de incentivo e de comunicação. No processo de distribuição líquida, o Estado detém o monopólio e é o ator dominante do processo.

A distribuição maciça e gratuita de MTIs/MILDAs à população é a concretização da prioridade estratégica 2 do PSNLP consagrada à luta contra os vectores. É hoje

[237]Esta categoria de recursos é essencialmente colectiva. Inclui os recursos financeiros (orçamento), os recursos humanos (pessoal disponível) e os recursos operacionais (instalações, meios logísticos e informáticos, instrumentos técnicos, etc.) de que dispõem os actores públicos ou privados. Ver KNOEPFEL (P), LARRUE (C), VARONE (F) e HILL (M), "Policy resources", in Public Policy Analysis, Op. cit... pp. 63-88.

[238] Referem-se tanto à informação e aos conhecimentos de que um ator dispõe como à sua capacidade de os interpretar, de os associar e de os integrar em estratégias de ação pública. Ver KNOEPFEL (P), LARRUE (C), VARONE (F) e HILL (M), Op. cit... pp. 63-88.

[239] Na sua obra, Pierre LASCOUMES e Patrick LE GALES distinguem cinco tipos de instrumentos com base nos quais a ação do Estado e dos actores públicos se concretiza no terreno, a saber: "Legislativos e regulamentares"; "Económicos e fiscais"; "Convencionais e de incentivo"; "Informativos e de comunicação"; "Normas e padrões de boas práticas". Ver LASCOUMES (P) e LE GALES (P), Gouvemer par les instruments, Paris, Presses de Sciences Po, 2004, p. 351.

incontestável que a fêmea do anopheles é o vetor por excelência da transmissão do paludismo através do plasmódio que inocula no corpo das pessoas saudáveis. A luta contra os vectores está a tornar-se o meio mais seguro de evitar qualquer risco de paludismo, através da distribuição maciça de REMILDs às famílias. Para os numerosos actores envolvidos neste processo, a distribuição de mosquiteiros às famílias parece ser uma operação decisiva para conter a ameaça da malária. Assim, envolve o Estado **(n.º 1)**, as ONG e as elites políticas **(n.º 2)**.

Ponto 1: Distribuição gratuita de mosquiteiros pelo Estado

[240]Enquanto "legatário universal dos problemas sociais não resolvidos", o Estado detém o monopólio do processo de intensificação da luta contra o paludismo, iniciado em 2002. De facto, em 2003, o Estado foi o primeiro ator a levar a cabo uma campanha de distribuição de mosquiteiros à população da região Centro-Camarões. É, portanto, o ator central na implementação da política de distribuição de redes mosquiteiras às famílias. Esta centralidade do Estado reflectiu-se nas campanhas de distribuição de MILDA às mulheres grávidas e às crianças com menos de cinco anos entre 2003 e 2007 (A) e na campanha de distribuição maciça de MILDA à população em 2016 **(B)**.

A- Distribuição gratuita de leite às mulheres grávidas e às crianças com menos de cinco anos

No domínio da saúde social no Centro-Camarões, o Estado é o primeiro ator a implementar acções de luta contra o paludismo desde a adoção do programa *"Roll Back Malaria"* em 2002. Na altura, foi o motor da distribuição de Mil a certas camadas da população, tendo sido seguido por vários outros actores. [241]Em termos práticos, a ação do Estado no domínio da distribuição do paludismo no Centro-Camarões é possível graças aos "instrumentos de ação pública" de que dispõe. [242]Por instrumentos de ação pública, entendemos o "dispositivo técnico e social que organiza as relações sociais específicas entre o poder público e os seus destinatários em função das representações e dos significados que veicula".

A primeira ação do Estado para intensificar a luta contra a malária no Centro foi a distribuição gratuita de Mil aos agregados familiares, cujas primeiras campanhas decorreram entre 2003 e 2007. [243]Os principais e únicos alvos destas campanhas foram as mulheres grávidas e as crianças com menos de cinco anos, considerados os grupos populacionais mais vulneráveis à malária, com 327 mortes registadas em 2000. O Governo mobilizou, assim, instrumentos "económicos" e "de incentivo" para concretizar a sua ação, que se desenvolveu em duas sequências de ação

[240] Ver BIRNBAUM (P) e BADIE (B), Sociologie de 1 Etat, Pans, Grasset, 1979, p. 30.

[241] Christopher HOOD é o autor da obra seminal sobre os instrumentos de política pública. Em França, Frederic VARONE foi o primeiro autor a analisar as políticas públicas através de instrumentos. Ver HOOD (C), Tools of Government. Londres, Macmillan, 1983. Ver também VARONE (F), Le Choix des instruments des politiques publiques. Berna, Haupt, 1998.

[242] Ler HALPERN (C), LASCOUMES (P) e LE GALES (P) "L'instrumentation et ses effets. Debats et mises en perspectives theoriques", in HALPERN (C), LASCOUMES (P) e LE GALES (P), (dir.), L'instrumentation de l'action publique. Op. cit... p.17.

[243] Figura elaborada pelo departamento de informação e planeamento em saúde da delegação regional de saúde pública da região Centro.

pública. A primeira decorreu de 2003 a 2005 e abrangeu apenas as mulheres grávidas (1), enquanto a segunda decorreu de 2005 a 2007 e abrangeu apenas as crianças com menos de cinco anos **(2).**

1. Distribuição de Mil às mulheres grávidas (2003-2005)

A primeira ação do Estado para reforçar a luta contra o paludismo na região Centro centrou-se no "controlo dos vectores", que consiste em prevenir a doença através da distribuição gratuita de Milho às famílias. Para pôr isto em prática, o governo utiliza os seus instrumentos de incentivo e de comunicação, pois procura tanto o envolvimento direto dos seus cidadãos como a explicação das medidas tomadas. [244]As primeiras campanhas de distribuição gratuita de Mil pelo Estado tiveram lugar no Centro dos Camarões entre 2003 e 2005 e destinavam-se exclusivamente às mulheres grávidas, um dos grupos populacionais mais vulneráveis ao paludismo, com vinte e quatro (24) casos de morte em 2000. [245]Na região, o paludismo representa "um perigo potencial plausível" para esta faixa da população, daí a circunscrição do perímetro de distribuição do Mil em torno dela entre 2003 e 2005. Enquanto ator central da luta contra o paludismo, o Estado lançou as bases do processo de intensificação da luta contra o problema do paludismo, organizando as primeiras campanhas "restritas" de distribuição de MILDA às mulheres grávidas na zona geográfica do Centro-Camarões. Estas primeiras campanhas "restritas" decorreram entre 2003 e 2005 e deram o impulso para a distribuição gratuita de redes mosquiteiras, que continuará até 2016. [246]Especificamente, em 2003, o governo distribuiu 8,728 milhões; em 2004, 22,000 milhões; e em 2005, 44,014 milhões a mulheres grávidas na região Centro. [247]Ao longo destas diferentes sequências, o Estado manteve e "reivindicou com sucesso o monopólio do discurso legítimo" sobre a luta contra a malária. °O quadro 5, que se segue, dá uma imagem mais clara do processo de distribuição na região Centro.

Quadro 5

Distribuição de Mil às mulheres grávidas de 2003 a 2005 na região Centro

ANO	Mil DISTRIBUÍDOS	MULHERES GRÁVIDAS	TAXA DE COBERTURA
2003	8.728	129.782	6,7%
2004	22.000	133.286	16,5%
2005	44.014	137.919	31,9%

[244] Ibid.

[245] O "perigo potencial plausível" ocorre quando as pessoas ou os meios de vida são afectados por danos perfeitamente caracterizáveis, mas cuja natureza e causas precisas permanecem desconhecidas. Para mais pormenores sobre este conceito, ver CALLON (M), LASCOUMES (P) e BARTHE (Y), Agir num mundo incerto: ensaio sobre a técnica democrática. Paris, editions du Seuil, 2001, p. 39.

[246] Fonte: Plano Estratégico Nacional de Combate à Malária nos Camarões 2007-2010.

[247] Citação emprestada de Fred EBOKO, que parafraseou Max WEBER para demonstrar que a instituição hospitalar exercia um forte controlo sobre a luta contra as doenças em detrimento de outros actores. Ler EBOKO (F), "Introduction a la question du sida en Afrique. Politique publique et dynamiques sociales", Op. cit.. PP. 14-15. No contexto deste estudo, esta expressão refere-se ao facto de que, durante os anos 2003-2005, o Estado foi o único ator envolvido no domínio da malária através da distribuição de Milli.

Fonte: Plano estratégico nacional de luta contra o paludismo nos Camarões 2007-2010

[248]Este quadro mostra claramente que a taxa de cobertura das mulheres grávidas com Mil é muito inferior ao objetivo fixado pelo plano estratégico de luta contra o paludismo, que é de 60% . Em 2003, apenas 8.728 Mil foram distribuídos a 129.782 mulheres grávidas, o que corresponde a uma taxa de cobertura de 6,7%. Em 2004, foram distribuídos apenas 22.000 mililitros a 133.286 mulheres grávidas, o que corresponde a uma taxa de cobertura de 16,5%. Em 2005, apenas 44.014 Mil foram distribuídos a 137.919 mulheres grávidas, o que representa uma taxa de cobertura de 31,9%. Apesar da revolução na taxa de cobertura dos milhos, esta ainda está muito aquém dos objectivos fixados. As razões para tal devem-se a um conjunto de condicionalismos socio-territoriais, que serão abordados no capítulo 3 do presente relatório. Em termos concretos, entre 2003 e 2005, o processo de distribuição de painço às mulheres grávidas na área geográfica do Centro-Camarões teve lugar tanto na cidade de Yaoundé como nas zonas rurais.

Concretamente, desde a adoção do programa *"Fazer recuar o paludismo"* pelo Estado dos Camarões, a primeira ação de reforço da luta contra o paludismo no domínio da saúde social do Centro foi a distribuição de Mil às mulheres grávidas na cidade de Yaoundé (Mfoundi). Yaoundé foi escolhida por ser o coração da região, ou seja, a capital regional. O processo de distribuição do Mil nesta área geográfica foi efectuado em três anos sucessivos, nomeadamente 2003, 2004 e 2005, tendo como principal grupo-alvo as mulheres grávidas. Especificamente, em 2003, o Estado distribuiu 5.322 painços; em 2004, distribuiu 12.034 painços e em 2005, 25.000 painços a mulheres grávidas na cidade de Yaoundé. °A distribuição foi efectuada por distrito sanitário de acordo com os quadros 6, 7 e 8 seguintes.

Quadro 6

Número de Mil distribuídos às mulheres grávidas por distrito sanitário em Yaoundé em 2003

DISTRITOS SANITÁRIOS	NÚMERO DE MILHAS DISTRIBUÍDAS
Biyem Assi	790
Cidade Verde	557
Djoungolo	1.610
Efoulan	640
Nkolbisson	715
Nkolndongo	1.010
TOTAL	**5.322**

Fonte: elaborado pelo autor a partir dos dados da Delegação Regional de Saúde Pública do Centro

A distribuição de Mil às mulheres grávidas nos seis distritos sanitários de Yaoundé foi efectiva em 2003. Os distritos de Djoungolo, Nkolndongo e Biyem-Assi foram

[248] O plano estratégico nacional 2002-2006 de luta contra a malária fixa em 60% a taxa de cobertura do Mil.

os mais bem sucedidos, sendo distritos "titânicos" com uma elevada concentração de mulheres grávidas, ao contrário dos distritos de Cite Verte, Efoulan e Nkolbisson.

Quadro 7

Número de Mil distribuídos às mulheres grávidas por distrito sanitário em Yaoundé em 2004

DISTRITOS SANITÁRIOS	NÚMERO DE MU DISTRIBUÍDOS
Biyem Assi	2.334
Cidade Verde	985
Djoungolo	3.215
Efoulan	1.120
Nkolbisson	1.820
Nkolndongo	2.560
TOTAL	**12.034**

Fonte: elaborado pelo autor a partir dos dados da Delegação Regional de Saúde Pública do Centro

Este quadro mostra que o painço foi distribuído às mulheres grávidas em Yaoundé em 2004. O número de painço distribuído aumentou significativamente em relação a 2003. Os distritos de Biyem-Assi, Djoungolo e Nkolndongo voltaram a estar no topo da lista, uma vez que se trata de distritos com uma elevada concentração populacional e, *por conseguinte, com* uma elevada concentração de mulheres grávidas.

Quadro n.º 8

Número de Mil distribuídos às mulheres grávidas por distrito sanitário em Yaoundé em 2005

DISTRITOS SANITÁRIOS	NÚMERO DE MILHAS DISTRIBUÍDAS
Biyem Assi	3.615
Cidade Verde	2.242
Djoungolo	6.337
Efoulan	3.246
Nkolbisson	3.860
Nkolndongo	5.700
TOTAL	**25.000**

Fonte: elaborado pelo autor a partir dos dados da Delegação Regional de Saúde Pública do Centro

Este quadro mostra que o painço foi distribuído às mulheres grávidas nos vários distritos sanitários de Yaoundé em 2005. O número de painço distribuído foi mais uma vez significativamente mais elevado do que em 2004. Os distritos de Djoungolo, Nkolndongo e Biyem-Assi obtiveram mais uma vez o maior número de milhos, dada a elevada densidade populacional de mulheres grávidas nestas zonas.

Quadro n.º 9

Quadro recapitulativo da distribuição de Mil às mulheres grávidas na cidade de Yaoundé entre 2003 e 2005

ANO	Mil DISTRIBUÍDOS	POPULAÇÕES MULHERES GRÁVIDAS EM YAOUNDÉ	TAXA DE COBERTURA
2003	5.322	23.891	22%
2004	12.034	29.875	40,5%
2005	25.000	34.356	72,7%

Fonte: Compilado pelo autor utilizando dados do Plano Estratégico Nacional para o Controlo da Malária nos Camarões 2007-2010.

Os quadros acima mostram que a distribuição gratuita de Mil às mulheres grávidas nos distritos de Yaoundé foi efectuada em três fases distintas: a primeira em 2003, a segunda em 2004 e a terceira em 2005. Durante estas fases, o ritmo de distribuição foi essencialmente gradual, tendo o Estado distribuído 5.322 mils em 2003, 12.034 mils em 2004 e 25.000 mils em 2005. [249]Em segundo lugar, a taxa de cobertura das mulheres grávidas com Mil em 2003 e 2004 ficou aquém dos objectivos fixados pelo plano estratégico nacional de luta contra a malária, que é de 60% . Em 2005, a taxa de cobertura foi atingida e até ultrapassada.

É de notar também que a distribuição de State Millet às mulheres grávidas na região Centro, entre 2003 e 2005, não se limitou à cidade de Yaoundé, mas estendeu-se aos arredores. As mulheres grávidas dos vinte e quatro (24) distritos da periferia da região também receberam o Mil de 1 Etat, mas com resultados muito menos satisfatórios. Especificamente, nesta parte da região Centro, o governo distribuiu 3.406 Millet em 2003, 9.966 em 2004 e 19.014 em 2005. °A distribuição foi efectuada por distrito sanitário de acordo com os quadros n 10,11 e 12 abaixo.

Quadro 10

Número de painços distribuídos pelo Estado em 2003 às mulheres grávidas nos 24 distritos periféricos

N°	Distritos sanitários	Número de Mil distribuídos
1	**Akonolinga**	290
2	**Awae**	103
3	**Ayos**	105
4	**Bafia**	257
5	**Ebebda**	55
6	**Elig-Mfomo**	98
7	**Eseka**	246
8	**Esse**	94

[249]O plano estratégico nacional 2002-2006 de luta contra a malária fixa em 60% a taxa de cobertura do Mil.

9	**Evodoula**	90
10	**Mbalmayo**	282
11	**Mbandjock**	100
12	**Mbankomo**	117
13	**Mfou**	204
14	**Monatele**	167
15	**Nanga-Eboko**	301
16	**Ndikimineki**	50
17	**Ngong-Mapubi**	96
18	**Ngoumou**	209
19	**Ntui**	101
20	**Obala**	108
21	**Okola**	94
22	**Sa'a**	92
23	**Soa**	104
24	**Yoko**	43

Fonte: elaborado pelo autor a partir dos dados da Delegação Regional de Saúde Pública do Centro

Esta tabela mostra que o Mil foi efetivamente distribuído às mulheres grávidas nos distritos rurais em 2003. Verifica-se que as mulheres grávidas dos distritos rurais relativamente isolados foram as que receberam mais Mil. Trata-se de mulheres grávidas que vivem em distritos próximos da cidade de Yaoundé (Mbankomo, Awae, Mfou, Obala) ou que correspondem às capitais de departamento (Akonolinga, Bafia, Eseka, Monatele, Nanga-Eboko, etc.). As mulheres grávidas que vivem noutras zonas rurais mais isoladas (Yoko, Ndikimineki, Esse, Ebebda, etc.) não estavam totalmente cobertas pelo sistema Mil.

Quadro n°ll

Número de painços distribuídos pelo Estado em 2004 às mulheres grávidas nos 24 distritos periféricos

N°	Distritos sanitários	Número de Mil distribuídos
1	**Akonolinga**	652
2	**Awae**	359
3	**Ayos**	397
4	**Bafia**	621
5	**Ebebda**	268
6	**Elig-Mfomo**	356
7	**Eseka**	508
8	**Esse**	277
9	**Evodoula**	334
10	**Mbalmayo**	657

11	**Mbandjock**	457
12	**Mbankomo**	419
13	**Mfou**	465
14	**Monatele**	477
15	**Nanga-Eboko**	511
16	**Ndikimineki**	257
17	**Ngong-Mapubi**	358
18	**Ngoumou**	415
19	**Ntui**	367
20	**Obala**	427
21	**Okola**	363
22	**Sa'a**	337
23	**Soa**	451
24	**Yoko**	233

Fonte: elaborado pelo autor a partir dos dados da Delegação Regional de Saúde Pública do Centro

Tal como em 2003, as mulheres grávidas dos distritos sanitários rurais receberam rccи Mil em 2004. Registou-se um aumento significativo do número de Millet distribuídos. As mulheres grávidas que vivem nos bairros rurais próximos da cidade de Yaoundé ou nos bairros correspondentes às capitais de departamento receberam o maior número de Millet. É o caso dos distritos rurais de Akonolinga, Bafia, Eseka, Nanga-Eboko, Obala, etc.

Quadro 12

Número de painços distribuídos pelo Estado em 2005 às mulheres grávidas nos 24 distritos periféricos

N°	Distritos sanitários	Número de Mil distribuídos
1	**Akonolinga**	1470
2	**Awae**	632
3	**Ayos**	611
4	**Bafia**	1378
5	**Ebebda**	570
6	**Elig-Mfomo**	633
7	**Eseka**	1267
8	**Esse**	520
9	**Evodoula**	668
10	**Mbalmayo**	1524
11	**Mbandjock**	745
12	**Mbankomo**	788
13	**Mfou**	784
14	**Monatele**	736

15	**Nanga-Eboko**	825
16	**Ndikimineki**	504
17	**Ngong-Mapubi**	664
18	**Ngoumou**	784
19	**Ntui**	682
20	**Obala**	754
21	**Okola**	614
22	**Sa'a**	672
23	**Soa**	764
24	**Yoko**	425

Fonte: elaborado pelo autor a partir dos dados da Delegação Regional de Saúde Pública do Centro

Tal como em 2003 e 2004, as mulheres grávidas dos distritos rurais receberam Millet do Estado em 2005, mas os resultados foram visivelmente melhores em termos do número de Millet distribuído. As mulheres grávidas dos distritos próximos da cidade de Yaoundé ou dos distritos correspondentes às capitais dos departamentos foram as que receberam o maior número de Millet. Foi o caso das mulheres que vivem nos distritos de Mbalmayo, Akonolinga, Bafia, Eseka, Nanga-Eboko, Bankomo e Obala.

Os três quadros acima mostram que o Estado distribuiu efetivamente Mil às mulheres grávidas nos vinte e quatro distritos periféricos entre 2003 e 2005. Os resultados obtidos podem ser vistos na tabela 13 abaixo.

Quadro 13

Quadro que resume a distribuição de Mil para as mulheres grávidas nos distritos periféricos entre 2003 e 2005

ANO	Mil DISTRIBUÍDOS	MULHERES GRÁVIDAS NOS DISTRITOS PERIFÉRICOS	TAXA DE COBERTURA
2003	3.406	105.891	3,2%
2004	9.966	103.411	9,6%
2005	19.014	103.563	18,4%

Fonte: compilado pelo autor utilizando dados do Plano Estratégico Nacional de Controlo da Malária 2007-2010 para os Camarões.

Este quadro recapitulativo mostra que os resultados obtidos a partir da distribuição de Mil entre 2003 e 2005 nos vinte e quatro distritos periféricos estão muito abaixo da média, pois estamos muito longe da taxa de cobertura de 60% exigida pelo plano estratégico nacional de luta contra o paludismo nos Camarões.

Se tentarmos fazer uma comparação entre os resultados obtidos com a distribuição do Millet às grávidas da cidade de Yaoundé e os da distribuição às grávidas da periferia, podemos constatar que a sequência de distribuição do Millet na região

Centro 20032005 foi muito mais alargada à primeira em detrimento da segunda. Dado que a população de mulheres grávidas da periferia é superior à de Yaoundé, teria sido mais racional e lógico para o Estado maximizar a distribuição de painço nos vinte e quatro distritos sanitários rurais. No entanto, de acordo com os quadros acima, obteve-se o resultado oposto: em 2003, a distribuição do Millet converteu 22% da população de mulheres grávidas em Yaoundé, contra 3,2% das mulheres grávidas que vivem na periferia. Em 2004, a distribuição converteu 40,5% das mulheres grávidas da cidade de Yaoundé contra 9,6% das mulheres grávidas que viviam na periferia. Em 2005, a distribuição converteu 72,7% das mulheres grávidas de Yaoundé contra 18,3% das mulheres grávidas da periferia. Estes resultados contrastam fortemente com a população de mulheres grávidas das duas zonas. Em 2003, os distritos de Yaoundé tinham 23.891 mulheres grávidas, em 2004 29.875 e em 2005 34.356. Nos mesmos anos, os vinte e quatro distritos rurais tinham 105.891, 103.411 e 103.563 mulheres grávidas, respetivamente. O número de mulheres grávidas nos distritos sanitários periféricos é muito mais elevado do que o número de mulheres grávidas nos distritos de Yaoundé. No entanto, a zona de Yaoundé obteve mais Mil do que as zonas rurais, pelo que nesta zona a taxa de cobertura foi mesmo superior à média em 2005.

Em suma, as campanhas de distribuição de painço de 2003, 2004 e 2005 centraram-se muito mais nas mulheres grávidas que vivem na cidade de Yaoundé, em detrimento das que vivem nas zonas rurais. Dos 8.728 milhos distribuídos em 2003, 5.322 foram distribuídos na cidade de Yaoundé. Dos 22.000 milhões distribuídos em 2004, 12.034 milhões foram distribuídos em Yaoundé. [250]E dos 44 014 milhos distribuídos em 2005, 25 000 milhos foram distribuídos em Yaoundé. Isto significa que mais de metade do milho foi distribuído nos distritos sanitários de Yaoundé e o resto nos arredores! Um agente comunitário de saúde (ACS) que esteve envolvido nestas campanhas de distribuição de MU a mulheres grávidas explica

"Os mosquiteiros distribuídos às mulheres grávidas na região Centro em 2003, 2004 e 2005 diziam respeito apenas aos distritos sanitários de Yaoundé e arredores, tais como Obala, Mfou, Awae e Mbankomo. [251]Isto deve-se ao facto de o número de agentes responsáveis pela distribuição ser muito reduzido e de os distritos periféricos estarem, na altura, muito isolados".

Isto explica em parte porque é que, dos 129 782 Mil previstos para serem distribuídos às mulheres grávidas em 2003, apenas 8 728 foram efetivamente distribuídos, com uma baixa taxa de cobertura de 6,7% para o conjunto dos trinta distritos sanitários!

A distribuição de Mils às mulheres grávidas entre 2003 e 2005 foi um fracasso, uma vez que as taxas de cobertura (6,5%, 16,5% e 31,9%) ficaram muito aquém dos 60% esperados e desejados pelas autoridades camaronesas. As razões empíricas deste fracasso serão apresentadas e analisadas no capítulo 3 da presente tese. A segunda fase de distribuição de redes pelo Estado decorreu entre 2005 e 2007 e visou as crianças com menos de cinco anos da região.

---

[250] Dados fornecidos pela delegação regional de saúde pública do Centro.

[251] Entrevista com um agente comunitário de saúde residente em Yaoundé.

2. Distribuição de leite para crianças com menos de cinco anos (2005-2007)

A segunda fase da intensificação da luta contra o problema da malária na região Centro, baseada no controlo "anti-vetorial", foi novamente levada a cabo pelo Estado. Esta fase decorreu entre 2005 e 2007. [252]Durante esta fase, o Mil já não era distribuído às mulheres grávidas, mas sim às crianças com menos de cinco anos, consideradas a camada mais vulnerável da população, com 303 casos de morte registados em 2000. [253]Esta sequência de acções de combate à malária é monopolizada pelo Estado, que detém e "reivindica com sucesso o monopólio do discurso legítimo" sobre o processo de distribuição do Mil às crianças com menos de cinco anos.

Em termos concretos, a distribuição de Millet a crianças com menos de cinco anos de idade estendeu-se por três anos sucessivos, nomeadamente 2005, 2006 e 2007. Durante estes anos, 511 335 crianças com menos de cinco anos foram registadas na região, ou seja, 155 667 em todos os distritos de Yaoundé e 355 668 nos distritos periféricos. Apenas 351 Mil foram postos à disposição das crianças nestas duas zonas, o que representa uma taxa de cobertura praticamente negativa. [o]Este facto pode ser observado no quadro 14 abaixo.

Quadro 14
Resultados da distribuição gratuita de leite às crianças com menos de cinco anos em 2005, 2006 e janeiro de 2007 na região Centro

Redes mosquiteiras distribuídas em 2005, 2006 e janeiro de 2007	351 Redes mosquiteiras
População de crianças com menos de cinco anos	511 335 crianças com menos de cinco anos
Taxa de cobertura para crianças com menos de cinco anos	0,1%
Desvio em relação aos objectivos de 2002	-59,9%

Fonte: Plano Estratégico Nacional para o Controlo da Malária nos Camarões 2007-.
2010

Este quadro mostra que a taxa de cobertura das crianças com menos de cinco anos em Mil é praticamente nula, com 0,1%, ou seja, 59,9% abaixo do objetivo de 60% fixado para 2002. O processo de distribuição abrangeu crianças tanto em Yaoundé como nos distritos periféricos.

[252] Figura elaborada pelo departamento de informação e planeamento em saúde da Delegação Regional de Saúde Pública do Centro.

[253] Citação emprestada de Fred EBOKO, que parafraseou Max WEBER para demonstrar que a instituição hospitalar exercia um forte controlo sobre a luta contra as doenças em detrimento de outros actores. Ler EBOKO (F), "Introduction a la question du sida en Afrique. Politique publique et dynamiques sociales", Op. cit... pp. 14-15. No contexto deste trabalho, esta expressão refere-se ao facto de que, durante o período 2003-2005, o Estado foi o único ator envolvido no domínio da malária através da distribuição de Mil.

[271] O plano estratégico nacional 2002-2006 de luta contra a malária fixa em 60% a taxa de cobertura do Mil.

Especificamente, em 2005, 2006 e 2007, o Estado distribuiu 281 painços a crianças com menos de cinco anos nos distritos sanitários de Yaoundé. O quadro 15 abaixo mostra os resultados desta campanha de distribuição de Millet.

Quadro 15

A distribuição de Mil para crianças com menos de cinco anos na Distritos de Yaoundé entre 2005 e janeiro de 2007

Distritos sanitários	População de crianças com menos de cinco anos	Número de Mil distribuídos em 2005, 2006 e janeiro de 2007	Taxa de cobertura
Biyem Assi	33.721	56	0,2%
Cidade Verde	9.360	16	0,2%
Djoungolo	38.805	77	0,2%
Efoulan	16.456	23	0,1%
Nkolbisson	18.847	40	0,2%
Nkolndongo	38.478	69	0,2%
TOTAL	**155.667**	**281**	**0,2%**

Fonte: compilado pelo autor utilizando dados do Plano Estratégico Nacional para o Controlo da Malária nos Camarões 2007-2010.

O quadro mostra que foram distribuídos 281 mosquiteiros a crianças com menos de cinco anos nos seis distritos sanitários de Yaoundé em 2005, 2006 e 2007. [271]Verifica-se também que a taxa de cobertura das crianças com menos de cinco anos é praticamente nula, com 0,2%, ou seja, muito abaixo dos objectivos fixados pelo plano estratégico nacional de luta contra o paludismo 2002-2006. De um total de 155.667 crianças com menos de cinco anos contadas em 2005, 2006 e 2007, apenas 281 Mil foram disponibilizadas, o que representa uma taxa de cobertura de 0,2%.

Além disso, em 2005, 2006 e 2007, o Estado também distribuiu gratuitamente leite a crianças com menos de cinco anos em zonas periféricas, ou seja, crianças que não vivem em Yaoundé. Foram disponibilizados setenta (70) milhos a 355.668 crianças com menos de cinco anos. [o]Os resultados desta campanha de distribuição gratuita de milho painço podem ser vistos no quadro 16 abaixo.

Quadro n.º 16

Distribuição do Milho às crianças nos vinte e quatro bairros da Periferia entre 2005 e janeiro de 2007

Distritos sanitários	População de crianças com menos de cinco anos	Número de Mil distribuídos em 2005, 2006 c 2007	Taxa de cobertura
Akonolinga	27.101	10	0,03%
Awae	8.675	00	00

Ayos	11.120	00	00
Bafia	23.567	10	0,04%
Ebebda	7.603	00	00
Elig-Mfomo	7.436	00	00
Eseka	24.953	10	0,04%
Esse	8.627	00	00
Evodoula	8.460	00	00
Mbalmayo	28.764	10	0,03%
Mbandjock	24.123	05	0,02%
Mbankomo	12.820	10	0,08%
Mfou	11.040	05	0,04%
Monatele	14.500	00	00
Nanga-Eboko	26.623	00	00
Ndikimineki	10.333	00	00
Ngong-Mapubi	9.355	00	00
Ngoumou	23.172	00	00
Ntui	14.610	00	00
Obala	12.400	05	0,04%
Okola	9.424	00	00
Sa'a	11.850	00	00
Soa	8.270	05	0,06%
Yoko	10.842	00	00
TOTAL	**355.668**	**70**	**0,01%**

Fonte: compilado pelo autor utilizando dados do Plano Estratégico Nacional para o Controlo da Malária nos Camarões 2007-2010.

Este quadro mostra que vários distritos sanitários periféricos não receberam qualquer painço durante a sequência de acções de distribuição de painço às crianças menores de cinco anos de 2005 a 2007. Verifica-se também que das 355.668 crianças menores de cinco anos das zonas periféricas, apenas 70 painços foram disponibilizados, com uma taxa de cobertura de 0,01%. Verificou-se também que apenas os distritos sanitários rurais correspondentes às capitais de departamento ou os situados perto da cidade de Yaoundé puderam ver algumas das suas crianças com menos de cinco anos receberem um Milho. Foi o caso dos distritos sanitários de Akonolinga, Bafia, Eseka, Mbalmayo, Mbandjock, Mbankomo, Mfou, Obala e Soa. Isto mostra que a ação do Estado foi muito mínima nas zonas periféricas e, deste ponto de vista, mais do que reflexivo, o Estado foi "mínimo" porque não conseguiu implantar-se nas zonas periféricas da região Centro.

Em suma, é evidente que os objectivos estabelecidos para a distribuição de Mil para crianças com menos de cinco anos entre 2005 e janeiro de 2007 não foram alcançados, porque de 511 335 crianças com menos de cinco anos em toda a região Centro, apenas 351 Mil foram disponibilizados, uma taxa de cobertura de 0,1%! A principal razão para este fiasco encontra-se nas palavras do delegado regional de saúde pública da região Centro:

"O governo tinha planeado disponibilizar redes mosquiteiras a todas as crianças com menos de cinco anos, de acordo com os objectivos de 2002. Mas a partir de 2005, os mosquiteiros foram produzidos em quantidades insuficientes e a possibilidade de atingir os objectivos era praticamente nula. Atualmente, a política consiste em distribuir um mosquiteiro por cada família com pelo menos uma criança com menos de cinco anos.

Estes comentários deixam claro que a razão para a taxa muito baixa de cobertura de Mil para crianças com menos de cinco anos nas campanhas de distribuição de 2005, 2006 e janeiro de 2007 é a evidente inadequação do Mil. [254] [255]Consequentemente, a política de distribuição consistiu em distribuir um único Mil aos agregados familiares com pelo menos uma criança com menos de cinco anos, quando sabemos que existem agregados familiares com até 10 crianças neste grupo etário. É por isso que, de 511.335 crianças com menos de cinco anos, apenas 351 milhões foram postos à sua disposição! É também de salientar que a campanha de distribuição em causa se limitou aos distritos sanitários de Yaoundé e arredores, razão pela qual as zonas periféricas tiveram uma taxa de cobertura de 0,01%.

Em conclusão, os primeiros passos para reforçar a luta contra a malária foram dados pelo Estado entre 2003 e 2007. Para operacionalizar este "compromisso", o Estado utilizou os seus instrumentos "económicos" e "de incentivo", distribuindo gratuitamente painço a determinadas camadas sociais da população e incentivando-as a adquiri-lo e a utilizá-lo através da comunicação. Durante o período 2003-2007, a distribuição gratuita de milho painço desenrolou-se em duas sequências de ação pública claramente identificáveis. A primeira sequência decorreu de 2003 a 2005 e destinou-se exclusivamente às mulheres grávidas. Com vinte e quatro (24) mortes registadas no ano 2000, o Estado considerou oportuno dedicar a primeira fase da distribuição de painço a este estrato social. Esta campanha de distribuição abrangeu tanto os bairros urbanos de Yaoundé como os bairros rurais periféricos. Em 2003, o Estado distribuiu 8.728 milhos, em 2004 22.000 milhos e em 2005 44.014 milhos, com taxas de cobertura de 6,7%, 16,5% e 31,9%, respetivamente. Durante esta primeira fase de distribuição de painço, o Estado foi muito mais ativo nas zonas urbanas do que nas zonas rurais. Isto explica porque é que as taxas de cobertura foram muito inferiores aos objectivos fixados pelo plano estratégico nacional de luta contra a malária nos Camarões para 2002-2007. As razões deste fracasso devem-se em parte a constrangimentos sociais que limitaram consideravelmente a ação dos agentes estatais encarregados de distribuir Mils a mulheres grávidas na zona geográfica dos Camarões Centrais. Estes constrangimentos sociais serão analisados no capítulo 3 da presente tese.

A segunda fase de distribuição do Mil pelo Estado teve lugar logo após a primeira e

[254] Entrevista com Charlotte Mou[illegible]i, delegada regional de saúde pública da região Centro, em 13 de janeiro de 2021.

[255] Para mais pormenores sobre este assunto, ler o Plan Strategique National de Lutte contre le Paludisme au Cameroun 2007-2010. Op. cit... pp. 58-59.

prolongou-se por 2005, 2006 e janeiro de 2007. Esta fase de distribuição destinava-se exclusivamente às crianças com menos de cinco anos, que, juntamente com as mulheres grávidas, constituem o segmento mais vulnerável da população, com 303 casos de morte registados em 2000. [256]Para evitar o que Fred EBOKO qualifica de "choque epidemiológico", o Governo tomou a iniciativa de levar a cabo uma campanha de distribuição gratuita do Mil para esta faixa da população. Em princípio, esta campanha de distribuição deveria ter-se estendido às zonas urbanas e rurais, mas limitou-se aos distritos sanitários de Yaoundé e aos das capitais dos departamentos dos escravos ou dos departamentos situados perto de Yaoundé. A principal razão para esta situação é que o Estado se viu confrontado com uma escassez gritante de Mil durante este período de ação pública, e a estratégia consistiu em distribuir o pouco dinheiro disponível.

Mil aos agregados familiares com pelo menos uma criança com menos de cinco anos de idade nos distritos sanitários seleccionados. É por isso que, das 511.335 crianças com menos de cinco anos contadas nas campanhas de 2005, 2006 e 2007, apenas 351 milhões foram distribuídos, o que corresponde a uma taxa de cobertura de 0,1%. O que é um fracasso abjeto! O resultado não será o mesmo aquando da campanha de distribuição em massa de MILDA aos agregados familiares em 2016.

B- Distribuição em massa de REMILDs aos agregados familiares

A partir de abril de 2016, terá início uma campanha para a distribuição em massa de REMILDs gratuitos aos agregados familiares previamente sensibilizados por actores individuais e colectivos no âmbito da comunicação para a mudança de comportamento, tal como descrito acima. Durante este processo, o Estado continua a ser o ator dominante e mobiliza novos recursos materiais: Mosquiteiros Impregnados de Longa Duração (MILDA). Ao contrário do Mil, que foi distribuído a certas camadas da população entre 2003 e 2007, o MILD é único na medida em que é um mosquiteiro tratado com um inseticida (deltametrina) diretamente incorporado na fibra de poliéster no momento do fabrico. Tem uma duração de vida de cerca de três (03) anos, é eficaz até vinte (20) lavagens e não necessita de ser reimpregnado (basta uma lavagem para o reativar). O MILDA é, por conseguinte, um instrumento de proteção contra as picadas de mosquito mais fiável, mais eficaz e mais duradouro do que o MILDA. A este respeito, a distribuição gratuita em massa de MILDA a todos os agregados familiares da região Centro pelo Governo, a partir de abril de 2016, constitui um passo decisivo para o reforço da luta contra a malária. Esta operação representa a implementação da prioridade estratégica 2 do PSNLP, dedicada ao controlo dos vectores. É hoje indiscutível que a fêmea do anopheles é o vetor por excelência da transmissão da malária através do plasmódio que inocula no corpo de indivíduos saudáveis. A luta contra os vectores está a tornar-se o meio mais seguro de evitar qualquer risco de paludismo através da

[256] Por outras palavras, o aumento exponencial de mortes devido à propagação de uma epidemia ou de uma doença. Ver EBOKO (F), *"Introduction a la question du sida en Afrique. Politiques publiques et dynamiques sociales"*, in KEROUEDAN (D) e EBOKO (F), Politiques publiques du sida en Afrique. Travaux et documents n°61-62, CEAN, IEP Bordeaux, 1999.

distribuição maciça de MILDA às famílias.
Enquanto ator fundamental na luta contra o paludismo, o governo francês volta a tomar medidas para combater a doença transmitida por vectores durante o período de abril-maio de 2016, de acordo com a nota informativa emitida pelo Ministério da Saúde francês.
[257]MINSANTE de 15 de abril de 2016 . Para operacionalizar esta nova sequência de ação pública, o Estado está a mobilizar recursos humanos e materiais para tornar plausível o seu "empreendimento". Uma equipa de recenseamento e agentes comunitários de saúde (ACS) foram mobilizados para realizar a distribuição dos MILDA no terreno social. [258]Um total de 2.311.626 MILDA foram distribuídos às famílias em toda a região Centro entre abril e maio de 2016 pelo governo, com resultados mais ou menos satisfatórios em termos de taxas de cobertura das famílias. Em termos práticos, o processo de distribuição de MILDA pelo Estado foi efectuado em duas fases. A primeira decorreu de segunda-feira 18 a sábado 30 de abril de 2016 e foi exclusivamente dedicada aos "inquéritos de recenseamento" **(1)**, seguindo-se a segunda, de segunda-feira 16 a terça-feira 31 de maio de 2016, dedicada à distribuição efectiva dos MILDA **(2)**.

1. Fase de recenseamento dos agregados familiares (18-30 de abril de 2016)

A condição prévia para alcançar a "cobertura universal da população com MILDA" era a realização dos chamados inquéritos de "enumeração", através dos quais os agentes do MINSANTE eram enviados para o terreno para enumerar os agregados familiares que iriam receber um ou mais MILDA do Estado. [259]Por outras palavras, a distribuição "em massa" de MILDA aos agregados familiares era precedida de uma operação geral de recenseamento/sensibilização porta-a-porta por uma equipa de recenseamento. No domínio da saúde social do Centro-Camarões, esta operação decorreu entre 18 e 30 de abril de 2016, tendo os agentes do MINSANTE efectuado um recenseamento exaustivo dos agregados familiares antes de qualquer distribuição de MILDA. O processo de enumeração foi realizado porta a porta, com a entrega de cupões/tickets aos agregados familiares, seguida de uma breve sessão de sensibilização. A receção de um cupão/ticket por um agregado familiar era a condição *sine qua non para* receber um MILDA durante a distribuição. Consequentemente, os agregados familiares que não tivessem recebido um cupão/ticket não poderiam reclamar um MILDA no momento da distribuição. Tudo foi organizado de forma a garantir que a campanha de distribuição dos MILDA fosse o mais racional possível. A contagem propriamente dita consistiu em contar o número de pessoas que vivem permanentemente em cada agregado familiar. [260]No departamento de Mfoundi, ou seja, na cidade de Yaoundé, foram contadas cerca de

[257] O texto integral deste memorando de informação consta do anexo 4 do presente relatório.
[258] Dados fornecidos pela delegação regional de saúde pública do Centro.
[259] Ver o documento intitulado Camarões: enquete post campagne sur l'utilisation des moustiquares impregnees d'insecticide a longue duree d'action 2016/2017. Op. cit.. P. 72.
[260] Ler o texto intitulado "Supervisão da distribuição de redes mosquiteiras impregnadas de inseticida de longa duração (REMILDs) em seis distritos sanitários de Mfoundi", publicado em 21 de junho de 2016 no sítio Web do MINSANTE https://www.minsante.cm.

2.600.000 pessoas. Os cupões foram atribuídos aos agregados familiares após a contagem do número de membros que aí vivem e do número de espaços para dormir. A lógica era então a de um cupão para dois membros do mesmo agregado familiar.

[261]Globalmente, cerca de três quartos dos agregados familiares (76,9%) foram enumerados no final do processo. [262]Na cidade de Yaoundé, 68,5% dos agregados familiares foram enumerados, em comparação com 81,7% nos arredores. [281]Um estudo mostrou que, de uma amostra de 1 006 agregados familiares na cidade de Yaoundé, 628 tinham recebido um cupão entre 18 e 30 de abril de 2016. [282]O mesmo estudo mostrou que, de uma amostra de 491 agregados familiares no centro de Yaounde, sem Yaounde, 385 tinham recebido um cupão durante o mesmo período. Isto sugere que nem todos os agregados familiares na região Centro receberam cupões/tickets, que são a "chave" para aceder ao MILDA.

[283]De acordo com o relatório final publicado pelo MINSANTE, PNLP e INS em dezembro de 2017 sobre a campanha de MILDA 2015-2016, 32,7% dos agregados familiares em Yaoundé e 18,3% dos agregados familiares nas zonas periféricas do Centro não receberam um cupão/ticket em abril de 2016. Este facto constituiu um travão ao processo de distribuição "em massa" de MILDA, como veremos no parágrafo seguinte. Neste momento, o mínimo que se pode dizer é que existem várias razões pelas quais os agregados familiares da área social de saúde do Centro não estão a receber cupões. [o]Estas razões, bem como a percentagem de agregados familiares que não receberam cupões, podem ser vistas no seguinte quadro 17.

Quadro 17

Razões para a não receção de cupões/tickets pelos agregados familiares durante a campanha de recenseamento de 18 a 30 de abril de 2016 na região Centro

Razões invocadas	Percentagem de agregados familiares que não recebem um cupão em Yaoundé	Percentagem de agregados familiares que não recebem um cupão na região Centro (excluindo Yaoundé)
A equipa ficou sem cupões	3,9%	0,8%
Não estávamos em casa nessa altura	76,4%	60,2%
Recusámos	2,1%	0,0%

[261] Ver documento intitulado Cameroon: enquete post campagne sur l'utilisation des moustiquares impregnees d'insecticide a longue duree d'action 2016/2017. Op. cit.. p. 73.
[262] Ibid.
[281] Ibid.
[282] Ibid.
[283] Ibid.

Outros motivos	12,1%	24,2%

Fonte : compilado por 1 autor a partir de dados retirados do Relatório final, MINSANTE, PNLP, INSdedecembre 2017, Op. cit... p. 73.

Esta tabela mostra que houve várias razões pelas quais alguns agregados familiares não receberam cupões durante o processo de enumeração de 18 a 30 de abril de 2016. Em primeiro lugar, à chegada a alguns agregados familiares, a equipa de enumeração ficou sem cupões. 3,9% dos agregados familiares em Yaoundé e 0,8% dos agregados familiares no Centro, excluindo Yaoundé, não receberam cupões por este motivo. Em segundo lugar, quando a equipa de recenseamento chegou a algumas casas, os membros estavam ausentes por várias razões. 76,4% das casas em Yaoundé e 60,2% das casas nos arredores de Yaoundé não receberam cupões por esta razão. Alguns agregados familiares em Yaoundé (2,1%) recusaram-se sistematicamente a receber um cupão. Outras razões ligadas a constrangimentos sociais impediram alguns agregados familiares de receber cupões. As cotas são mais elevadas na Periferia do que em Yaoundé. Apresentá-las-emos no próximo capítulo da presente tese. O mínimo que se pode dizer neste momento é que a fase de recenseamento dos agregados familiares não foi um sucesso total, tendo em conta que alguns agregados familiares não tinham cupões/talões de rccи. [284]Um estudo empírico realizado em dezembro de 2017 na área geográfica do Centro-Camarões mostrou que, de uma amostra de 1.006 agregados familiares seleccionados aleatoriamente na cidade de Yaoundé, apenas 628 disseram ter recebido um bilhete entre 18-30 de abril de 2016 e 329 disseram não ter recebido um pelas razões apresentadas no quadro acima. Assim, 49 agregados familiares não se sentiram afectados pela campanha de recenseamento e, *a fortiori,* pela distribuição gratuita de MILDA, porque não tinham sido previamente sensibilizados pelo CCC. Por esta razão, não receberam quaisquer cupões. Isto explica por que razão, no conjunto de Yaoundé, a percentagem de agregados familiares contados entre 18 e 30 de abril foi de 68,5%, o que parece baixo se quisermos atingir uma "cobertura universal de MILDA", cuja percentagem é fixada em 80% pelo PNMC. No entanto, é de notar que no conjunto da região Centro (Yaoundé+periferia), 81,7% dos agregados familiares foram enumerados durante a campanha de abril de 2016, apesar dos casos de não receção registados. A fase de recenseamento foi seguida da distribuição de MILDA entre 16 e 31 de maio de 2016, o que constituiu um verdadeiro passo em frente na luta contra o paludismo.

2. A distribuição "em massa" efectiva de REMILDs (16-31 de maio de 2016)

Duas semanas após o fim da fase de contagem dos agregados familiares, o governo iniciou a distribuição "em massa" de MILDAs, uma verdadeira fase de intensificação da campanha. O objetivo da distribuição "em massa" era melhorar a disponibilidade e a utilização dos MILDA. [285]De acordo com as instruções do cupão, foi planeada a distribuição de um MILDA por cada duas pessoas em cada agregado familiar, arredondado para a unidade seguinte, dependendo do tamanho do agregado familiar. Este era o objetivo a atingir se as autoridades públicas quisessem assegurar a "cobertura universal da população com MILDA". Para o efeito, foram instalados "pontos de distribuição" de MILDA pelos agentes do MINSANTE em zonas abertas ao público. Cada agregado familiar, munido de um ou mais cupões, devia dirigir-se ao ponto de distribuição mais próximo para y recolher o(s) seu(s) MILDA(s). Mediante a apresentação de um cupão, cada agregado familiar tinha direito a receber um MILDA para duas pessoas - um para cada pessoa.

[284] Ler o documento intitulado Camarões: enquete post campagne sur l'utilisation des moustiquares impregnees d'insecticide a longue duree d'action 2016/2017. Op. cit... p. 73

[285] Ibid. p. 77.

por agregado familiar. [263]No total, foram efetivamente distribuídos 2 311 626 MILDA aos agregados familiares na zona geográfica do Centro-Camarões, dos 3 584 478 MILDA previstos, o que corresponde a uma taxa de cobertura universal de 64,4%, muito abaixo do objetivo fixado pelo PNCM, que deveria ter sido de 80% no final da operação. As razões deste fracasso serão analisadas mais adiante. O mínimo que se pode dizer neste momento é que, em comparação com as campanhas anteriores de distribuição de redes mosquiteiras pelo Estado (2003-2005 e 2005-2007), a taxa de cobertura com MILDA alcançada em 2016 na região pode ser considerada um verdadeiro sucesso, embora o objetivo final não tenha sido alcançado. Em termos concretos, no centro de Iaundê (Mfoundi), foram disponibilizados 1 432 511 MILDA aos agregados familiares, contra 879 115 MILDA nos 24 distritos periféricos. °A distribuição dos MILDA por distrito sanitário pode ser vista nos quadros 18 e 19 abaixo.

Quadro n.º 18

Número de MILDAs distribuídos nos distritos de Yaoundé pelo Estado em 2016

DISTRITOS SANITÁRIOS	NÚMERO DE MILDA DISTRIBUÍDOS
Biyem Assi	222.438
Cidade Verde	87.380
Djoungolo	440.256
Efoulan	90.000
Nkolbisson	162.223
Nkolndongo	430.214
TOTAL	**1.432.511 MILDA**

Fonte: elaborado pelo autor a partir dos dados da Delegação Regional de Saúde Pública do Centro

Este quadro mostra que o Estado disponibilizou vários MILDA às populações dos distritos sanitários de Yaoundé durante a distribuição massiva e gratuita de MILDA em 2016. Um total de 1.432.511 MILDA foram fornecidos aos agregados

[263] Dados obtidos junto da Delegação Regional da Saúde Pública do Centro.

familiares nos seis distritos de Yaoundé. Os distritos de Djoungolo, Nkolndongo e Biyem-Assi foram os que receberam o maior número de MILDAs, pelo simples facto de serem distritos sanitários "titânicos", com grande concentração populacional.

Quadro 19

Número de MILDAs distribuídos nos vinte e quatro distritos sanitários periféricos pelo Estado em 2016

N°	Distritos sanitários	Número de MILDAs distribuídos
1	**Akonolinga**	52.344
2	**Awae**	37.451
3	**Ayos**	36.278
4	**Bafia**	50.112
5	**Ebebda**	25.510
6	**Elig-Mfomo**	35.144
7	**Eseka**	47.338
8	**Esse**	25.231
9	**Evodoula**	25.444
10	**Mbalmayo**	52.123
11	**Mbandjock**	37.623
12	**Mbankomo**	42.027
13	**Mfou**	59.368
14	**Monatele**	44.569
15	**Nanga-Eboko**	49.604
16	**Ndikimineki**	24.112
17	**Ngong-Mapubi**	14.544
18	**Ngoumou**	39.000
19	**Ntui**	29.567
20	**Obala**	30.543
21	**Okola**	35.623
22	**Sa'a**	35.132
23	**Soa**	35.500
24	**Yoko**	14.928
	TOTAL	**879.115**

Fonte: elaborado pelo autor a partir dos dados da Delegação Regional de Saúde Pública do Centro

Estes dois quadros mostram que, entre 16 e 31 de maio de 2016, foram distribuídos 1.432.511 MILDA aos agregados familiares da cidade de Yaoundé, contra 879.115 aos dos arredores. Só o departamento de Mfoundi foi responsável por quase metade de todos os MILDA distribuídos na região Centro, o que é compreensível, uma vez que os distritos de Yaoundé são "distritos titânicos" com quase 400 000 habitantes nos distritos de Ndjoungolo, Nkolndongo e Biyem-Assi, ao contrário dos "distritos liliputianos" na periferia, alguns dos quais têm apenas 20 000 habitantes, como o distrito de Yoko. No total, foram distribuídas 2 311 626 REMILDs em toda a região Centro no final da operação, das 3 584 478 REMILDs efetivamente previstas. Isto significa que nem todas as pessoas que deveriam ter recebido um MILDA puderam tomar posse do precioso gergelim, uma vez que o objetivo de "cobertura universal" (80%) não foi atingido.

A razão dada pela maioria dos agregados familiares para não recolherem os seus MILDAs foi o facto de terem perdido os seus cupões. [264]"*No dia em que tive de ir ao ponto de distribuição para recolher as minhas REMILDs, não* consegui *encontrar o meu cupão,* não sabia *onde o tinha posto*" confidenciou um pai que vivia no bairro de Biyem-Assi. O cupão era tão pequeno e leve que era difícil para os agregados familiares guardá-lo. Além disso, não existia um "duplicado" que pudesse ser utilizado como prova em caso de perda do cupão original. Essa foi uma das principais limitações da distribuição em massa de MILDAs pelo governo em 2016. Alguns agregados familiares também mencionaram o problema da distância entre as suas casas e o ponto de distribuição e o tempo que demora a receber um MILDA no ponto de distribuição como razões para não o receberem. [265]Um inquérito mostrou que, nas zonas periféricas, as pessoas tinham de gastar uma média de 430 FCFA e, na cidade de Yaoundé, 218 FCFA para chegar ao ponto de distribuição. [266]Como resultado, 41,6% dos agregados familiares em Yaoundé e 23,5% dos agregados familiares nas zonas periféricas não receberam quaisquer MILDAs emitidos pelo Estado em 2016. O quadro 20 resume os resultados da distribuição em massa de MILDA no sector da saúde social no Centro-Camarões entre 16 e 31 de maio de 2016.

Tabela 20
Resultados da distribuição em massa de REMILDs em 2016 na região Centro

	Yaoundé	**Centro (exceto Yaoundé)**
Percentagem de agregados familiares que receberam pelo menos um MILDA	56,8%	75,6%
Percentagem de agregados familiares que não receberam um MILDA	41,6%	23,5%

[264] Entrevista com Etienne Nyemb, pai de uma família que vive no distrito de Biyem-Assi, em 13 de agosto de 2020.

[265] Ler o documento intitulado Camarões: enquete post campagne sur l'utilisation des moustiquares impregnees d'insecticide a longue duree d'action 2016/2017. Op. cit... p. 77.

[266] Ibid.

Número médio de MILDAs por agregado familiar	1,5	2,4
Percentagem de agregados familiares que receberam pelo menos um MILDA por cada duas pessoas que vivem habitualmente no mesmo agregado familiar	41,2%	47,4%
Percentagem de agregados familiares que recebem menos REMILDs do que o previsto	20,3%	24,5%
Percentagem de agregados familiares que recebem o número planeado de REMILDs	16,5%	18,1%

Fonte: compilado por 1 com base em dados do Relatório final, MINSANTE, PNLP, INSdedecembre 2017,Op. cit... p. 73.

Este quadro mostra que a campanha de distribuição "em massa" de MILDA pelo Estado em 2016 não foi um sucesso no que diz respeito à percentagem de agregados familiares que não tinham гссн MILDA (41,6% em Yaoundé e 23,5% na zona periférica), em termos de percentagem de agregados familiares que receberam pelo menos um MILDA (56,8% em Yaoundé e 75,6% nas zonas periféricas) e em termos de percentagem de agregados familiares que receberam pelo menos um MILDA por cada duas pessoas (41,2% em Yaoundé e 47,4% nas zonas periféricas). Parece também que a taxa de cobertura com MILDA era mais elevada na periferia do que em Yaoundé, uma vez que 41,6% dos agregados familiares em Yaoundé não receberam um MILDA em comparação com 23,5% na periferia. A maioria dos membros dos agregados familiares de Yaoundé disse que estava a trabalhar na altura da distribuição. Em suma, a taxa de cobertura universal dos MILDA na região Centro foi de 64,4%, muito abaixo do objetivo estabelecido pelo PNCM e pelo MINSANTE.

Em suma, em termos da sua intervenção no domínio social, o Estado parece ser o ator central no processo de distribuição de redes mosquiteiras na zona geográfica do Centro-Camarões. O Estado entrou neste processo em 2003, logo após a adoção do programa *Roll Back Malaria.* As primeiras campanhas de distribuição de mosquiteiros aos agregados familiares decorreram entre 2003 e 2007 e visavam principalmente as camadas da população mais vulneráveis ao paludismo, ou seja, as mulheres grávidas e as crianças com menos de cinco anos. Estas primeiras campanhas foram geralmente mal sucedidas. Para retificar a situação, o governo está a implementar uma campanha de distribuição em massa de REMILDs aos agregados familiares entre 16 de abril e 31 de maio de 2016, com resultados geralmente satisfatórios em termos de cobertura da população. Embora o papel central do Estado no processo de distribuição de redes seja claro, é de notar que, de acordo com a dinâmica "multissectorial", outros intervenientes estão envolvidos no processo.

Ponto 2: Distribuição gratuita de redes mosquiteiras pelas ONG e pelas elites políticas

Embora o Estado seja um ator central no processo de distribuição gratuita de MTIs/MILDAs aos agregados familiares, não monopoliza o processo. Outros actores estão envolvidos no processo de intensificação da luta moderna contra o paludismo através da distribuição gratuita de MTIs/MILDAs. Estes actores são as ONG **(A)** e as elites políticas **(B)**.

A- Distribuição gratuita de redes mosquiteiras pelas ONG

Com o objetivo de reforçar a luta moderna contra o paludismo na região Centro-Camarões, várias ONG locais entraram no processo de controlo dos vectores entre 2007 e 2011. Juntamente com o Estado, tornaram-se actores importantes no processo de distribuição de redes mosquiteiras. [267]Por outras palavras, durante este período de ação pública contra o paludismo, estes actores colectivos seguiram o caminho construído e traçado pelo Estado, distribuindo gratuitamente mosquiteiros a certos grupos de agregados familiares. Desta forma, complementam a ação do Estado, co-produzindo a ação pública de luta contra o paludismo. Para levar a cabo a sua "empresa" no domínio social, as ONG locais mobilizam e mobilizam recursos materiais. As mais visíveis são a "Associação Camaronesa de Marketing Social" (1) e a "Aliança para a Prevenção do Paludismo" **(2).**

1. Distribuição gratuita de redes mosquiteiras a pessoas vulneráveis na cidade de Yaoundé pela ACMS

[268]A Association Camerounaise pour le Marketing Social (ACMS) é uma ONG criada em 1996, com sede em Yaoundé e uma sucursal regional em Mballa II-Dragage. A ACMS é um ator importante na luta contra o paludismo na região central dos Camarões, nomeadamente em Yaoundé. Dispõe dos meios materiais e dos conhecimentos necessários para levar a cabo a sua ação, que consiste na distribuição de redes mosquiteiras impregnadas de inseticida "super moustiquaire" e de kits de impregnação "Bloc".

---

[267] Os actores colectivos referem-se a entidades jurídicas e continuam a ser designados por actores corporativos porque reúnem indivíduos que partilham um ponto de interesse comum. Para Patrick HASSENTEUFEL, os actores colectivos podem ser entidades administrativas, organismos governamentais, organizações políticas, grupos de interesse, comunidades de peritos, etc. Ver HASSENTEUFEL (P), Sociologie politique : l'action publique. Op. Cit... p. 172.

[268] Na sequência de um acordo de colaboração entre o Programa de Marketing Social nos Camarões (PMSC) e a Population Services International (PSI), da qual recebe assistência técnica e financeira. Ver www.infosdafrique.com.

Entre 2007 e 2010, a ACMS distribuiu gratuitamente redes mosquiteiras a mulheres grávidas, crianças com menos de cinco anos e crianças desfavorecidas na cidade de Yaoundé. A 10 de julho de 2007, a ACMS lançou a sua primeira campanha de distribuição gratuita dos seus "super mosquiteiros" às mulheres grávidas nos hospitais distritais de Yaoundé. [269]No final desta campanha, a 30 de julho de 2011, foram distribuídos 1500 super mosquiteiros a 1500 mulheres grávidas nos hospitais dos seis distritos sanitários de Yaoundé. Segundo o Sr. ETONO Pierre, membro da secção regional de Yaoundé da ONG, *"o objetivo desta campanha era puramente filantrópico.* [270]*O objetivo era proteger as mulheres grávidas hospitalizadas das picadas de mosquito".*

A segunda campanha de distribuição gratuita de "super mosquiteiros" e de kits de impregnação "Bloc" pela ACMS foi alargada aos agregados familiares com pelo menos uma criança com menos de cinco anos na cidade de Yaoundé. Esta campanha foi uma continuação da ação empreendida pelo Estado, que já tinha disponibilizado 281 Mil às crianças com menos de cinco anos em Yaoundé entre 2005 e 2007. [271] *"Esta campanha complementou a campanha do governo de janeiro de 2007"*, confirma o Sr. ETONO Pierre. [272]Entre 15 de janeiro de 2008 e 10 de fevereiro de 2008, a ACMS distribuiu "400 super mosquiteiros a 400 agregados familiares com pelo menos uma criança com menos de cinco anos".

Por último, a terceira campanha de distribuição de "super mosquiteiros" da ACMS destinava-se exclusivamente às crianças desfavorecidas da cidade de Yaoundé. [273]A 27 de agosto de 2010, a ACMS decidiu distribuir gratuitamente 2.000 redes mosquiteiras impregnadas de longa duração (REMILDs) em 24 centros de acolhimento de crianças desfavorecidas de Yaoundé e arredores. [274275]No mesmo dia, os membros da ACMS lançaram a semana "*Unidos contra o paludismo*" no "Foyer de I'esperance de Yaounde", fornecendo a este centro de reinserção social cerca de 200 REMILDs. [276]No final da semana de campanha, a 02 de setembro de 2010, tinham sido distribuídos exatamente 2.000 MILDA a 24 centros de reinserção social em Yaoundé e arredores.

Entre 2007 e 2010, a ACMS prosseguiu a luta contra o paludismo iniciada pelo governo em 2003, distribuindo "super mosquiteiros" e kits de impregnação "Bloc". Esta sequência de acções contra a malária foi alargada apenas às pessoas vulneráveis, ou seja, às mulheres grávidas, às crianças com menos de cinco anos e às crianças desfavorecidas. Através desta série de acções, a ACMS desempenha um papel importante ao lado do governo na intensificação da luta contra a malária.

[269] Dados fornecidos pela secção regional de Yaoundé do ACMS.
[270] Entrevista realizada pela ACMS em Yaoundé.
[271] Ibid.
[296] Ler o *Cameroon Tribune* de segunda-feira, 30 de agosto de 2010.
[297295]Trata-se de um centro de reabilitação para crianças da rua e da prisão situado no bairro de Dakar em Ibid.

Yaoundé e é atualmente dirigida pelo Padre Alfonso RUIZ.
[275] Ler o *Cameroon Tribune* de segunda-feira, 30 de agosto de 2010.
[276] Ibid. [295] Ibid.

Outra ONG trabalhará na mesma direção a partir de 2012.

2. Distribuição "em massa" de REMILDs por l'APP

A Aliança para a Prevenção da Malária (APP) é uma ONG que reúne mais de 40 parceiros, incluindo instituições governamentais, empresas privadas, organizações do sector privado e organizações religiosas e humanitárias. Cada um destes parceiros dá uma contribuição valiosa para a parceria, ajudando os países a atingir os objectivos do programa *Fazer Recuar a Malária* (RBM) através do aumento do número de pessoas que possuem e utilizam um MILDA. Na região Centro-Camarões, esta ONG participará na luta contra a malária a partir de segunda-feira, 2 de janeiro de 2012, com uma campanha de distribuição em massa de MILDA, conhecida como a campanha *"Hang-Up"*. De acordo com o chefe da divisão de saúde familiar da ACMS, que foi parceira nesta campanha, *"a campanha de suspensão da Aliança para a Prevenção do Paludismo foi um complemento à distribuição maciça de MILDA pelo Estado.* [277] *Este grupo de parceria interveio nos Camarões porque se apercebeu de que as autoridades públicas não tinham conseguido uma cobertura universal da população com MILDA"*. A campanha *"Hang-Up" surge na sequência da* distribuição maciça de MILDA pelo Estado e reforça a luta contra a malária na região Centro. Em termos práticos, a intervenção da APP no domínio da malária divide-se em duas fases: a fase de distribuição e a fase de suspensão dos MILDA.

[278] Entre 02 e 14 de janeiro de 2012, quase 2.281.583 MILDA foram distribuídos nos Camarões Centrais pela APP no âmbito da campanha *"Hang-Up"*. Esta campanha representa mais um passo no sentido de intensificar a luta contra a malária. O processo de distribuição dos MILDA foi misto, com a APP a criar pontos de distribuição e campanhas porta-a-porta. Na cidade de Yaoundé, a distribuição de MILDA aos agregados familiares foi efectuada através de pontos de distribuição após uma operação de recenseamento. Cada membro de um agregado familiar que se dirigisse a um ponto de distribuição líquido tinha de apresentar primeiro um cupão indicando o número de MILDA que iria receber. No final do processo, a 14 de janeiro de 2012, foram distribuídos 1.832.144 MILDA aos agregados familiares em Yaoundé.

Nas zonas periféricas, 1 APP distribuiu mosquiteiros aos agregados familiares utilizando a estratégia porta-a-porta. Os agentes comunitários de saúde (ACS) foram mobilizados nas diferentes zonas sanitárias para assegurar a distribuição de mosquiteiros no âmbito da política de "gestão domiciliária do paludismo" (PECADOM). Entre 2 e 14 de janeiro de 2012, os agregados familiares dos distritos sanitários periféricos receberam os MILDA dos ACS com stocks. A entrega dos MILDA aos agregados familiares foi efectuada após uma breve entrevista que durou cerca de quinze minutos. Durante esta entrevista, os ACS

[277] Entrevista com Jean-Christian YOUMBA, Chefe da Divisão de Saúde Familiar do ACMS, em 07 de fevereiro de 2022.

[278] Leia o relatório da missão dos Camarões sobre a campanha de suspensão de REMILDs em 27 de maio de 2012.

foram convidados a identificar as pessoas em risco de paludismo, o número de pessoas por agregado familiar, o número de espaços de dormir por agregado familiar e os casos de paludismo. Foi este o objetivo do PECADOM implementado pela l'APP nas zonas periféricas do Centro-Camarões entre 02 e 14 de janeiro de 2012. O processo de distribuição seguiu a lógica de um MILDA para cada duas pessoas que vivem no mesmo agregado familiar ou, em alternativa, um MILDA por espaço de dormir. Depois de os mosquiteiros terem sido distribuídos a um agregado familiar, foi colocada uma marca de giz na parede da casa, indicando que os membros desse agregado familiar já tinham sido visitados pelos ACS. Este procedimento foi utilizado nos distritos sanitários de Ntui e Yoko, onde se podia ver uma cruz de giz nas concessões que tinham recebido MILDAs da APP.
[279]No total, no domínio da saúde social do Centro-Camarões, a campanha *"Hang-Up" LLIN* permitiu distribuir cerca de 2.281.583 LLINs nos diferentes distritos sanitários, com uma taxa de cobertura de 85% (ou seja, foi alcançada uma cobertura universal). [303]Segundo Jean-Christian YOUMBA, *"o sucesso da campanha de suspensão de MILDA implementada pela aliança para a prevenção do paludismo deve ser procurado na estratégia mista que adoptou, ou seja, a abertura de pontos de distribuição nos centros de saúde e a distribuição porta-a-porta"*. A mobilização dos agentes comunitários de saúde para a distribuição porta-a-porta de MILDA foi particularmente benéfica para os agregados familiares das zonas rurais. De acordo com um homem local em Yoko, *"uma marca de giz era claramente visível em frente de cada casa depois de 14 de janeiro de 2012"*. Por outras palavras, todos os agregados familiares da cidade de Yoko foram alvo da entrega de redes mosquiteiras pelos ACS nas suas casas!
Como a maioria dos agregados familiares tem MILDA, a APP quis encorajar a sua utilização. Por este motivo, organizou uma campanha de "pendurar MILDA" em todos os distritos sanitários da região Centro. [er]De facto, duas semanas após a campanha "Pendurar", a APP organizou uma campanha de "pendurar MILDA" entre 1 e 15 de fevereiro de 2012 em toda a região Centro, com ênfase nas zonas periféricas. A campanha de suspensão foi organizada em resposta ao facto de os agregados familiares não estarem a utilizar, ou estarem a utilizar mal, os seus MILDA. De facto, vários ACS no terreno constataram que algumas famílias não conseguiam pendurar os MILDAs que tinham recebido do governo. De que serve organizar uma campanha de distribuição maciça de MILDA se as pessoas não sabem como os utilizar? A fim de racionalizar a luta contra os vectores, a APP considerou aconselhável levar a cabo uma campanha de suspensão de MILDA, na qual os trabalhadores da saúde iriam percorrer as casas para educar as massas.
[er]Entre 1 e 15 de fevereiro de 2012, 68 ACS por distrito sanitário percorreram os domicílios para pendurar os MILDAs. A demonstração foi efectuada nos agregados familiares cujos membros tinham dificuldade em pendurar um mosquiteiro. Equipados com clones e martelos, os ACS designados pelo PPA falaram primeiro

[279] Ibid.

com os chefes de cada agregado familiar antes de efectuarem a demonstração de suspensão. O objetivo da entrevista era -

[303] Entrevista com Jean-Christian YOUMBA, Chefe da Divisão de Saúde Familiar do ACMS, em 07 de fevereiro de 2022.

verificar se cada membro do agregado familiar dorme debaixo de uma rede mosquiteira ou, na falta desta, se todas as áreas de dormir estão cobertas por uma rede mosquiteira. Se os membros de um agregado familiar manifestassem alguma dificuldade em pendurar os seus MILDAs, os ACSs fá-lo-iam no local utilizando as ferramentas de suspensão à sua disposição. [er280]Desta forma, *"no distrito sanitário de Biyem-Assi, 106 agregados familiares beneficiaram da experiência dos ACS para poderem ver os MILDA pendurados nos seus quartos entre 1 e 15 de fevereiro de 2012".*

A inovadora campanha de enforcamento está a dar uma nova vida ao controlo dos vectores, "obrigando" as pessoas a dormir debaixo de uma rede mosquiteira. Antes do lançamento da campanha, muitos agregados familiares na região central dos Camarões não dormiam debaixo de um mosquiteiro, embora tivessem um. As famílias referiam a falta de tempo para pendurar os mosquiteiros e a dificuldade de efetuar a operação. Com a campanha *"Hang-Up"*, a APP está a pôr termo à "não utilização" dos MILDA. Este facto vai dar um novo impulso ao processo de intensificação da luta contra a malária. As elites políticas também foram envolvidas no processo de distribuição de redes mosquiteiras às famílias.

B- Distribuição gratuita de redes mosquiteiras pelas elites políticas

[281]As elites políticas são actores políticos, ou seja, actores que estão diretamente envolvidos na competição eleitoral para ocupar posições de poder a nível nacional e local. [282]Trata-se de representantes eleitos que estão fortemente envolvidos na configuração da ação pública local e que vivem "para" a política ou "da" política . [283]As eleições representam um recurso simultaneamente específico e decisivo para esta categoria de actores na definição da ação pública, sendo também um forte determinante das estratégias seguidas por estes actores no contexto das políticas públicas .

O período 2007-2011 também se caracterizou pela intrusão das elites políticas no domínio da malária na região Centro. Juntamente com as ONG, desempenharam um papel na intensificação da luta moderna contra a doença, começando pela aplicação do princípio "multissectorial". Beneficiando de um mandato da população local, as elites políticas da zona geográfica Centro-Camarões, em virtude da sua proximidade com a população, favorecem uma abordagem local das políticas de luta contra o paludismo. Desempenham um papel fundamental na

[280] Entrevista com um agente comunitário de saúde do distrito sanitário de Biyem-Assi que trabalhou para a l'APP entre 2012 e 2017, a 13 de fevereiro de 2021. O entrevistado preferiu manter o anonimato.
[281] Ler HASSENTEUFEL (P), Sociologie politique : l'action publique. Op. cit... p. 245.
[282] Ler WEBER (M), Le savant et le politique. Pion, 1959, p. 111.
[283] Ver HASSENTEUFEL (P), Ibidem, p. 245.
[308] Entrevista com o Sr. ANABA Philippe, antigo funcionário da Câmara Municipal de Yaoundé 6, em 22 de abril de 2020.

territorialização das políticas de luta contra o paludismo. Têm um conhecimento perfeito das necessidades e dificuldades da população e são capazes de adaptar a política de luta contra o paludismo às realidades da sua zona. Quando falamos de elites políticas, estamos a referir-nos a actores políticos como os executivos municipais e os deputados. As suas acções no domínio da luta antipalúdica só são visíveis durante os períodos eleitorais, razão pela qual são descritas como "estratégicas". Os eleitos locais utilizam dois tipos de recursos para ter um impacto significativo no território em que actuam: os recursos políticos e os recursos de tempo.

Entre 2007 e 2011, as elites políticas do centro dos Camarões participaram na luta contra o paludismo, seguindo o caminho traçado pelo Estado. Nesta sequência, a sua ação baseia-se essencialmente na distribuição de Millet aos mais necessitados. Para tornar esta ação plausível no terreno, utilizam os recursos políticos e temporais de que dispõem. Desta forma, aproveitam a sua posição de políticos (enquanto representantes eleitos) e o "momento" eleitoral para terem um maior impacto no campo social. Em vésperas de eleições, neste caso as eleições legislativas de 2007 e as eleições presidenciais de 2011, as elites políticas do Centro-Camarões doaram Milhas a certas unidades de saúde. Estas elites políticas são os executivos comunais **(1)** e os deputados **(2).**

1. Doação de redes mosquiteiras às unidades de saúde pelas autoridades locais

As autoridades comunais da região Centro têm vindo a interferir no processo de distribuição de painço desde 2007, por ocasião da Seleção Municipal. Utilizam tempo e recursos políticos para implementar esta política de distribuição de painço à população local. A sua ação é, portanto, essencialmente estratégica, na medida em que calculam o momento eleitoral para se implantarem no terreno. A sua posição de eleitos locais predispõe-nos também a trabalhar mais de perto com a população local e a ter um impacto considerável sobre ela. Na comuna de Yaounde sixieme, por exemplo, o Sr. Robert Atangana distribuiu Mil aos hospitais do distrito sanitário de Biyem-Assi nos dias 18, 19, 20 e 21 de julho de 2007. O paludismo está a tornar-se um tema de campanha eleitoral sobre o qual os políticos estão a tentar conquistar os eleitores.

O Sr. Robert Atangana distribuiu duzentos (200) mosquiteiros a vinte (20) centros de saúde do distrito sanitário de Biyem-Assi, segundo o relato de um antigo funcionário da Sexta Câmara Municipal de Yaoundé: *"Na véspera das eleições municipais, o presidente cessante da Câmara, Robert Atangana, colocou duzentos mosquiteiros à disposição de vinte centros de saúde do distrito de Biyem-Assi para proteger os doentes destes centros das picadas de mosquitos.* [308]*A operação foi bem acolhida pelos directores dos centros de saúde*". No final da operação de distribuição, em 21 de julho de 2007, foram fornecidas vinte unidades sanitárias com redes mosquiteiras, como mostra o quadro 21 abaixo.

Quadro 21

Doação de Mil para as unidades sanitárias da comuna de Yaoundé 6 pelo Presidente do CPDM, Robert ATANGANA

Data de distribuição	Formação no domínio da saúde	Número de Mil distribuídos
18/07/2007	Enfermaria da Guarda Presidencial	10
18/07/2007	HD de Biyem-Assi	10
18/07/2007	Clínica Biyem-Assi	10
18/07/2007	Complexo médico sota	10
19/07/2007	Prática de cuidados de saúde em Alma Ata	10
19/07/2007	Enfermaria do Campo Yepyap	10
19/07/2007	Centro de saúde do bem-estar	10
19/07/2007	Centro de saúde da diferença	10
19/07/2007	Gabinete de cuidados de saúde Marc Vivien FOE	10
20/07/2007	Gabinete de cuidados de saúde São José	10
20/07/2007	Centro de Saúde da Caridade	10
20/07/2007	Centro de Saúde Confiança Mais	10
20/07/2007	Gabinete de cuidados de saúde de Teresa	10
21/07/2007	Centro de saúde Jesus Care	10
21/07/2007	Gabinete de cuidados de saúde	10
27/07/2007	Lar de idosos Sainte Marie Elisabeth	10
21/07/2007	Prática de cuidados de saúde Accacia	10
21/07/2007	Gabinete de cuidados de saúde St Michel	10
21/07/2007	Desempenho da C.S.	10
21/07/2007	O gabinete de cuidados de saúde reconforta mais	10
TOTAL	**20**	**200**

Fonte: compilado pelo autor a partir de dados fornecidos pelo Sr. ANABA Philippe, antigo funcionário da Câmara Municipal de Yaoundé 6.

Os mosquiteiros foram distribuídos por um grupo de dez jovens recrutados e pagos pelo Presidente cessante da Câmara. Esta ação social do Sr. Robert ATANGANA, longe de ser um ato de humanismo, era essencialmente estratégica porque se inscrevia na sua campanha eleitoral e na do CPDM. Para ele, tratava-se de seduzir o pessoal médico, bem como a população em geral, que via nele um homem magnânimo que iria manter as rédeas da Sexta Comuna de Yaoundé por mais um mandato. Assim, podemos facilmente afirmar que foi com base no seu envolvimento na luta contra os vectores que Robert ATANGANA foi reeleito Presidente do CPDM da Sexta Comuna de Yaoundé no final da Seleção Municipal de 22 de julho de 2007.

Além disso, um outro ator político fez-se notar na comuna de Yaoundé premier, por ocasião da Selection municipale, doando Mil para instalações sanitárias. Trata-se de Emile ANDZE-ANDZE, que fez da luta contra o paludismo um dos seus temas de campanha para as eleições de 22 de julho de 2007. A sua posição de eleito local e de presidente da câmara cessante permitiu-lhe ser mais ativo no domínio social. Aquando da distribuição de redes mosquiteiras nas unidades sanitárias, mobilizou recursos políticos e de tempo. Concretamente, o Sr. Emile ANDZE-ANDZE distribuiu trezentos mosquiteiros em quinze centros de saúde do distrito de Djoungolo nos dias 17, 18 e 19 de julho de 2007. A operação foi possível graças a um grupo de nove jovens destacados para os principais centros de saúde do distrito de Yaoundé I. Os jovens, que não eram estudantes, viviam nos bairros de Etoudi, Mballa II e Ndjoungolo. [o] A distribuição foi efectuada por centro de saúde, de acordo com o quadro 22 seguinte.

Quadro 22

[er]Doação de Mil para instalações de saúde em Yaoundé l pelo presidente do CPDM,

Emile ANDZE ANDZE

Data da dádiva	Formação no domínio da saúde	Número de Mil distribuídos
17/07/2007	EPC Hospital de Djoungolo	30
17/07/2007	Hospital do Jamot	40
17/07/2007	HD D'Olembe	30
18/07/2007	Vitória do Nyom 2	10
18/07/2007	Centro médico humanitário de Elig-Dzoa	15
18/07/2007	Dispensário católico de Nkoleton	20
18/07/2007	Etoudi CMMR	20
18/07/2007	C.S notre dame d'Emana	20

19/07/2007	Localidade de Mballa II	20
19/07/2007	Clínica Bastos	30
19/07/2007	Dispensário Adventista	20
19/07/2007	Emana CSI	15
19/07/2007	Centro de Saúde Social	10
19/07/2007	CS la rosee	10
19/07/2007	CS perseverança	10
Total	**15**	**300**

Fonte: compilado pelo autor com base nos dados fornecidos pelo Sr. ELEMVA'A Bertrand, que foi um dos jovens estudantes envolvidos no processo de distribuição do Mil lançado pelo Presidente da Câmara, Sr. ANDZE.

Os mosquiteiros foram distribuídos sob a forma de donativos por nove jovens recrutados para o efeito. Uma caixa de mosquiteiros plastificados foi entregue aos directores ou responsáveis das unidades sanitárias visadas. O Sr. Bertrand ELEMVA'A descreveu o processo de distribuição nos seguintes termos

"Éramos nove no total, em três grupos de três pessoas cada. As redes foram doadas nos dias 18, 19 e 20 de julho de 2007. Todas as manhãs, por volta das oito horas, íamos à câmara municipal buscar caixas de mosquiteiros e depois íamos às unidades de saúde alvo para os doar. [309]Levávamos crachás onde se lia 'Comuna de Yaoundé I, doação do Sr. Emile Andze'" .

A doação do Sr. ANDZE-ANDZE aos centros de saúde foi uma operação puramente eleitoral, tendo em conta o momento do seu lançamento. [er]Este ator político estava em campanha eleitoral e sabia muito bem que o paludismo era uma preocupação importante para a população do 1° distrito de Yaoundé e que os centros de saúde não estavam muito bem equipados com Mil. Não podendo satisfazer todas as unidades sanitárias do distrito, o político do CPDM escolheu as mais importantes para doação. Longe de ser uma ação humanista ou humanitária, a doação de UM pelo Sr. ANDZE-ANDZE foi essencialmente "estratégica". [er]A sua reeleição como chefe do executivo municipal do distrito de Yaoundé 1 foi, em parte, o resultado deste ato estratégico.

Nas zonas rurais da região, vários políticos também centraram as suas campanhas eleitorais na luta contra o paludismo, tanto durante as eleições autárquicas de 2007 como durante as eleições presidenciais de 2011. Na comuna rural de Ntui, o CPDM, liderado pelo Sr. Jerome ONDOBO MONO, procedeu à distribuição de MUs no meio do mercado de Ntui aos comerciantes que lá se encontravam e ao hospital distrital a 18 de julho de 2007, na véspera das eleições municipais. O pretexto para esta distribuição foi o elevado número de casos de malária no distrito sanitário de Ntui. Como a zona é arborizada, as pessoas estão constantemente expostas a picadas de mosquito. Embora este fosse o motivo óbvio, é de notar que a distribuição do Mil aos co-incineradores e aos trabalhadores da saúde de Ntui tinha também um motivo latente, o de renovar o CPDM à frente do executivo municipal do distrito de Ntui. Na realidade, tratava-se de uma ação "estratégica" tendo em conta o "momento" escolhido para a distribuição do Mil. Esta abordagem estratégica continuou em 2011, durante a campanha para as eleições presidenciais.

Em setembro de 2011, redes mosquiteiras embrulhadas em plástico com o logótipo do CPDM foram distribuídas às famílias das comunas rurais de Ntui, Ngambe-Tikar e Yoko. A distribuição foi efectuada por um grupo de jovens do OJRDPC de Mbam-et-kim em casas situadas à beira da estrada. Os destinatários foram lembrados de cada vez que se tratava de um presente do CPDM. A operação foi pilotada pelos executivos municipais das comunas acima mencionadas. A partir deste ponto, já podemos constatar a estreita ligação entre as eleições e a distribuição ou doação de mosquiteiros à população.

2. Doação de redes mosquiteiras pelos deputados

A partir de 2007, à medida que as eleições se aproximavam, vários actores políticos utilizaram a malária para construir as suas campanhas eleitorais com o objetivo de ganhar os votos da população. Este fenómeno político é muito mais visível durante as eleições locais, como as eleições legislativas e municipais. [284]No departamento de Mfoundi, tal como na cidade de Yaoundé, forma-se um verdadeiro "sistema de ação" no processo de implementação da ação pública de luta contra o paludismo, com a entrada em cena de elites políticas que são executores de facto ou oficiosos. Yves MENY e Jean-Claude THOENIG escrevem que :

[285]"a execução estrutura um campo de ação em que intervêm numerosos actores, tanto aqueles a quem a tarefa de execução é formalmente confiada - por exemplo, os serviços externos do Estado - como os actores mais distantes, em princípio não envolvidos, mas que são mobilizados porque a execução representa um desafio para eles ou para os seus representantes" .

As elites políticas da região Centro em geral, e do departamento de Mfoundi em particular, pertencem à categoria de actores "distantes", porque estão esporadicamente envolvidos no domínio do paludismo.

Na véspera das eleições legislativas de 22 de julho de 2007, os hospitais distritais de Biyem Assi e Cite-Verte receberam uma grande doação de kits de controlo da malária dos vários candidatos parlamentares. Os kits incluem redes mosquiteiras, insecticidas, medicamentos e TPI para mulheres grávidas. As palavras do supervisor geral do hospital distrital de Biyem-Assi são esclarecedoras: *"Em 2007, este hospital recebeu donativos dos candidatos parlamentares. [286]Estas incluíam caixas de medicamentos, insecticidas e redes mosquiteiras".* Para além do seu carácter humanitário, a ação das elites Mfoundi é essencialmente estratégica e mesmo utilitária, uma vez que o objetivo último é a reeleição, daí a mobilização de recursos temporais que lhes permitem agir apenas durante o período eleitoral. Os deputados Vincent de Paul EMAH ETOUNDI e Paul-Eric DJOMGOUE foram parcialmente reeleitos deputados com base na utilização deste recurso. Do mesmo modo, no início da campanha eleitoral para as eleições presidenciais de 2011,

[284] Um sistema de ação corresponde à estrutura de implementação tal como foi concebida pelo sociólogo alemão Ranate MAYNTZ. Corresponde a um conjunto de relações estabelecidas entre os actores no momento da implementação no terreno.

[309] Entrevista realizada em 22 de abril de 2022 com Bertrand Elemva'a, um dos jovens estudantes envolvidos na distribuição de redes mosquiteiras lançada pelo Sr. Andze em 18, 19 e 20 de julho de 2007.

[285] Ver MENY (Y) e THOENIG (J-C), Politiques publiques. Op. cit... pp. 253-254.

[286]Entrevista com o supervisor geral do hospital distrital de Biyem-assi em 3 de fevereiro de 2021.

vários deputados da região Centro utilizaram temas relacionados com o paludismo para conquistar o eleitorado. A figura mais emblemática e carismática deste exercício foi Marie-Rose NGUINI EFFA, deputada por Mefou-et-Akono. A sua posição de presidente da "rede de deputados, populações e desenvolvimento" e de membro da "associação das mulheres dinâmicas dos Camarões" confere-lhe "autoridade" na luta contra as epidemias nas mulheres grávidas e nas crianças com menos de cinco anos. Distribuiu Mils a esta camada social na cidade de Ngoumou a 6 de outubro de 2011, três dias antes das eleições presidenciais. O momento escolhido por este ator político foi estratégico: o objetivo era seduzir os eleitores a votarem no CPDM.

Nas zonas rurais, a questão da luta contra o paludismo foi também posta em cima da mesa durante a campanha para as eleições presidenciais de 2011. O mosquiteiro tornou-se então um instrumento de sedução para o eleitorado, pois através dele, os partidos conseguiram ganhar a simpatia do eleitorado. A 07 de outubro de 2011, o Sr. Pierre MGBATOU, considerado o "porta-voz" dos jovens de Mbam-et-Kim, doou 700 redes mosquiteiras, que foram distribuídas às famílias da cidade de Ntui. As populações desta zona geográfica viram este ato como um "gesto" de magnanimidade por parte do CPDM. Mas a operação era muito mais estratégica do que humanitária. Em primeiro lugar, o deputado Pierre MGBATOU, que gozava de uma forte posição social e política, era estrategicamente a pessoa mais indicada para levar a cabo uma tal ação. Em segundo lugar, era necessário esperar pelo período eleitoral e, além disso, pela campanha eleitoral para fazer doações de redes mosquiteiras à população. O problema da malária foi cooptado pelas elites políticas para fins eleitorais.

Em suma, as ONG e as elites políticas participam, à sua maneira, no processo de distribuição de mosquiteiros às famílias. De certa forma, complementam a ação do Estado, que ocupa uma posição central neste processo. ONG como a ACMS e a APP intensificam a luta contra a malária através do seu "ativismo terapêutico". As elites políticas também estão envolvidas no processo de institucionalização da luta contra o paludismo através das suas várias acções no período que antecede as eleições. Assim, a partir de 2007, os executivos municipais e os deputados envolveram-se na luta contra o paludismo através da distribuição de redes mosquiteiras à população.

Em conclusão, a partir de 2002, a trajetória da luta contra o paludismo na zona geográfica do Centro-Camarões sofreu uma forte bifurcação devido a mudanças endógenas e exógenas neste subsistema. A nível endógeno, é a participação de novos actores no domínio da luta contra o paludismo que impulsiona a dinâmica da mudança. [287][288]No plano exógeno, foi a adoção pelas Nações Unidas dos

[287] A luta contra a malária em África é objeto de grande atenção.

[288] Trata-se do programa "Roll Back Malaria", que tem por objetivo erradicar o paludismo a curto prazo. Foi criado em 1998, por iniciativa da Dra. Gro Harlem Brundland, e é um consórcio que inclui o Banco Mundial, o PNUD, a UNICEF e a OMS. Foi aprovado nos Camarões em 2000 e o seu comité começou a funcionar efetivamente em 29 de julho de 2002, na sequência da decisão N°0334/MPS/CAB. Para mais pormenores, ver

Objectivos de Desenvolvimento do Milénio (ODM) e a aprovação pelas autoridades camaronesas do programa "*Roll Back Malaria*" que deram um novo impulso à luta contra o paludismo. Em termos concretos, a partir de 2002, a luta contra o paludismo tornou-se mais dura e obedece agora a uma dinâmica multi-actores, dada a adoção do princípio da "multissectorialidade". Os métodos tradicionais utilizados antes da aplicação deste princípio estão a dar lugar a métodos modernos. O resultado foi uma mudança institucional importante. [289]Esta mudança é, de facto, impulsionada por um vasto leque de actores, ao longo de um vasto leque de períodos assíncronos, e por um vasto leque de processos sociais, também assíncronos, que afectam diferentes dimensões ou aspectos das instituições ou dos processos de institucionalização. A luta contra o paludismo está a sofrer uma *reconversão institucional,* ou seja, os novos actores envolvidos no domínio do paludismo desde 2002 estão a reorientar a luta contra esta doença para novos mandatos, novos objectivos, novos desafios e novas funções. A luta contra a malária baseia-se atualmente em novos métodos, práticas e técnicas administrativas. Estes estão a ser postos em prática no domínio social, através do reforço da comunicação para mudar o comportamento das pessoas, do aumento do poder das autoridades públicas e da distribuição gratuita de redes mosquiteiras. Uma nova *conceção* e novos guiões cognitivos estão assim associados à luta contra a malária.

Os actores que impulsionam a mudança e a intensificação da luta contra o paludismo na zona geográfica dos Camarões Centrais são indivíduos e grupos. Mobilizam instrumentos de ação pública e recursos para dar um novo significado à luta contra o paludismo e para desenvolver acções significativas no plano social. Assim, a vasta campanha de sensibilização dos agregados familiares no âmbito do CCC, a tomada de decisões públicas e a distribuição gratuita de MILDA são as novas "políticas" de luta contra o paludismo implementadas na região Centro e encorajadas pela OMS e pelo PSNLP. Em todos estes processos, o Estado mantém o monopólio e é o ator central e dominante.

CONCLUSÃO DA PRIMEIRA PARTE

A luta contra o paludismo na região Centro-Camarões foi institucionalizada através de uma sequência de acções cuja trajetória conheceu pontos de bifurcação entre 1919 e 2020. Podem ser identificadas duas fases principais no processo de institucionalização da luta contra o paludismo: 1919-2002 e 2002-2020. Entre 1919 e 2002, a luta contra o paludismo na área geográfica do Centro-Camarões foi marcada pela utilização privilegiada de métodos tradicionais. Durante o período colonial, ou seja, de 1919 a 1960, a luta contra o paludismo caracterizou-se pela intervenção privilegiada de actores não especializados e pela forte presença de práticas tradicionais e proféticas. Os médicos militares franceses tiveram o

MOULIOM MOUNGBAKOU (LB), Op. cit... pp. 137-157.

[289] Ver DEMAILLY (L), GIULIANI (F) e MAROY (C), "Le changement institutionnel: processus et acteurs", p. 3.

privilégio de intervir no domínio do paludismo, entre 1919 e 1950, e implementaram uma medicina dita "ofensiva itinerante", tanto no domínio da prevenção como no do tratamento. A força física foi utilizada para obrigar as populações locais a receberem cuidados de saúde modernos. Mas com o advento dos movimentos de emancipação, por volta dos anos 50, e o crescimento exponencial da população local, a medicina militar francesa foi relegada para segundo plano, em favor da medicina tradicional e profética. Nesta altura, a luta contra o paludismo conheceu a sua primeira bifurcação desde 1919. As populações locais utilizam agora terapias locais e ritos tradicionais para combater o paludismo. Para as populações indígenas, a descolonização dos Camarões significava a descolonização do seu sistema de saúde. As práticas tradicionais e proféticas substituíram a medicina militar, dirigida por não especialistas, até 1960, altura em que a luta contra o paludismo foi ligeiramente modernizada.

Entre 1960 e 2002, a luta contra o paludismo modernizou-se ligeiramente com a chegada de profissionais de saúde e a relativa racionalização da medicina tradicional. A profissionalização da luta contra o paludismo reflecte-se nas "reformas de gestão" do sistema de saúde nos Camarões Centrais. Estas reformas conduziram à criação de hospitais de referência, de uma grande escola de medicina e de distritos sanitários. Os hospitais e os médicos tornaram-se os principais actores do sistema institucional de luta contra o paludismo, e os leigos, que antes estavam envolvidos, foram marginalizados. [290]O resultado é uma situação de mudança institucional que Kathleen THELEN ilustra utilizando o conceito de "*camadas institucionais*".

Além disso, no âmbito deste processo de ligeira modernização da luta contra o paludismo, a medicina tradicional, outrora considerada um método arcaico, ressurgiu e tornou-se relativamente racionalizada por volta de 1990. Com a ratificação da Declaração de Alma Ata pelo Estado dos Camarões e a emissão de certificados provisórios para a prática da medicina tradicional a certos ervanários, a medicina tradicional adquiriu um carácter "legal". Este mecanismo de reprodução e readaptação das instituições anteriores nas políticas do presente corresponde ao que Paul PIERSON designa por "path *dependence*". Deste ponto de vista, os processos de desenvolvimento institucional na luta contra o paludismo, iniciados em 1960 na região Centro-Camarões, estão sujeitos aos constrangimentos impostos pelas regiões escolhidas anteriormente. Daí a "inércia institucional" que perpetuou a medicina tradicional apesar das dinâmicas de mudança institucional e de modernização da luta contra o paludismo. Por conseguinte, a modernização da luta contra o paludismo iniciada entre 1960 e 2002, em vez de ser completa, é relativa, ligeira e limitada. Foi preciso esperar por 2002 para assistir a uma verdadeira mudança na dinâmica da institucionalização da luta moderna contra o paludismo. De facto, com a adoção do programa "*Roll Back* Malaria" em 2002, a luta moderna

[290]Ver THELEN (K), "Comment les institutions evoluent perspectives d'analyse comparative historique", Op. cit.. p. 30.

contra a doença foi intensificada e reforçada, pondo definitivamente termo aos métodos tradicionais de luta contra o paludismo.

De facto, a partir de 2002, a trajetória da luta contra o paludismo na zona geográfica do Centro-Camarões sofreu uma forte bifurcação devido a mudanças endógenas e exógenas neste subsistema. A nível endógeno, é a participação de novos actores no domínio da luta contra o paludismo que impulsiona a dinâmica da mudança. [291][292]No plano exógeno, foi a adoção pelas Nações Unidas dos Objectivos de Desenvolvimento do Milénio (ODM) e a aprovação pelas autoridades camaronesas do programa *"Roll Back Malaria"* que deram um novo impulso à luta contra o paludismo. Em termos concretos, a partir de 2002, a luta moderna contra o paludismo tornou-se mais dura e passou a obedecer a uma dinâmica multi-actores, tendo em conta a adoção do princípio da "multisectorialidade". Os métodos tradicionais que tinham sido utilizados antes da aplicação deste princípio deram lugar a métodos modernos. O resultado é uma mudança institucional importante. [293]Esta mudança pode ser provocada por um vasto leque de actores, em momentos diferentes e assíncronos, e por diferentes processos sociais, também assíncronos, que afectam de forma diferente diferentes dimensões ou aspectos das instituições ou dos processos de institucionalização. A luta contra o paludismo está a sofrer uma *reconversão institucional,* ou seja, os novos actores envolvidos no domínio do paludismo desde 2002 estão a reorientar a luta contra esta doença para novos mandatos, novos objectivos, novos desafios e novas funções. A luta contra a malária baseia-se atualmente em novos métodos, práticas e técnicas administrativas. Estes estão a ser postos em prática no domínio social, através do reforço da comunicação para mudar o comportamento das pessoas, do aumento do poder das autoridades públicas e da distribuição gratuita de redes mosquiteiras. Uma nova *conceção* e novos guiões cognitivos estão assim associados à luta contra a malária.

Os actores que impulsionam a mudança e a intensificação da luta contra o paludismo na zona geográfica dos Camarões Centrais são indivíduos e grupos. Mobilizam instrumentos de ação pública e recursos para dar um novo significado à luta contra o paludismo e para desenvolver acções significativas no plano social. Assim, a vasta campanha de sensibilização dos agregados familiares no âmbito do CCC, a tomada de decisões públicas e a distribuição gratuita de MILDA são as novas "políticas" de luta contra o paludismo implementadas na região Centro e encorajadas pela OMS e pelo PSNLP. Em todos estes processos, o Estado mantém o monopólio e é o ator central e dominante.

---

[291] A luta contra a malária em África é objeto de grande atenção.

[292] Trata-se do programa "Roll Back Malaria", que tem por objetivo erradicar o paludismo a curto prazo. Foi criado em 1998, por iniciativa da Dra. Gro Harlem Brundland, e é um consórcio que inclui o Banco Mundial, o PNUD, a UNICEF e a OMS. Foi aprovado nos Camarões em 2000 e o seu comité começou a funcionar efetivamente em 29 de julho de 2002, na sequência da decisão N°0334/MPS/CAB. Para mais pormenores, ver MOULIOM MOUNGBAKOU (LB), Op. cit... pp. 137-157.

[293] Ver DEMAILLY (L), GIULIANI (F) e MAROY (C), "Le changement institutionnel: processus et acteurs", Op. cit... p. 3.

Importa, no entanto, sublinhar que o processo de institucionalização da luta global contra o paludismo, iniciado em 1919 durante o período colonial e reforçado em 2002, sofreu vários reveses. De facto, vários constrangimentos pontuam este processo na região Centro, dificultando o equilíbrio das dinâmicas de mudança e conduzindo a períodos de grande rutura. Por conseguinte, o processo de institucionalização da luta moderna contra o paludismo teve efeitos ambivalentes nesta zona geográfica.

Parte II

Uma dinâmica de institucionalização marcada por um "equilíbrio pontuado" e que conduz a efeitos ambivalentes

A dinâmica da institucionalização da luta contra o paludismo no domínio social e da saúde no Centro-Camarões é marcada por numerosas tribulações. Um longo período de equilíbrio estável no estabelecimento do modelo de sistema de controlo do paludismo, como descrito nos capítulos anteriores, é seguido por curtos períodos de mudança radical, que pontuam o equilíbrio da dinâmica de mudança que começou com o período colonial em 1919. Frank BAUMGARTNER e Briand D. [320][321]JONES ilustram esta realidade utilizando o conceito de "equilíbrio *pontuado*". [322]De acordo com a intuição inicial destes dois autores, as políticas públicas caracterizam-se historicamente por longos períodos de estabilidade pontuados por curtos períodos de mudança radical. De um ponto de vista heurístico, o modelo de equilíbrio pontuado visa explicar por que razão as políticas públicas tendem a registar longos períodos de estabilidade, pontuados por períodos abruptos de mudança radical. Estas mudanças radicais constituem constrangimentos à dinâmica da institucionalização de uma política pública.

Na região Centro-Camarões, embora a dinâmica da institucionalização da luta contra o paludismo se tenha mantido estável durante muito tempo, é de salientar que esta dinâmica gradual e linear de mudança está também sujeita a períodos de mudança abrupta que travam o equilíbrio procurado neste processo. Por outras palavras, o equilíbrio da dinâmica de institucionalização do modelo de luta contra o paludismo é constantemente pontuado quando as imagens e os locais das políticas sofrem alterações radicais. Na área geográfica do Centro, são os diferentes jogos e interacções entre os actores institucionais e a cultura das populações que pontuam constantemente o equilíbrio da institucionalização do modelo de luta contra o

[320] Ler BAUMGARTNER (ER) e JONES (B.D), Agendas and Instability in American Politics. Chicago, IL: The University of Chicago Press.
[321] Baumgartner e Jones encontraram o nome do seu modelo, equilíbrio pontuado, numa teoria da paleontologia que rejeitava o gradualismo, a teoria segundo a qual as espécies evoluem lentamente através de sucessivas mutações ligeiras. Tal como os seus colegas paleontólogos, Baumgartner e Jones opunham-se a uma visão linear da revolução dos sistemas. Assim, desenvolveram um modelo explicativo que põe em causa o facto de as políticas evoluírem apenas de forma regular e gradual. Ler MASSE (J M), *"Introduction au modele de I'equilibre ponctue: un modele pour comprendre la stabilite et les changements radicaux en politiques publiques"*, Montreal, Quebec: National Collaborating Centre for Healthy Public Policy, 2018, p. 2.
[322] Ibid., p. 1.

paludismo, constituindo assim fortes atribulações a esta dinâmica **(capítulo 1).** Consequentemente, o processo de institucionalização da luta contra o paludismo, iniciado em 1919, produziu efeitos ambivalentes no campo social **(capítulo 2).**

Capítulo 3
As tribulações da dinâmica de institucionalização da luta moderna contra o paludismo

O processo de institucionalização da luta contra o paludismo na região centro-camaronesa é cheio de atribulações. [323]De acordo com Daniel KUBLER e Jacques DE MAILLARD , qualquer política pública, quando é implementada, encontra 'retrocessos' ou dificuldades que a impedem de se institucionalizar na arena social. Escrevem que "uma política nunca é implementada no vazio; entra num contexto caracterizado por problemas, estruturas e constrangimentos que lhe são anteriores, o que provoca reacções em contrapartida. Estas reacções, por sua vez, influenciam as actividades dos executores. [324]A implementação é assim vista como um processo dinâmico marcado por um ir e vir". Assim, de acordo com os dois professores de ciência política, quando uma política pública está a ser implementada, está sujeita a "constrangimentos", que se referem a tudo o que pode provocar "feedback" e que enviesam ou influenciam significativamente as acções dos implementadores, dificultando a tradução de uma política em acções concretas. É a partir deste momento que o processo de institucionalização de uma política pública passa por atribulações de vários tipos.

No contexto deste trabalho, o termo "tribulações" refere-se a "constrangimentos", ou seja, a qualquer dificuldade ou vicissitude de carácter institucional e social que pontue o equilíbrio da dinâmica da institucionalização da luta moderna contra o paludismo na zona geográfica do Centro-Camarões. Para melhor analisar estas atribulações, mobilizaremos duas abordagens metodológicas do neo-institucionalismo, nomeadamente o neo-institucionalismo da escolha racional e o neo-institucionalismo sociológico. [325]Porque o neo-institucionalismo da escolha racional se baseia na ideia de que a ação pública, tal como a ação humana, se explica pelas estratégias dos indivíduos que procuram maximizar o seu interesse pessoal, ele permitir-nos-á demonstrar como as interacções estratégicas entre as instituições de saúde e os actores que as incitam constituem fortes atribulações à dinâmica de institucionalização do modelo de luta contra o paludismo. [326] O neo-institucionalismo sociológico permitir-nos-á demonstrar que as "convenções

[323] Ver KUBLER (D) e DE MAILLARD (J), Op. cit... p. 73.
[324] Ibid. p. 73.
[325] Ler HALL (P.A) e TAYLOR ROSEMARY (C.R), "Political science and the three neo-institutionalisms", Op. cit... pp. 476-481.
[326] Ibid. pp. 481-486.

sociais", os "guiões cognitivos" e os "códigos culturais" partilhados pelos membros do espaço geográfico do Centro-Camarões constituem tribulações à dinâmica da implementação do modelo de luta contra o paludismo.

As linhas seguintes serão dedicadas a uma análise das tribulações que pontuam a dinâmica da institucionalização do controlo moderno do paludismo na região Centro-Camarões. Assim, destacaremos as tribulações institucionais que conduzem à 'complexidade institucional', por um lado **(Secção 1),** e as tribulações socioculturais e territoriais que conduzem à 'complexidade territorial e social', por outro **(Secção 2).**

SECÇÃO I

As tribulações Пëeз às instituições de saúde: "complexidade institucional

[e]Embora a influência de Durkheim tenha sido, como se sabe, decisiva na doutrina jurídica da República, a redescoberta do conceito de instituição pelos sociólogos parece relativamente recente. [327]Para uns, as instituições continuam a ser "formas sociais estabelecidas", para outros "processos pelos quais a sociedade se organiza", tendo esta segunda abordagem uma dimensão dinâmica que falta à primeira. No contexto deste trabalho, a primeira aceção será inegavelmente a mais credível para uma melhor compreensão do conceito de instituições de saúde, porque as instituições são inerentemente estáveis e estáticas devido à sua tendência para perdurar. [328]Com Emile DURKHEIM, definimos instituições "como fenómenos sociais, impessoais e colectivos, que apresentam permanência, continuidade, estabilidade" . A partir daqui, podemos definir uma instituição de saúde como qualquer organização ou estrutura impessoal e colectiva que se caracteriza pela permanência, continuidade e estabilidade, destinada a satisfazer uma necessidade de saúde pública. Quando uma sociedade tem um grande número de instituições "ocupadas", está criado o cenário para a "complexidade".

[329][330]Yannis PAPADOPOULOS define o termo complexidade como "a presença de um grande número de elementos com um elevado grau de interdependência, tornando necessário e difícil alcançar um elevado grau de cooperação entre eles". [331]O professor de ciências políticas desenvolve três níveis de complexidade, incluindo a complexidade institucional, que se caracteriza pela presença de estruturas de decisão complexas.

A definição de "complexidade institucional" utilizada neste estudo vai mais longe do que a dada pelo Professor Yannis PAPADOPOULOS. Para nós, a complexidade institucional refere-se à existência de uma multiplicidade de instituições de saúde (e, por conseguinte, de uma multiplicidade de actores) que estão tão interligadas

---

[327] Ver QUERMONNE (J-L), "Les politiques institutionnelles. Essai d'interpretation et de typologie", in GRAWITZ (M) et LECA (J) (dir.), Les politiques publiques. Op. cit... p. 62.

[328] Citado por QUERMONNE (J-L), Idem. p. 63.

[329] Ver PAPADOPOULOS (Y), Complexite sociale et politiques publiques. Op. cit... p. 48.

[330] Ibid. p. 48.

[331] Ver PAPADOPOULOS (Y), Idem. p. 58.

que a coordenação entre elas parece impossível. [332]O estudo "sociométrico" do campo social da saúde no Centro-Camarões mostra que existe uma multiplicidade de instituições de saúde e de formações que, em vez de cooperarem entre si para uma ação comum, tendem a considerar-se como entidades autónomas sem ter em conta as externalidades. [333]Isto leva-nos a analisar a complexidade institucional utilizando uma abordagem neo-institucionalista descrita como 'institucionalismo centrado no ator'. No seu célebre livro *Games real actors play.* [334]*Ator-centered institutionalism and policy research,* Fritz SCHARPF apresenta a quintessência desta abordagem nos seguintes termos: "*a abordagem parte do pressuposto de que os fenómenos sociais devem ser explicados como o resultado de interacções entre actores intencionais - actores individuais, colectivos ou empresariais, isto é - mas que estas interacções são estruturadas, e os resultados moldados, pelas características dos contextos institucionais em que ocorrem*".

[335]Assim, o "institucionalismo centrado no ator" é uma abordagem inquestionável para quem pretende analisar a "complexidade institucional" com base nas interacções entre actores com comportamentos estratégicos, quando essas interacções são estruturadas pelo contexto institucional em que ocorrem. [336]Mais especificamente, no que diz respeito à condução das políticas públicas, o institucionalismo centrado no ator centra-se nos constrangimentos e oportunidades que estruturam a margem de manobra dos actores envolvidos e que, por conseguinte, moldam a formulação das políticas públicas. [337]Tal como o neo-institucionalismo da escolha racional, esta abordagem privilegia os aspectos do comportamento humano que são instrumentais e orientados para um cálculo estratégico. É por isso que é necessário analisar as tribulações da dinâmica da institucionalização do controlo do paludismo ligada às instituições de saúde. [338][339]Elie está próximo da análise estratégica desenvolvida por Michel CROZIER e Erhard FRIEDBERG e será logicamente utilizado nesta secção porque tende a considerar que não há ação social, que não há estrutura colectiva sem liberdade dos actores e, consequentemente, sem relações de poder. Estas relações de poder entre instituições e actores no domínio social e da saúde na região Centro-Camarões

---

[332] Um estudo que considera um campo social através do prisma de uma organização que só existe através da interação dos seus actores.
[333] Trata-se de um quadro concetual para a análise das políticas públicas que tem vindo a ser desenvolvido desde os anos 70 por um grupo de investigadores alemães em torno de Ranate Mayntz e Fritz Scharpf, ambos especialistas em administração pública. Esta corrente considera que os fenómenos sociais são o resultado de interacções entre actores com comportamentos estratégicos, mas que essas interacções são estruturadas pelo contexto institucional em que ocorrem e que, consequentemente, também determina o resultado dessas interacções. Com base neste postulado, este quadro concetual pode ser comparado ao institucionalismo da escolha racional.
[334] Ler SCHARPF (F), Games real actors play. Ator-centered institutionalism and policy research, Boulder (CO), Westview, 1997, p. 1.
[335] Corresponde ao neo-institucionalismo da escolha racional.
[336] Ler KUBLER (D) e DE MAILLARD (J), Analyser les politiques publiques. Op. cit... p. 119.
[337] Ler HALL (P.A) e TAYLOR ROSEMARY (C.R), "La science politique et les trois neo- institutionnalismes", Op. cit... p. 472.
[338] Le CROZIER (M) e FRIEDBERG (E), L'acteur et le systeme. Op. cit... p. 433.
[339] Ibid. p. 433.

enviesam a forma como as decisões públicas são tomadas e implementadas pelos actores públicos centrais. A este respeito, constituem atribulações importantes para a dinâmica de institucionalização da luta moderna contra o paludismo no domínio social e sanitário do Centro-Camarões. Reflectem-se no emaranhamento permanente das estruturas de tratamento do paludismo **(n.º 1)** e na falta de cooperação entre as estruturas de saúde **(n.º 2).**

Ponto 1: O entrelaçamento das estruturas de controlo da malária

Por emaranhamento, entendemos a existência, numa organização, de vários actores que influenciam vários pólos de decisão, a ponto de a implementação das decisões ser enviesada. As situações de emaranhamento surgem no seio de uma organização quando falta o acordo político-administrativo (APA) por parte dos actores. [340]É, pois, a falta de um dispositivo político-administrativo que conduz a situações de enredamento no seio de uma organização, uma vez que um APB "abrange não só os actores públicos, mas também os actores privados que lhes são equiparáveis pelo facto de estarem investidos de poderes públicos e que, por força desta delegação de competências, participam em pé de igualdade na produção de acções concretas (outputs) ligadas à política pública em causa" . O APB produz, portanto, uma coordenação positiva que favorece a realização de uma ação pública concertada, conjunta e coerente.

Falar do entrelaçamento das estruturas envolvidas na luta contra o paludismo na região Centro é ainda ver este domínio social da saúde sob o prisma de uma organização constituída por uma multiplicidade de instituições de saúde que funcionam sem qualquer preocupação de cooperação e de coordenação. Esta área geográfica de saúde é composta por uma delegação regional de saúde pública, trinta distritos sanitários e 1.303 estabelecimentos de saúde (hospitais regionais e similares, hospitais distritais, centros médicos distritais, centros de saúde integrados). ºEsquematicamente, a sua estrutura piramidal é apresentada no diagrama 1 abaixo.

Esquema n.º 1
A estrutura piramidal do sector social da saúde nos Camarões Centrais

[340] Ler KNOEPFEL (P), LARRUE (C), VARONE (F) e SAVARD (J-F), Analyse et pilotage des politiques publiques. Op. cit... p. 241.

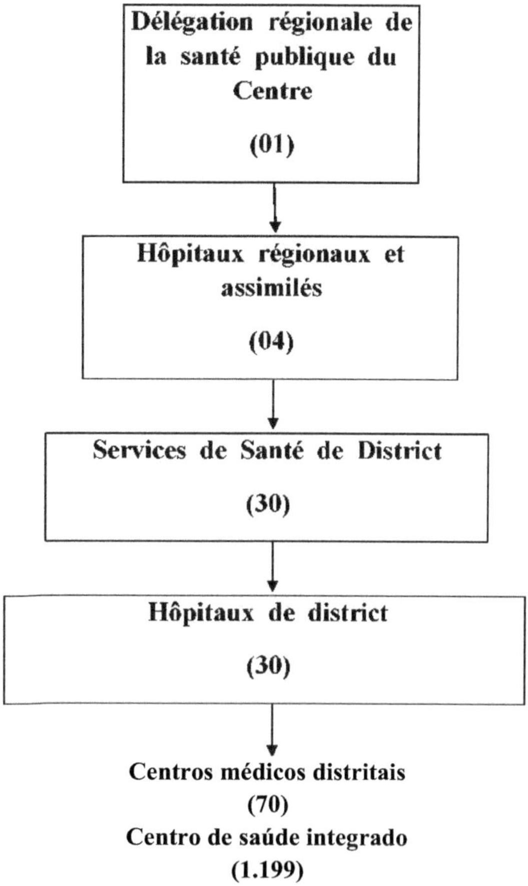

Fonte: compilado pelo autor a partir de dados fornecidos pela Delegação Regional da Saúde Pública do Centro.

Vista sob o prisma de uma organização, a estruturação do campo social da saúde nos Camarões Centrais revela que se trata de uma organização "multi-actores" que deve obedecer a um elevado grau de coordenação para evitar situações de emaranhamento político. [341]Esta estruturação, pelo facto de evidenciar várias estruturas de saúde, permite o desenvolvimento de relações de poder e fornece a base para a sua permanência. Daí a necessidade de os "multi-actores" envolvidos no processo de implementação terem em conta um arranjo político-administrativo "multi-actores" para que as acções produzidas não sejam contraditórias. [342]Com efeito, "quanto maior for o número de intervenientes, mais o APB deverá dispor de mecanismos precisos para negociar e estabelecer as competências e os procedimentos necessários para a gestão coordenada de múltiplas actividades".

[341] Ler CROZIER (M) e FRIEDBERG (E), L'acteur et le systeme. Op. cit... p. 78.

[342] Ver KNOEPFEL (P), LARRUE (C), VARONE (F) e SAVARD (J-F), Op. cit... p. 245.

[343]Na ausência de uma tal APB numa organização, esta não passará de um mundo de conflitos, e o seu funcionamento será o resultado de confrontos entre racionalidades contingentes, múltiplas e divergentes de actores relativamente livres, utilizando as fontes de poder à sua disposição. Na estrutura organizacional que é o campo da saúde social do Centro-Camarões, a APA "pluri-actorial" não existe. Este facto conduz frequentemente a situações de emaranhamento político entre estruturas de saúde de níveis diferentes e entre estruturas do mesmo nível. Em termos práticos, podem observar-se dois níveis de emaranhamento político na área geográfica da saúde do Centro: emaranhamento político vertical (A) e emaranhamento político horizontal (B).

A- Emaranhamento político vertical

Fritz SCHARPF falou de "emaranhamento político vertical" *(vertikale politikverflechtung)* para descrever um contexto em que a realização de uma política pública decidida no " topo" depende da implementação da política. "depende de 1 atitude de cooperação por parte dos níveis inferiores que, devido à sua [344]autonomia estatutária, são actores fundamentais . Gilles [345]MASSARDIER chama a este telfenómeno "o emaranhamento de níveis de ação pública". No contexto deste trabalho, entende-se por emaranhamento político vertical a existência, no domínio da saúde social do Centro-Camarões, de vários pólos de decisão, a ponto de a delegação regional de saúde pública (DRSPC) ter perdido o monopólio deste exercício. [346]Trata-se de um sistema de saúde pública a vários níveis que exige um "grau de coordenação vertical". [347]Neste contexto, o objetivo da análise dos APP é identificar o grau de coordenação efectiva entre as autoridades e os serviços dos diferentes níveis de governo. [348]Na ausência deste grau de coordenação, o resultado é um "APB emaranhado/imbricado ou compartimentado" . Trata-se de uma limitação ao processo de execução da ação pública.

[349]Na região Centro, as instituições de saúde a diferentes níveis estão constantemente a sobrepor-se, devido à falta de uma APA coordenada, apesar de a DRSPC ter o monopólio do controlo institucional do paludismo nesta área geográfica. Em certos casos, os actores locais ou de níveis inferiores adaptam a política de luta contra o paludismo às suas próprias necessidades, ignorando as decisões tomadas previamente ou ao mesmo tempo pelos actores de níveis

[343] Ver CROZIER (M) e FRIEDBERG (E), Idem. p. 92.

[344] Ler KUBLER (D) e MAILLARD (J-De), Analyser les politiques publiques. Op. cit... p. 122.

[345] Ler MASSARDIER (G), Politiques et actions publiques. Op. cit... p. 205.

[346] Trata-se de uma dimensão interna da estrutura de uma APP. Ver KNOEPFEL (P), LARRUE (C), VARONE (F) e SIMARD (J-F), Analyse et pilotage des politiques publiques. Op. cit... p. 244.

[347] Ibid. p. 247.

[348] Ibid. p. 247.

[349] Para mais detalhes sobre o monopólio da Delegação Regional da Saúde Pública na luta institucional contra o paludismo, ler o artigo 121 (1) e (2) do decreto n°2013/093 de 3 de abril de 2013 sobre a organização do Ministério da Saúde Pública nos Camarões.

superiores. [350]Gilles Massardier é muito claro sobre este ponto quando escreve: "uma organização moderna sem incerteza entre a ordem dada no topo da hierarquia e a sua aplicação na base é uma ilusão". Por conseguinte, apesar do carácter "vertical" da luta institucional contra o paludismo iniciada por um ator-chave, persistem interferências políticas ou "sobreposições" entre estruturas de saúde "centrais" e periféricas.

A expressão "estruturas centrais de saúde" no contexto deste trabalho deve ser entendida como referindo-se a todas as instituições responsáveis pelo tratamento do paludismo em toda a região Centro e cuja sede se encontra em Yaoundé, a capital regional do Centro. Trata-se, nomeadamente, da Delegação Regional de Saúde Pública do Centro (DRSPC) e dos hospitais regionais e similares, tais como o Centro Hospitalar Universitário de Yaoundé (CHUY), o Hospital Central de Yaoundé (HCY), o Hospital Gineco-Obstétrico e Pediátrico de Yaoundé (HGOPY) e o Hospital Militar de Yaoundé (HMY). As estruturas de saúde "centrais" são as que têm competência regional, sendo as outras consideradas como estruturas de saúde "periféricas" ou locais. As estruturas "centrais" representam o topo e as estruturas "periféricas" a base da pirâmide da administração da saúde nos Camarões Centrais.

A interferência política ou "*sobreposição*" ocorre nas organizações burocráticas quando não existe uma APP "multifatorial". [351]Se for este o caso, estamos perante situações em que "os actores locais podem adaptar a política às suas próprias necessidades, sem qualquer preocupação real com as decisões prévias e concomitantes dos actores a níveis superiores do governo". O exemplo mais evidente é o da implementação dos testes rápidos de diagnóstico do paludismo (TDR) nas unidades de saúde, que se rege por lógicas que nada têm a ver com a política definida pelo Presidente da República, Chefe de Estado, e que é suposto ser supervisionada na região pela Delegação Regional de Saúde Pública do Centro (DRSPC). Desde maio de 2011, os RDT devem ser gratuitos para as crianças com menos de cinco anos e custar 200 FCFA para os pacientes com mais de cinco anos. Mas o que vemos é que as unidades de saúde (FOSA) no domínio da saúde social no Centro-Camarões estão a desrespeitar esta prescrição, cobrando um preço arbitrariamente fixado para os RDT para pacientes com menos de cinco anos.

crianças com menos de cinco anos de idade. Pior ainda, o custo de um RDT varia de um hospital para outro para pessoas com mais de cinco anos de idade. As palavras de uma mulher de Ntui, mãe de uma criança com menos de cinco anos, são bem ilustrativas: *"Cada vez que vou ao hospital distrital com a minha filha de três anos, pedem-me sempre para fazer o teste do paludismo, e custa ∂a mil francos.* [352][353]Esta realidade social é partilhada por um outro habitante da cidade quando diz que *"quando* vou *ao hospital distrital para fazer o teste do paludismo,*

[350] MASSARDIER (G), Politiques et actions publiques. Paris, A. Colin, 2003, p. 69.
[351] Ver KNOEPFEL (P), LARRUE (C), VARONE (F) e SAVARD (J-F), Op. cit... p. 248.
[352] Entrevista com a Sra. Onanena Bernadette, natural da cidade de Ntui, a 3 de março de 2014.
[353] Entrevista com ATEBA Claude, natural da cidade de Ntui, a 13 de março de 2014.

pedem-me para pagar 1.000 francos, na Clínica Le Jourdain, são 1.500 francos e no hospital de referência, são 1.600 francos! [354]Verifica-se que as unidades sanitárias do distrito sanitário de Ntui gozam de uma "grande autonomia de ação" em relação à DRSPC, que deve coordenar as estruturas sanitárias e acompanhar os programas de luta contra as doenças. Existe, portanto, uma "sobreposição administrativa" entre o topo e a base da estrutura piramidal da saúde. As unidades de saúde não respeitam os regulamentos governamentais e actuam como lhes apetece, sob o olhar atento da DRSPC. O que se passa nos estabelecimentos de saúde do distrito de Ntui em relação ao custo de um RDT mostra que o carácter vertical da luta institucional contra o paludismo iniciada pela DRSPC é minado pelos estabelecimentos de saúde da base da máquina piramidal, que por vezes agem à revelia das prescrições das autoridades superiores. À sua maneira, a base é ativa. [355]Escapa às ordens e ao controlo do topo. Yves MENY e Jean-Claude THOENIG descrevem a substância das situações de ingerência política entre o topo e a base de uma organização administrativa nos seguintes termos

"O que se passa na base da máquina piramidal é muito mais complicado do que se pensa no topo. Existe, de facto, uma grande autonomia de ação. Os executantes, cujo comportamento é, em princípio, condicionado por procedimentos técnicos e administrativos, apropriam-se deles de forma discricionária, ao ponto de os utilizarem como meio de afirmação do seu próprio poder interno em relação aos seus chefes ou aos subcontratantes e clientes externos. [356]Na base, desenrola-se uma vida complexa de jogos de influência e de regateio sobre a aplicação das regras e dos procedimentos, que pouco tem a ver com a racionalidade que a cúpula pretende gerir" .

Entre 2010 e 2014, o Presidente da República, Paul Biya, tomou decisões destinadas a permitir que as instituições de saúde respondessem mais eficazmente ao problema do paludismo. Decidiu tornar a TDR gratuita para as crianças com menos de cinco anos e fixar o seu custo em 200 FCFA para os doentes com mais de cinco anos. Esta receita, que deveria ser aplicada pela DRSPC, está a ser apropriada pelas unidades de saúde na base da "máquina da pirâmide da saúde" do Centro. Assim, no hospital distrital de Ntui, em vez de ser gratuito, o RDT para as crianças com menos de cinco anos custa 1.000 FCFA e varia entre 1.500 e 1.600 FCFA para as pessoas com mais de cinco anos. O que se faz ao nível da base da estrutura da pirâmide da saúde nos Camarões Centrais não tem muitas vezes nada a ver com a racionalidade impelida a partir do topo, porque há sempre uma "forte autonomia de ação". Em vez de falar de "verticalidade", seria melhor, neste momento, falar de "dispersão". Por outras palavras, falar do carácter "vertical" da luta institucional contra o paludismo é utópico. Aceitá-lo é ignorar o carácter "ativo" das instituições de saúde na base da estrutura piramidal do campo social da saúde nos Camarões Centrais. De facto, existem sempre situações de "sobreposição" entre o topo e a base, e é precisamente a este nível que surgem situações de emaranhamento político vertical, constituindo atribulações que não são negligenciáveis no processo

[354] Ver MENY (Y) e THOENIG (J-C), Politiques publiques. Paris, Montchrestien, 1989, p. 237.
[355] Ver MENY (Y) e THOENIG (J-C), Idem, p. 237.
[356] Ver MENY (Y) e THOENIG (J-C), Idem. p. 237.

de intensificação da luta contra o paludismo na área geográfica dos Camarões Centrais. [357]Como resultado, esta dinâmica de endurecimento torna-se "uma fonte de disfunção".
Em termos concretos, no domínio da saúde social dos Camarões Centrais, a interferência política entre as estruturas de saúde centrais e periféricas reflecte-se em dois factos principais. Por um lado, há a construção de um "modelo dissonante de política pública" para a luta contra o paludismo e, por outro, há um conluio entre a "estratégia central" e a "estratégia periférica".
[358]Quando falamos de um "modelo dissonante de política pública", referimo-nos a uma situação em que "a política pública é conduzida por um conjunto de negociações e actores que a orientam para picos ou patamares sempre diferentes dos projectos iniciais" . A "dissonância" na implementação de uma política pública é a consequência imediata da ausência de coordenação vertical numa administração. Resulta num "fosso" significativo entre o que é pretendido ou decidido e o que é efetivamente feito no terreno. De facto, no domínio da saúde social dos Camarões Centrais, as estruturas de saúde na base da pirâmide sanitária tendem a considerar-se entidades autónomas em relação à DRSPC, que é suposto impulsionar ao mais alto nível os métodos de orientação das políticas públicas de luta contra o paludismo. O carácter vertical da luta contra o paludismo é constantemente posto em causa pelos actores de base. Por conseguinte, estes actores gerem "fontes de incerteza", o que lhes dá uma "margem de manobra" considerável face às medidas impostas a partir do topo pelo ator "chave", a DRSPC. Isto é possível graças à política de financiamento estatal dos cuidados de saúde. De facto, na região Centro, as finanças geridas pelas estruturas de saúde pública não provêm diretamente da DRSPC ou dos serviços distritais de saúde (SSD), mas do Estado. Este facto tende a enfraquecer estas instituições de saúde "chave", que não têm controlo sobre os recursos financeiros disponíveis para as unidades de saúde que lhes deveriam estar subordinadas. As palavras do Chefe do Serviço Distrital de Saúde de Biyem-Assi são suficientemente reveladoras quando diz: *"O serviço distrital de saúde não recebe qualquer financiamento do Estado; tem um papel puramente administrativo, coordenando as actividades dentro do distrito de saúde. [359]O Estado atribui fundos às unidades sanitárias e não aos serviços distritais de saúde*". A partir desta declaração, parece que cada unidade sanitária na base da pirâmide sanitária gere efetivamente uma "fonte de incerteza" em relação ao Serviço Distrital de Saúde (SDS), que não controla o montante financeiro exato atribuído às unidades sanitárias pelo Estado. Assim, cada unidade de saúde de um distrito sanitário dispõe de uma grande "margem de manobra" que lhe permite tomar iniciativas que nada têm a ver com o que está planeado no topo da pirâmide. Desenvolve-se então uma relação de poder entre o topo e a base da

---

[357] Ibid. p. 237.
[358] Ver EBOKO (F), "L'organisation de la lutte contre le sida au Cameroun: de la verticalite a la dispersion?", Bulletin de l'APAD, 21, 2001. p. 17.
[359] Entrevista com o Chefe do Serviço Distrital de Saúde de Biyem-Assi em 3 de junho de 2021.

administração da saúde pública. É precisamente aqui que ocorre a "sobreposição". Empiricamente, isto reflecte-se no facto de que em algumas unidades de saúde, como o centro de saúde "*Jesus Care*" no distrito de Biyem-Assi, os pacientes que podem provar que são verdadeiramente indigentes são tratados gratuitamente. Trata-se de um poder puramente discricionário por parte destas unidades, que nada tem a ver com o que está previsto ao mais alto nível, seja na DRSPC ou no SSD. Em vez de ser coordenada, a aplicação das políticas de luta contra o paludismo pelas instituições de saúde sofre de "sobreposição administrativa".

Além disso, no registo da interferência político-administrativa, devemos também mencionar a colisão constante entre a "estratégia central" e a "estratégia periférica" da luta contra o paludismo. No domínio sócio-sanitário do Centro dos Camarões, a luta institucional contra o paludismo obedece a duas racionalidades: a racionalidade central e a racionalidade periférica. A primeira é conduzida pela DRSPC, e a segunda pelos distritos sanitários no domínio social. Podemos constatar que o que se quer no topo da pirâmide sanitária não é o que se faz na base. É por isso que se fala de "colisão" entre duas estratégias diametralmente opostas. Os exemplos são inúmeros. Para além do facto de que os RDT, que deveriam ser gratuitos para as crianças menores de cinco anos a nível "central", ainda têm de ser pagos a nível "periférico", constatamos também que, em algumas unidades sanitárias, o tratamento da malária grave para as crianças menores de cinco anos ainda tem de ser pago, contrariamente à decisão do MINSANTE de 23 de junho de 2014, cujo artigo nove foi citado no capítulo anterior. Existem exemplos empíricos nos distritos sanitários de Ntui e Yoko. No hospital distrital de Ntui, o tratamento do paludismo simples e grave das crianças com menos de cinco anos continua a ser pago. A Sra. Bernadette Onanena, uma mulher local de Ntui, explicou: "*Sempre que vou ao hospital com a minha filha pequena, pedem-me sempre para pagar.* [360]*Nunca a tratei de graça*". Em Yoko, de acordo com a população local, o preço do tratamento da malária para crianças com menos de cinco anos varia de uma unidade de saúde para outra. Estes dois exemplos, por si só, demonstram que a base da pirâmide sanitária desenvolve uma racionalidade que nada tem a ver com a do topo.

A nível dos DRSPC, os RDT e o tratamento da malária grave são supostamente gratuitos. Mas em alguns distritos sanitários, continuam a ser cobrados! As unidades de saúde beneficiam, portanto, de uma "considerável autonomia de ação", que lhes permite ir contra a "estratégia central", que é a de que os RDT e o tratamento do paludismo grave para as crianças devem ser gratuitos. É precisamente a este nível que se dá a colisão entre a "estratégia central" e a "estratégia periférica", tradução concreta das interferências político-administrativas. O topo não controla a base, e a base faz o que quer, com a verticalidade dando lugar à dispersão na ausência de um arranjo político-administrativo multifacetado. Esta ausência de um PAA multifatorial dá origem a

[360] Entrevista com a Sra. Onanena Bernadette, natural da cidade de Ntui, a 13 de março de 2014.

um nível de emaranhamento político vertical que distorce a dinâmica de institucionalização do modelo de luta contra o paludismo pelas instituições de saúde na zona geográfica dos Camarões Centrais. Se as instituições de saúde do Centro dos Camarões estão entrelaçadas verticalmente, o mesmo cenário pode ser observado horizontalmente.

B- Emaranhamento político horizontal

[361]BENZ e os seus colegas falaram de "emaranhamento político horizontal" *(horizontale politikverflechtung)* para descrever uma constelação em que as autoridades envolvidas na execução de uma política pública estão em pé de igualdade, de modo que a compreensão mútua é uma condição *sine qua non para a* cooperação. Este tipo de emaranhamento manifesta-se nas organizações administrativas quando falta o "grau de coordenação horizontal". [362]Neste caso, o resultado não é uma organização integrada, mas sim uma organização fragmentada horizontalmente ABS . [363]O emaranhamento político horizontal "manifesta-se muito mais por uma falta de coordenação (horizontal) substancial que, por sua vez, pode resultar do facto de os intervenientes pertencerem a organizações administrativas ou a ambientes regionais divergentes, ou mesmo opostos, devido às suas respectivas tarefas primárias e aos interesses que representam e defendem" .

A definição do conceito de "emaranhamento político horizontal" que adoptámos para efeitos do presente estudo refere-se a uma situação horizontal em que as unidades de saúde da pirâmide sanitária do Centro-Camarões estão em pé de igualdade a diferentes níveis, ao ponto de a coordenação e, sobretudo, a cooperação entre elas parecer impossível, se não mesmo difícil. Verifica-se que, seja ao nível dos quatro hospitais regionais, dos trinta hospitais distritais, dos setenta centros médicos distritais ou dos mil cento e noventa e nove centros de saúde integrados, as unidades de saúde estão em pé de igualdade nos seus respectivos níveis. [364]O resultado é uma descoordenação político-administrativa, caracterizada pela falta de vontade dos actores-chave "em estabelecer a coordenação necessária à aplicação do PPA, ou mesmo por uma estratégia explícita de não cooperação". Quanto mais horizontais forem as relações entre as instituições, mais difícil será a sua coordenação.

Muitos analistas de políticas públicas mostraram que a horizontalidade no processo de construção da ação pública é um fator de complexidade ou simplesmente de constrangimento. [365]Para Yannis PAPADOPOULOS, AHORIZONTALIDADE significa uma maior incerteza quanto ao comportamento de uns e de outros e às variações das suas reacções ao longo do tempo: traz a contingência, que é um elemento central da complexidade". [366]O politólogo afirma ainda que: "as relações

---

[361] Ler KUBLER (D) e DE MAILLARD (J), Analyser les politiques publiques. Op. cit... p. 122.
[362] Ler KNOEPFEL (P), LARRUE (C), VARONE (F) e SAVARD (J-F), Analyse et pilotage des politiques publiques. Op. cit... p. 245.
[363] Ibid. p. 246.
[364] Ibid. p. 246.
[365] Ver PAPADOPOULOS (Y), Complexite sociale et politiques publiques. Op. cit.. p. 36.
[366] Ibid. pp. 36-37.

horizontais colocam sérios problemas de coordenação, o que afecta particularmente o sistema político quando este tenta assegurar a coesão social face às tendências centrífugas da sociedade". Na região centro-camaronesa, as relações horizontais são visíveis ao nível dos estabelecimentos de saúde. Relações horizontais entre os hospitais regionais, relações horizontais entre os hospitais distritais, relações horizontais entre os centros de saúde distritais e relações horizontais entre os centros de saúde integrados! Pior ainda, não existem actores "chave" que assegurem a coordenação necessária entre estas diferentes instituições de saúde. O resultado é uma interação entre duas coligações de estabelecimentos de saúde em torno do paludismo e um dispositivo político e administrativo fragmentado.

O sector social da saúde no Centro-Camarões é caracterizado por duas coligações de estabelecimentos de saúde, cada uma com estratégias opostas. Estas coligações têm crenças opostas relativamente ao custo do tratamento do paludismo. Por um lado, existe uma coligação de estabelecimentos de saúde que considera que o tratamento do paludismo em crianças com menos de cinco anos deve ser gratuito, em conformidade com a regulamentação governamental. Esta coligação inclui os hospitais regionais e similares e os seis hospitais distritais de Mfoundi. O sistema de crenças desenvolvido aqui é que a população já vive num estado de pobreza extrema e os hospitais devem ajudar a aliviar o fardo que lhes é imposto, optando por cuidados gratuitos para as crianças. Por outro lado, existe uma coligação de estabelecimentos de saúde que considera que o tratamento da malária deve ser pago, quer o doente seja ou não uma criança. Esta coligação inclui estabelecimentos de saúde periféricos como os hospitais distritais de Ntui e Yoko no departamento de Mbam-et-Kim. Aqui, os hospitais estão a desenvolver um sistema informal de cuidados aos doentes, ignorando os regulamentos governamentais. [367]Adoptam uma abordagem estratégica, examinando todas as escolhas possíveis para selecionar as que proporcionam o maior benefício. O sistema de crenças desenvolvido aqui é que os cofres do hospital estão a sofrer financeiramente e a malária seria uma forma de preencher este vazio financeiro. Assim, podemos ver que, para a mesma política de cuidados a doentes com menos de cinco anos, as duas coligações de estabelecimentos de saúde desenvolvem lógicas diferentes e interagem constantemente. Nalguns hospitais, as crianças com menos de cinco anos são efetivamente tratadas gratuitamente, enquanto noutros, o tratamento desta categoria social continua a estar sujeito a uma taxa. É precisamente a este nível que surgem situações de emaranhamento político horizontal, que minam a lógica da ação colectiva dos intervenientes na luta institucional contra o paludismo. Estas situações de emaranhamento horizontal resultam da ausência de um ator "chave" capaz de manter a coordenação entre os centros de saúde na área geográfica do Centro-Camarões.

Cada uma das duas coligações de estabelecimentos de saúde defende uma causa

[367] Ler HALL (P.A) e TAYLOR ROSEMARY (C.R), "La science politique et les trois neo- institutionnalismes", Op. cit... p. 472.

muito específica. Por um lado, a causa defendida é a das pessoas que já vivem na pobreza; por outro lado, a causa defendida é a dos hospitais que são financeiramente afectados. É por isso que, quando visitamos os centros de saúde dos distritos sanitários de Biyem-Assi e Cite-verte, por exemplo, verificamos que o tratamento da malária grave para crianças com menos de cinco anos y é efetivamente gratuito. Por outro lado, quando visitamos as instalações de saúde no distrito de Ntui, descobrimos que ainda cobram pelo tratamento. Esta é a consequência de um arranjo político e administrativo que não é coordenado horizontalmente. O resultado é uma configuração de actores muito autónomos, com interesses e percepções diferentes, que favorece a formação de "coligações de vontades". Esta situação limita a eficácia do modelo de luta contra o paludismo, porque cria uma "fratura" entre as estruturas de saúde no domínio da saúde social no Centro-Camarões.

Além disso, existe um arranjo político-administrativo fragmentado entre os diferentes serviços públicos de saúde da região, expressão concreta do emaranhamento político horizontal. [368]De facto, diz-se que o arranjo político-administrativo é fragmentado quando uma organização resulta numa "ausência substancial de coordenação (horizontal) que, por sua vez, pode resultar do facto de os actores pertencerem a organizações administrativas divergentes, ou a "meios regionais" que são mesmo completamente opostos devido às suas respectivas tarefas primárias e aos interesses que representam e defendem". Quanto mais fragmentada for a APB no seio de uma organização, mais os interesses dos actores se manifestam e se impõem como quadro normal de definição da ação colectiva.

As instituições de saúde "de base" no domínio da saúde social do Centro-Camarões caracterizam-se por um elevado grau de fragmentação horizontal devido à ausência de uma APP coordenada horizontalmente. De facto, os centros de saúde integrados nesta área geográfica não estão todos em pé de igualdade, o que leva cada uma destas unidades de saúde a agir isoladamente em vez de coordenar as suas acções. As palavras do supervisor geral do hospital distrital de Biyem-Assi são suficientemente reveladoras quando afirma: *"Aqui em Yaoundé, cada hospital trabalha sozinho; nunca fomos consultados por outro hospital sobre uma ação conjunta... [369]Não sabemos o que os outros hospitais estão a fazer nos seus distritos sanitários"*. Se, na mesma área geográfica, um hospital não sabe o que está a ser feito noutro, isto mostra que a APA de luta contra o paludismo carece de coordenação. Assim, cada hospital está a defender os seus próprios interesses e a agir como lhe apetece. [370] [371]Quando se perguntou a quatro centros de saúde integrados da região se as crianças dos zero aos cinco anos estavam a ser tratadas gratuitamente, a resposta foi sempre a mesma: *Não sabemos o que se faz nos outros*

[368] Ver KNOEPFEL (P), LARRUE (C), VARONE (F) e SAVARD (J-F), Loc. cit... p. 246.
[369] Entrevista com o supervisor geral do hospital distrital de Biyem-Assi em 4 de junho de 2021.
[370] Estes incluem os hospitais distritais de Biyem-Assi, Cite-Verte, Ntui e Yoko.
[371] Entrevista com os supervisores gerais dos hospitais distritais de Biyem-Assi, Cite-Verte, Ntui e Yoko em 4 e 5 de junho de 2021.

hospitais, porque é que não vai lá perguntar?" Apesar de sabermos que o que se diz nos hospitais é totalmente desfasado do que é dito pelas populações, que não reconhecem que as suas crianças com menos de cinco anos são tratadas gratuitamente nos distritos de Ntui e Yoko.

As afirmações anteriores reflectem a ausência de verticalidade e evidenciam a horizontalidade das relações entre as unidades de saúde, que, em vez de cooperarem para uma ação concertada e conjunta, se entrelaçam horizontalmente. O resultado é um arranjo político e administrativo fragmentado. Para uma ação tão importante como a luta contra o paludismo, teria sido bom estabelecer relações verticais para reduzir as incertezas e promover a compreensão mútua entre as unidades de saúde da área geográfica do Centro. Infelizmente, porém, a falta de cooperação entre estes estabelecimentos é constante.

Ponto 2: falta de cooperação entre as unidades de saúde

O termo cooperação refere-se aqui à colaboração, ao acordo mútuo entre dois ou mais actores envolvidos numa ação colectiva. Cooperar numa administração burocrática significa ainda trabalhar em conjunto, de forma contínua, para conseguir uma ação consensual e coordenada. [372]Deste ponto de vista, a cooperação é uma condição *sine qua non para uma* ação colectiva e pública bem sucedida, porque chegar a um compromisso aceitável é a condição prévia essencial para qualquer ação. Para enfrentar eficazmente o problema do paludismo na região Centro, os serviços de saúde públicos e privados da zona devem cooperar permanentemente para agir de forma racional e organizada contra a doença. É de salientar que o sector social da saúde na região Centro-Camarões é constituído por estruturas públicas e privadas. Com exceção dos hospitais distritais, os equipamentos públicos encontram-se em estado de degradação total e estão situados, na sua maioria, em zonas de enclave. Quanto às instalações do sector privado, estas caracterizam-se pela sua limpeza e pela sua configuração moderna.

[373]Ao desenvolverem o que designam por *raciocínio estratégico,* Michel CROZIER e Erhard FRIEDBERG defendem que "os participantes numa organização podem ser considerados como actores, cada um com a sua própria estratégia". Com base neste postulado, é possível afirmar que a cooperação permanente se torna uma condição *sine qua non* se quisermos promover uma coordenação positiva numa organização burocrática. No entanto, se observarmos, o sector da saúde nos Camarões Centrais é caracterizado por uma clara divisão entre os estabelecimentos de saúde privados e públicos. [374]Assistimos aqui a um reinado do egocentrismo, do "bilhete grátis" e da indiferença soberana face aos problemas causados pelas opções tomadas. Esta ausência de cooperação permanente entre as unidades de saúde da área geográfica do Centro reflecte-se empiricamente, por um lado, na forte dinâmica de "egocentrismo" dos hospitais (A) e, por outro, na formação constante

---

[372] Ler CROZIER (M) e FRIEDBERG (E), L'acteur et le systeme. Op. cit... p. 255.
[373] CROZIER (M) e FRIEDBERG (E), Idem. p. 230.
[374] Y. PAPADOPOULOS,Idem. p. 73.

de "coordenação negativa" entre eles **(B).**

A- A forte tendência das unidades de saúde para se centrarem em si próprias

[375]A dinâmica do "egocentrismo" refere-se à ideia de que, no seio de uma organização administrativa, cada segmento ou sector, antes de pensar em comunicar de alguma forma com os outros, age sozinho. É um verdadeiro obstáculo à negociação e favorece a contingência. [376]Reflecte-se na ausência de transacções institucionalizadas em arenas reconhecidas que sejam objeto de consenso entre os participantes. O "egocentrismo" enviesa o processo de reforço da luta contra o paludismo a nível institucional.

Na região Centro-Camarões, a dinâmica do "egocentrismo" pode ser observada ao nível dos estabelecimentos de saúde, do topo da estrutura piramidal para baixo, e constitui um constrangimento no processo de reforço da luta institucional contra o paludismo. De facto, cada estabelecimento de saúde é "egocêntrico", ou seja, voltado para dentro, com pouca preocupação pelos outros estabelecimentos. Esta abordagem "free ticket" prejudica seriamente o processo de cooperação permanente, tão essencial numa organização decididamente orientada para a ação colectiva.

Nos hospitais regionais e similares do Centro-Camarões, existe uma forte tendência para o "egocentrismo" no processo de implementação das políticas públicas de luta contra o paludismo. O CHUY, o l'HGOPY, o l'HCY e o l'HMY caracterizam-se por uma falta de cooperação e de comunicação. Empiricamente, isto reflecte-se no facto de o preço de um RDT da malária para adultos variar de um sector hospitalar para outro. No Hospital Central de Yaoundé (HCY), custa 200 FCFA, mas o preço é totalmente diferente noutros hospitais. [377]No Hopital Gyneco Obstetrique et Pediatrique de Yaounde (HGOPY) custa 500 FCFA; no Centre Hospitalier Universitaire de Yaounde (CHUY) custa 600 FCFA e no Hopital Militaire de Yaounde Region 1 custa 1000 FCFA . Isto reflecte uma falta de coordenação no processo de tratamento do paludismo e de cooperação entre estes quatro hospitais regionais. Em particular, cada hospital não tem controlo sobre o custo de um RDT para adultos no outro. Cada jogador y segue o seu próprio caminho e fixa o seu preço 'discricionariamente', uma ilustração clara da forte tendência para o 'egocentrismo'.

Ao nível dos hospitais distritais, a tendência para ser "egocêntrico" é ainda mais palpável. Empiricamente, isto reflecte-se no facto de que o preço do tratamento do paludismo grave em crianças com menos de cinco anos varia de um hospital para outro, e está longe de ser uniforme, pois cada hospital parece ser "soberano" na realização desta ação. Por exemplo, enquanto o tratamento do paludismo para crianças com menos de cinco anos é gratuito nos hospitais distritais de Biyem-Assi e Cite-Verte, o custo varia entre 2.000 e 4.000 francos CFA nos hospitais distritais

---

Ibid. p. 73.

[376] Ibid. p. 73.

[377] Estes custos foram obtidos junto dos diferentes hospitais e da população local após uma entrevista efectuada nos dias 15, 16 e 17 de junho de 2021.

de Ntui e Yoko. Da mesma forma, enquanto o RDT para crianças com menos de cinco anos é gratuito no hospital distrital de Biyem-Assi, custa exatamente 1.000 FCFA no hospital distrital de Ntui. Isto mostra claramente que cada hospital adopta a estratégia do "bilhete grátis", do "egocentrismo", que lhe permite fixar o custo do tratamento do paludismo à sua discrição.
Ao nível dos CMAs e CSIs, há também uma forte tendência para o "egocentrismo". De facto, mesmo a este nível da pirâmide da saúde, as políticas de tratamento do paludismo são implementadas isoladamente. Cada CMA e CSI está virado para dentro, e é por isso que o custo do tratamento do paludismo varia de um sítio para outro. Nos CMAs de Ngambe-Tikar e Mbangassina, o tratamento do paludismo (mesmo grave) para crianças com menos de cinco anos não é gratuito, de acordo com os testemunhos de muitas pessoas locais. A mesma realidade social pode ser observada nos IHCs de Biagnimi e Nditam. O que é curioso é que o preço do tratamento varia de um CMA para outro e de um CSI para outro. Em média, é de 2.500 FCFA nos CMAs e 4.000 FCFA nos CSIs.
Esta forte tendência para o "egocentrismo" por parte das unidades sanitárias condiciona o processo de reforço do tratamento do paludismo porque conduz a uma falta de compromisso sobre as formas efectivas de gestão do paludismo no espaço social da saúde dos Camarões Centrais. O facto, por exemplo, de o hospital distrital de Biyem-Assi "não saber o que os outros hospitais estão a fazer nos seus distritos sanitários" mostra que a luta contra o paludismo, que causa tantas mortes na região Centro, ainda está na sua "fase embrionária" do ponto de vista das instituições de saúde supostamente responsáveis por esta luta. [378]Foi, sem dúvida, esta falta de cooperação institucional que levou Yannis PAPADOPOULOS a escrever que "o senso comum atribui frequentemente as incoerências burocráticas à falta de coordenação entre os diferentes organismos administrativos". [379]No entanto, uma boa política de tratamento do paludismo exige a criação de instâncias destinadas a favorecer a negociação e a cooperação, contribuindo para as tornar visíveis (mesas redondas, comités de ética, fóruns de consulta, etc.) . Sem isso, o resultado será uma "coordenação negativa".

B- coordenação negativa entre os serviços de saúde públicos e privados

A coordenação *negativa ocorre* quando os actores envolvidos na implementação de uma política pública obtêm resultados mínimos em termos de ganhos de bem-estar social. Isto deve-se à presença de um grande número de actores que têm de participar nas decisões negociadas. [380]Esta situação complica o sistema de decisão e é suscetível de aumentar o risco de impasse ou, pelo menos, de reduzir consideravelmente a capacidade de tomar decisões que se afastem do *status quo* . [381]A coordenação negativa é a expressão concreta do fracasso da tomada de decisão

[378] PAPADOPOULOS (Y), Complexite sociale et politiques publiques. Op. cit... p. 98.
[379] Ibid. p. 73.
[380] Ler KUBLER (D) e DE MAILLARD (J), Analyser les politiques publiques. Op. cit... p. 125.
[381] Falamos de *coordenação*positiva quando os actores implicados na realização de uma ação pública são capazes de deliberar sobre a melhor resposta a dar a um problema, tratando simultaneamente das questões de repartição

conjunta e da coordenação positiva. [382]A consequência da coordenação negativa é a produção de medidas "pareto-óptimas" .

No âmbito deste trabalho, entende-se por coordenação negativa a situação administrativa em que os actores têm de se entender para chegar a decisões coordenadas, mas têm dificuldade em fazê-lo devido aos interesses contraditórios que partilham. É a expressão concreta do fracasso da coordenação positiva e constitui um constrangimento institucional ao processo de implementação das políticas públicas. Na região Centro-Camarões, existe uma coordenação negativa entre as acções dos estabelecimentos de saúde públicos e privados. De facto, para a mesma política de tratamento dos doentes de paludismo, observam-se lógicas diferentes, o que conduz a um elevado grau de coordenação negativa. Enquanto nalgumas instalações de saúde do sector público, particularmente na cidade de Yaoundé, o tratamento do paludismo para crianças com menos de cinco anos é gratuito, nas instalações do sector privado é cobrado. Do mesmo modo, embora o tratamento preventivo intermitente (TPI) à base de sulfadoxina-pirimetamina para as mulheres grávidas seja gratuito nas unidades de saúde do sector público, é cobrado nas unidades do sector privado. É como se cada sector do sistema de saúde burocrático estivesse voltado para dentro e não tivesse qualquer intenção de comunicar com o outro. A principal razão para esta situação é que as unidades de saúde públicas recebem subsídios substanciais do Estado, ao contrário das unidades do sector privado, que dependem apenas dos seus próprios recursos financeiros para realizar as suas actividades. [383]Para os estabelecimentos de saúde do sector privado, a lógica é simples: "cada doente contribui, à sua maneira, para promover o desenvolvimento de cada estabelecimento privado". Daqui decorre que o dinheiro cobrado pelo tratamento das crianças com menos de cinco anos e pelo TPI para as mulheres grávidas contribui para o desenvolvimento das unidades de saúde privadas e justifica a forma como são criadas. [384]Os objectivos ou preferências destas unidades são então definidos de uma forma que é externa à análise institucional. [385]Eles procuram maximizar o seu sucesso em relação a um conjunto de objectivos definidos por uma determinada função de preferência. A consequência desta "dissonância" entre os sectores público e privado é a "saturação" das unidades de saúde pública em termos do número de pessoas a tratar por dia. Por outras palavras, as pessoas, na sua grande maioria indigentes, voltam-

---

entre eles dos custos e benefícios associados a uma ação. Ver KUBLER (D) e DE MAILLARD (J), Idem, p. 124.

[382] O conceito tem o nome do economista italiano Vilfredo Pareto, que o utilizou para descrever um estado da sociedade em que o bem-estar de um indivíduo não pode ser melhorado sem prejudicar o de outro. Opõe-se assim ao conceito de "ótimo de Kaldor-Hicks". No contexto da análise das políticas públicas, este conceito é muito mais utilizado pelos teóricos do institucionalismo centrado nos actores para descrever um contexto em que uma multidão de actores com interesses divergentes impede a implementação de uma decisão conjunta, precisamente porque nenhum destes actores cederá por receio de perder. Cada ator quer conservar a sua margem de manobra e não tenciona perdê-la por instigação de outro ator. O resultado é uma coordenação negativa no seio da administração e decisões mínimas em termos de ganhos potenciais de bem-estar social.

[383] Entrevista com o supervisor geral do dispensário católico Notre Dame de la Merci em 4 de junho de 2021.

[384] Ler HALL (P.A) e TAYLOR ROSEMARY (C.R), "La science politique et les trois neo- institutionnalismes", Op. cit... p 472.

[385] Ibid.

se muito mais para o sector público, em detrimento do sector privado, que é demasiado caro! Este facto tem repercussões na qualidade dos cuidados prestados aos doentes e limita consideravelmente a eficácia da luta contra a malária na região. Nos hospitais distritais de Biyem-Assi e de Cite-Verte, à entrada do consultório médico, há longas bancadas onde muitos doentes estão sentados à espera de consultas e de tratamento. O risco é que alguns doentes não consigam ser tratados a tempo, e o pior pode acontecer. No entanto, nos hospitais privados, como o centro de saúde "jesuscare" e o "Dispensaire Catholique Notre Dame de la Merci", a situação é completamente oposta: os bancos estão por vezes vazios. Esta realidade sócio-institucional é o resultado de uma falta de cooperação e, por conseguinte, de uma coordenação negativa entre as estruturas públicas e privadas no domínio da saúde social no centro dos Camarões. Aqui, as estruturas de saúde de cada sector são chamadas a comunicar melhor, a cooperar, se quisermos limitar os casos de "sobrecarga" sofridos pelas estruturas de saúde públicas. As unidades de saúde privadas devem vir em "socorro" das unidades de saúde públicas, que estão a sofrer de um excesso de doentes. Isto só é plausível se houver uma coordenação positiva iniciada por um ator "chave".

Em suma, no domínio social e sanitário do Centro, os primeiros obstáculos ao processo de institucionalização da luta contra o paludismo estão diretamente ligados às instituições de saúde. Elas são um obstáculo à construção e à implementação das decisões dos poderes públicos centrais (Presidente da República e MINSANTE) que devem ser implementadas a todos os níveis locais y incluindo a região Centro. Estes problemas, ditos institucionais, resultam de um emaranhado político e da falta de cooperação entre as instituições de saúde. De facto, as estruturas institucionais responsáveis pela luta contra o paludismo estão, antes de mais, politicamente emaranhadas, tanto vertical como horizontalmente. No que diz respeito ao emaranhamento político vertical, verifica-se que, apesar da determinação da DRSPC, ator "chave" da luta contra o paludismo, em impulsionar uma abordagem top-down, existe sempre uma interferência política e administrativa ou uma falta de cooperação entre as diferentes instituições.
"sobreposições" entre estruturas centrais e periféricas, entre o topo e a base. O processo de emaranhamento político horizontal pode ser visto na base da organização burocrática da saúde do Centro. Estando em pé de igualdade e quase autónomas, as unidades de saúde estão horizontalmente interligadas. Empiricamente, isto reflecte-se na construção de duas coligações de unidades de saúde em torno do problema da malária e numa organização política e administrativa fragmentada dos serviços de saúde.

Além disso, as estruturas institucionais responsáveis pela luta contra o paludismo caracterizam-se por uma falta de cooperação, o que constitui um outro constrangimento institucional. De facto, no domínio da saúde social do Centro-Camarões, observamos, por um lado, que existe uma forte dinâmica "egocêntrica" nas estruturas de saúde. Isto é possível devido à falta de cooperação entre os hospitais e à formação constante de coordenações negativas. Esta infeliz realidade só serve para desvirtuar o processo de coordenação positiva, que tem como objetivo racionalizar a implementação de uma política. Por outro lado, a falta de ação conjunta é gritante, o que leva à complexidade da ação conjunta dos hospitais e à inexistência de ajustamento partidário mútuo. Como resultado, acabamos por ter uma implementação que funciona de acordo com o "modelo debrouillardise". Se as instituições de saúde são as atribulações no processo de endurecimento do modelo de luta contra o problema do paludismo, importa referir que, no decurso deste processo, outros constrangimentos muito mais graves estão também a distorcer esta dinâmica de endurecimento na região Centro. Desta vez, estamos a falar de atribulações diretamente ligadas ao campo social ou ao território em que a luta contra o paludismo está institucionalizada. Já não falaremos de "complexidade institucional", mas de "complexidade territorial e social".

SECÇÃO II

As tribulações Пёез ao campo de implantação dos actores: a "complexidade territorial e social"

O campo social em que se institucionaliza a luta contra o paludismo é também uma fonte de atribulações, uma vez que este campo é "complexo". A complexidade aqui já não se deve às instituições, mas ao espaço sociocultural e territorial dos Camarões Centrais. Por conseguinte, já não se fala de "acomplexidade institucional" mas de "acomplexidade territorial e social". [386]Segundo Yannis PAPADOPOULOS , a "acomplexidade social" surge quando, durante a formulação ou a implementação de uma decisão, intervém um número considerável de actores com interesses, prioridades e lógicas diferentes. No contexto deste trabalho, a noção de "complexidade social" ultrapassa a definição do Professor PAPADOPOULOS, que a reduz à presença de uma multiplicidade de actores com interesses divergentes. No entanto, também se traduz na presença de um espaço ou campo social que, por si só, possui constrangimentos susceptíveis de influenciar o endurecimento do modelo de luta contra o problema do paludismo. [387]Neste sentido, a "acomplexidade social" será aqui entendida como uma limitação formidável da ação do Estado" e dos actores sociais. A "complexidade territorial" é aqui entendida como qualquer dificuldade inerente ao território que dificulta a ação dos actores sociais no campo social.

A região Centro-Camarões é uma zona com um elevado grau de "autonomia" que conhece realidades socioantropológicas que outras zonas não conhecem. De facto, é um território complexo se tivermos em conta a sua arquitetura, a sua superfície, o número dos seus habitantes e o *habitus* social dominante. Todas estas realidades socio-espaciais são condicionantes da ação pública de luta contra o paludismo. Concretamente, neste domínio social da saúde, as atribulações das dinâmicas de

[386] Ver PAPADOPOULOS (Y), Complexite sociale et politiques publiques. Op. cit.. p. 55.

[387] Ibid. p. 17.

institucionalização da luta contra o problema do paludismo estão diretamente ligadas ao território, aos "aresstissants" e ao seu *habitus*. Assim, as linhas seguintes serão dedicadas a uma análise das tribulações socioculturais e territoriais que enviesam as dinâmicas de endurecimento da luta modelada contra o problema da malária na região Centro. Estas tribulações estão ligadas, por um lado, ao território **(n.º 1)** e, por outro, aos nacionais e à política "apolítica" da droga que adoptam **(n.º 2)**.

Ponto 1: As tribulações da complexidade territorial

Maryvonne Le BERRE define o território como "a porção da superfície terrestre apropriada por um grupo social para assegurar a sua reprodução e a satisfação das suas necessidades vitais. [388]É uma entidade espacial, o lugar onde o grupo vive, inseparável dele" . Esta definição mostra claramente que o território nem sempre está ligado a dados geográficos e administrativos, mas é antes uma construção da ação humana. São os indivíduos que moldam aquilo a que chamaremos "o seu território", simplesmente por se instalarem nele e desenvolverem actividades sociais. [389]Thierry PAQUOT defende que "o território é o resultado da ação humana e não o resultado do relevo ou das condições físicas e climáticas".
[390]Para Gregoire FEYT, "por território, devemos certamente entender uma realidade administrativa e funcional, mas continua a ser frequentemente um espaço abstrato a nível cognitivo e afetivo, ou seja, capaz de ser construído pelos actores" . A definição de FEYT é a que se adequa à conceção de "território" adoptada neste trabalho. Assim, o território refere-se tanto a uma realidade administrativa que obedece à divisão administrativa de um Estado como a um dado abstrato, construído pelos membros que o compõem.

Dizer que um território é complexo é admitir que, geográfica e estruturalmente, é caracterizado por "anomalias" susceptíveis de dificultar as actividades dos indivíduos que o habitam. [391]Isto leva o investigador a analisar as políticas territoriais, e a questão da territorialização das políticas públicas está no centro desta reflexão.

O domínio social da saúde nos Camarões Centrais caracteriza-se por uma "diferenciação funcional", ou seja, tem as suas próprias tarefas, a sua própria "codificação" e as suas próprias "lógicas territoriais" que constituem a sua particularidade. Por outras palavras, tem realidades socio-espaciais, socio-geográficas e físico-climáticas que fazem dele um subsistema particular, diferente dos subsistemas vizinhos. Este particularismo territorial conduziu a atribulações que distorceram as dinâmicas de institucionalização da luta contra o paludismo. Entre elas, as realidades sócio-territoriais, como o mau estado das estradas, o isolamento da zona, a vastidão do território e as zonas ecologicamente favoráveis.

---

[388] Citee par PAQUOT (T), " Qu'est-ce qu'un territoire"? In Vie Sociale. №2, 2011, pp. 23-32.
[389] Ler PAQUOT (T), Idem.
[390] Ler FEYT (G), "Redistribution des pouvoirs, redistribution des cartes. La connaissance des territoires, enjeu inedit de 1 action publique" in FAURE (A) e NEGRIER (E), Op. cit... p. 133.
[391] Ler BERTHET (T), Op. cit... p. 44.

Uma vez que a região Centro obedece a uma dialética Yaoundé/periferia, como demonstrado nos capítulos precedentes, a análise das atribulações da luta contra o paludismo ligadas à complexidade territorial deve ser feita sob o prisma desta realidade sócio-geográfica. Por outras palavras, na área geográfica dos Camarões Centrais, as "tribulações territoriais" da dinâmica da institucionalização da luta modal contra o paludismo não são vividas da mesma forma em todo o lado. Elas diferem consoante se esteja nos distritos sanitários das zonas rurais **(A)** ou nos de Yaoundé **(B)**.

A- As tribulações da complexidade territorial nos distritos rurais

Na região Centro, os distritos rurais são os que se situam fora da cidade de Yaoundé. São vinte e quatro (24) e as suas configurações são praticamente idênticas. São muito diferentes dos distritos da cidade de Yaoundé e apresentam realidades sócio-espaciais e sócio-antropológicas particulares. Consequentemente, as provações e tribulações da abordagem mais rigorosa da luta contra o paludismo nestas zonas não são as mesmas que as experimentadas em Yaoundé. Aqui, duas realidades sócio-territoriais influenciam as actividades dos implementadores. A hostilidade e o isolamento da zona, por um lado (1), e a presença de desertos médicos, por outro **(2)**.

1. As tribulações da hostilidade e do isolamento

Os subsistemas de saúde das zonas rurais do Centro são hostis e muito fechados, tornando-se restritivos para a luta social contra a malária. Nestas zonas, o processo de intensificação da luta contra o paludismo por parte de um conjunto de actores sociais sofre de algumas distorções territoriais. Em primeiro lugar, estas zonas são locais hostis. Com efeito, para chegar a certos distritos sanitários rurais, é preciso atravessar uma floresta inteira e enfrentar certos insectos nocivos à paz e à saúde. É o caso dos distritos sanitários de Ntui e Yoko, no maior e, curiosamente, mais hostil departamento da região. Nestes distritos, a distribuição "restrita" de Mil pelo Estado às mulheres grávidas, entre 2003 e 2005, foi um verdadeiro fiasco. A principal razão para isso foi o facto de os agentes comunitários de saúde (ACS) encarregados do processo de distribuição terem enfrentado subsistemas hostis, pelo que não conseguiram cobrir três quartos dos agregados familiares com mulheres grávidas a viver y.

[392]A hostilidade territorial reflecte-se no facto de que para entrar no departamento de Mbam-et-Kim a partir da cidade de Obala em Lekie e chegar a Ntui, é preciso atravessar uma floresta habitada por insectos nocivos para a pele, conhecidos como "mout-mout". [393]Alguns agentes comunitários de saúde de Yaoundé admitem que não puderam entrar no distrito sanitário de Ntui por medo de serem picados pelos

[392] Trata-se de uma expressão puramente indexical, cujo significado só pode ser local. No subsistema Ntui, esta expressão é utilizada para designar os "mosquitos", que são pequenos insectos negros que atacam a pele dos seres humanos e sugam o seu sangue. Têm também as características dos mosquitos e podem estar na origem de muitas doenças.

[393] Isto foi-me confiado pelo Sr. Nga Sylvestre, que era o ACS do distrito sanitário de Ntui durante a distribuição de REMILDs em 2011.

mosquitos durante a distribuição "restrita" de Mil às mulheres grávidas entre 2003 e 2005 e durante o recenseamento das famílias entre 18 e 30 de abril de 2016. A presença de mosquitos à entrada da cidade obrigou alguns ACS a voltar para trás, reduzindo assim o número de actores responsáveis pela distribuição de milho e pelo processo de contagem dos agregados familiares. Mesmo os ACS que viviam no distrito de Ntui admitiram que não tinham conseguido chegar às zonas sanitárias situadas em zonas de vegetação densa. As mulheres grávidas que viviam nas áreas sanitárias de "Ngoro" e "Ndjame" quase não sentiram a presença dos ACS em 2005 e, consequentemente, não receberam um Milho. Do mesmo modo, os agregados familiares nestes subsistemas não foram contados em 2016 e, consequentemente, não receberam quaisquer cupões ou MILDAs.

O distrito sanitário de Yoko apresenta realidades quase semelhantes, pois também encontramos a presença de insectos nocivos como os mosquitos. Além disso, neste subsistema, há uma forte presença de vespas ditas "selvagens", cujas picadas deixam lesões corporais nas suas vítimas. [394] Há também um grande número de "pulgas da carraça". Estes insectos "selvagens" não favorecem a presença do homem neste meio, a não ser que esteja habituado a estar perto deles. Este facto constitui um travão à intensificação da luta contra a malária.

Por conseguinte, é fácil compreender por que razão a distribuição de redes mosquiteiras sempre terminou em fracasso nestas zonas periféricas. Os actores sociais responsáveis pela intensificação da luta contra o paludismo têm grandes dificuldades em atuar nestas zonas geográficas hostis. Esta situação explica em parte que, das 129.782 mulheres grávidas registadas na região Centro em 2003, apenas 3.406 Mil tenham sido distribuídas às que vivem nos bairros rurais, o que corresponde a uma taxa de cobertura de 3,2%. Isto também explica porque é que, durante a grande campanha de distribuição de MILDA em 2016, os 24 distritos periféricos receberam apenas 878.115 MILDA, enquanto os seis distritos de Yaoundé receberam 1.432.511!

Os distritos das zonas rurais são também um travão à luta contra o paludismo, porque estão muito isolados. Nestes subsistemas, a rede rodoviária é deficiente e não está adaptada ao tráfego. Chegar ao distrito sanitário de Ntui a partir de Yaoundé, por exemplo, é uma verdadeira provação, como nos disse um agente comunitário de saúde:

"Tivemos a oportunidade de viver este calvário em 2003, 2004 e 2005. Em primeiro lugar, para chegar ao distrito a partir de Obala, era preciso apanhar o troço Batchenga-Nachtigal, que é a porta de entrada para a cidade de Ntui. Este troço era um verdadeiro calvário, tanto na estação seca como na estação das chuvas. É um caminho de terra batida, cheio de buracos. Na estação seca, o pó está em pleno andamento e é impossível não o aspirar. Na estação das chuvas, é só morte! y há atoleiros por todo o lado, poças e muita lama. Quer esteja a pé ou de carro, vai estar

[394] Trata-se de pequenos insectos negros que vivem no solo e que podem penetrar nos pés humanos sem causar a mínima dor. A sua presença no pé provoca comichão, inchaço e dor nos dedos.

estava a passar um mau bocado. Muitos tiveram de voltar para trás antes mesmo de chegar a Nachtigal. Aqueles que tiveram a sorte de chegar a Nachtigal enfrentaram uma nova provação, pois tiveram de atravessar o Sanaga para chegar a Ntui. A travessia era constantemente efectuada em ferry-boat, que tem a particularidade de comportar um número limitado de pessoas e de se deslocar muito lentamente. Este avariava-se frequentemente e, quando isso acontecia, era necessário chegar ao distrito de Ntui de piroga, com todos os riscos que isso implicava".

Estes comentários sublinham o constrangimento colocado pela falta de vias de comunicação nos distritos periféricos. Os agentes do MINSANTE de Yaoundé, encarregados da distribuição das Mil, foram confrontados com este constrangimento territorial, a tal ponto que alguns deles tiveram de abandonar o processo pelo caminho. Os que conseguiram penetrar nestes bairros rurais travaram uma batalha titânica. Uma vez dentro destes subsistemas, o calvário persiste, se tivermos em conta as palavras deste CSA:

"Os agentes responsáveis pela distribuição das redes, que até viviam em Ntui, também passaram por uma provação. Há certas zonas sanitárias que são intransitáveis quando chove. É impossível chegar a Ndimi, Ngoro ou Talba sem correr riscos. A estrada é escorregadia e há poças por todo o lado, com a possibilidade de um deslizamento de terras! Há também floresta por todo o lado, pois esta é uma zona florestal. [396]O risco de ser mordido por uma cobra não pode ser excluído".

Assim, é fácil compreender porque é que certas zonas sanitárias das zonas rurais como "Ngoro" e "Ndjole" não receberam uma única rede mosquiteira do Estado entre 2003 e 2005, simplesmente porque os ACS não puderam chegar a estas zonas devido ao seu isolamento. No seu trabalho sobre o "distrito sanitário de Akonolinga", Raphael OKALLA expõe as dificuldades de acesso à zona sanitária de Akak através da rede rodoviária quando escreve: *"A aldeia de Akak situa-se a cerca de quarenta quilómetros do hospital de Endom. [397]A estrada é tão má na estação das chuvas que são necessárias três horas de veículo todo-o-terreno para lá chegar a partir de Endom"*. A hostilidade e o elevado grau de isolamento nos distritos rurais também distorceram o processo de distribuição de REMILDs durante a campanha de massas em abril-maio de 2016. [394]Por este motivo, os resultados registados nestes subsistemas foram medíocres em termos de cobertura da população com MILDA.

Além disso, a hostilidade e o isolamento das zonas periféricas também afectaram o trabalho que os agentes comunitários de saúde da APP queriam realizar no âmbito da política conhecida como "gestão domiciliária da malária não complicada" (PECADOM) durante a campanha *"LLIN Hang-Up"* entre 02 e 14 de janeiro de 2011. Tratava-se de campanhas móveis para detetar casos de malária sem complicações e tratá-los no domicílio, inspiradas na estratégia de Eugene JAMOT, distribuindo ao mesmo tempo MILDAs. Os ACS responsáveis por esta ação tiveram dificuldades em realizá-la. A hostilidade na zona impediu-os de visitar os agregados familiares nos bairros rurais. Por exemplo, no distrito de Ntui, os ACS limitaram a operação ao centro da cidade. Isto reflecte-se na observação de que apenas as pessoas que vivem na área de saúde de "Ntui" têm ACSs da APP nas

---

[394] Entrevista com o Sr. Nga Sylvestre, ASC do distrito sanitário de Ntui em 2011, a 14 de junho de 2021.
[395] Entrevista. Ibid.
[396] Ler OKALLA (R), "Le district de sante d'Akonolinga", in Bulletin de l'APAD, 2001, p. 5.
[394] Ver quadro 19 acima.

suas casas e sabem do que se trata o PECADOM. As famílias que vivem nas outras onze áreas sanitárias (Biakoa, Mbangassina, Ndimi, Ndjame, Ngambe Tikar, Ngoro, Nguila, Nyamanga II, Nyamoko, Talba e Voundou) não foram informadas do programa e os seus pacientes não foram tratados em casa porque os ACS que deveriam realizar estas acções sociais estavam todos baseados na área sanitária de "Ntui", localizada no centro da cidade. [395]Esta situação limitou a ação do PECADOM que, para as pessoas que vivem nas zonas de saúde hostis e enclavadas, parece ser "apenas um slogan sem conteúdo real". Para além da hostilidade do meio e do seu elevado grau de isolamento, um outro constrangimento territorial limita fortemente a eficácia da luta social intensificada contra o paludismo nos distritos sanitários rurais do Centro dos Camarões: a presença de "desertos médicos".

2. As tribulações dos "desertos médicos

[396]A expressão "desertos médicos" refere-se à dificuldade de acesso geográfico das pessoas aos centros de saúde. Evidencia o problema do acesso geográfico aos cuidados de saúde para as pessoas de um determinado grupo social, que se reflecte na distância dos centros de saúde às suas casas. [397]De acordo com os indicadores da OMS, o padrão de acesso geográfico aos cuidados de saúde é de cinco (5) quilómetros e uma unidade sanitária para cada dez mil (10.000) habitantes. [398]No entanto, segundo o MINSANTE, "existe um desequilíbrio de infra-estruturas entre as diferentes regiões e mesmo entre os distritos sanitários, com algumas pessoas a viverem a mais de 20 km de uma unidade de saúde". Nos Camarões, verificou-se que, em zonas rurais muito vastas, muitas pessoas ainda têm de percorrer longas distâncias para encontrar um centro de saúde. [399]Por conseguinte, a estratégia de cuidados de saúde primários é difícil de aplicar para muitas pessoas. Esta constatação é válida para os distritos sanitários rurais do Centro-Camarões porque muitas pessoas que vivem nestas zonas são confrontadas com a presença de desertos médicos e têm dificuldade em aceder aos centros de saúde. Esta situação constitui um sério obstáculo ao reforço da luta social contra o paludismo.

Os subsistemas de saúde rurais da região central dos Camarões são confrontados com "desertos médicos", que se exprimem empiricamente quer por um "vazio" em termos de centros de saúde, quer pela ausência de instalações de saúde de qualidade capazes de prestar cuidados de saúde à população. Assim, milhares de pessoas têm dificuldade em aceder a um centro de saúde de qualidade em caso de doença. É o caso da aldeia de "Ndimi" no distrito sanitário de Ntui, que tem uma população de cerca de 1.500 habitantes, mas não dispõe de instalações sanitárias de qualidade. As que existem não dispõem de instalações técnicas e encontram-se em estado de

---

[395] Ler SIMBE AVORE (T.D), Les politiques publiques de traitement du paludisme dans l'arrondissement de Mbouda (1952-2014). Memoire de master en science politique, Universite de Dschang, 2016, p. 84.
[396] Ler FOE NDI (C), La mise en auvre du droit a la sante au Cameroun. These de doctoral en Droit public, Universite d'Avignon, 2019, pp. 196-198.
[397] Ver FOE NDI (C), Idem. p. 198.
[398] Citado por FOE NDI (C), Idem. p. 197.
[399] Ibid. p. 198.

total degradação (é o caso dos IHC de Ndimi e Ehondo). Além disso, enfrentam uma falta gritante de pessoal hospitalar, porque os médicos afectados a estas zonas recusam assumir as suas funções e vão viver para Ntui ou mesmo Yaoundé. O mesmo acontece com a zona sanitária de "Ngoro", que conta com 13.892 habitantes. A consequência é que, em caso de doença, as pessoas são por vezes obrigadas a deslocar-se para o hospital distrital de Ntui, para aqueles que procuram a medicina convencional. No entanto, as zonas sanitárias "Ndimi" e "Ngoro" estão situadas a cerca de vinte quilómetros do hospital distrital de Ntui, muito acima das normas da OMS. Como é possível conceber uma apropriação da sua saúde pelos membros de uma comunidade que são obrigados a percorrer vinte (20) ou mesmo oitenta (80) quilómetros para encontrar um centro de saúde? [400]perguntou inteligentemente o senhor deputado FOE NDI em . Além disso, na estação das chuvas, são necessárias pelo menos duas horas e dois mil francos para chegar ao hospital distrital de Ntui. [401]A mesma realidade pode ser observada no distrito sanitário de Akonolinga, onde Raphael OKALLA mostra que a aldeia de Akak não dispõe de hospitais de qualidade e que, por isso, os seus habitantes são obrigados a percorrer cerca de quarenta quilómetros para chegar ao hospital de Endom, numa estrada "tão má na estação das chuvas que são necessárias três horas com um veículo todo-o-terreno para chegar a Endom". No distrito sanitário de Yoko, há zonas onde praticamente não existem hospitais. É o caso da aldeia de Mfoumbe, que tem quase 1.000 habitantes mas não tem centro de saúde. Aqui, as pessoas são obrigadas a percorrer quase trinta (30) quilómetros para chegar ao centro de saúde integrado mais próximo.

Estes factos provam que as pessoas que vivem nas zonas rurais da região Centro têm dificuldade em aceder aos cuidados de saúde. É neste contexto que surge o conceito de "desertos médicos". Por outras palavras, nesta parte da região, há zonas sociais onde praticamente não existem hospitais, o que obriga a população local a percorrer quilómetros para consultar um médico digno desse nome. Esta situação favorece o aparecimento de estruturas paralelas de tratamento do paludismo e compromete a eficácia da luta social contra esta doença.

Em suma, nos distritos sanitários rurais, a institucionalização da luta contra o paludismo é influenciada por atribulações diretamente ligadas ao território em que se desenrola: trata-se da "complexidade territorial". Estas tribulações resultam da hostilidade do meio, do seu isolamento e da presença de desertos médicos que tornam irrisória a luta social contra o problema do paludismo. Os bairros situados na cidade de Yaoundé não estão imunes aos caprichos do território. Também eles têm limitações diretamente ligadas à complexidade territorial, que distorcem a dinâmica da luta contra o paludismo.

B- As tribulações da complexidade territorial nos distritos de Yaoundé

No domínio social e sanitário dos Camarões Centrais, os constrangimentos ligados

[400] Ibid. p. 198.
[401] Ver OKALLA (R), Idem. p. 5.

ao território que dificultam as dinâmicas de institucionalização da luta contra o paludismo não são apenas visíveis nas zonas rurais. A cidade de Yaoundé também apresenta realidades territoriais que tornam a luta contra o problema do paludismo mais complexa, mesmo que sejam diferentes das vividas na periferia. Recorde-se que a cidade de Yaoundé tem seis (6) distritos sanitários com uma morfologia praticamente idêntica, devido ao facto de estarem todos situados numa zona urbana. Aqui, o processo de implementação da ação pública contra o paludismo não foi fácil para os diferentes actores sociais. Estes tiveram de lidar com um território com um "particularismo" e uma "diferenciação funcional" que territorializou a luta contra a doença nesta área geográfica. Duas tribulações ligadas à complexidade territorial podem ser identificadas nos subsistemas de Yaoundé: a predominância de "zonas ecologicamente favoráveis" (1) e a imensidão dos distritos sanitários (2).

1. As peripécias das "zonas ecologicamente favoráveis

Nos seus trabalhos sobre a luta contra o paludismo nas zonas urbanas, Dominique MEVA'A ABOMO estabelece uma distinção entre o que designa por "contextos ecológicos favoráveis" e "contextos ecológicos desfavoráveis". [402]Os primeiros são zonas com elevado risco de transmissão do paludismo, onde os níveis de exposição ao paludismo são consequentemente mais elevados. [407]Os segundos são zonas onde o risco de transmissão do paludismo é baixo, na medida em que os vectores ainda não encontram as condições ecológicas úteis necessárias para a sua reprodução e desenvolvimento.

A expressão "zonas ecologicamente favoráveis" refere-se a distritos onde as condições sócio-geográficas são propícias ao desenvolvimento de vectores da malária. [408]Caracterizam-se pela existência de determinados locais, tais como charcos, leitos de rios, zonas húmidas de baixa altitude, terrenos baldios urbanos, zonas de água estagnada, zonas mal cuidadas, etc.. A grande maioria dos distritos sanitários de Yaoundé caracteriza-se pela presença deste tipo de zonas, o que dificulta a luta contra o paludismo na sociedade. Embora sejam inerentes à configuração dos ecossistemas, são também o resultado da atividade humana.

Várias zonas de Yaoundé são ecologicamente favoráveis à propagação da malária. Encontram-se em todos os distritos sanitários e caracterizam-se por zonas baixas e pantanosas, leitos de rios e zonas de água estagnada não cuidadas. [409]No distrito de

[402] Ler MEVA'A ABOMO (D), "Le fardeau de la lutte contre le paludisme urbain au Cameroun : etat des lieux, contraintes et perspectives", Op. cit... p. 31.

407 Ibid. p. 31.

408 Ibid. p. 31.

409 Trata-se de uma expressão indexical cujo significado é puramente local. Elie descreve o bairro de Biyem-Assi como o mais insalubre, devido à presença de zonas húmidas baixas não cuidadas. Os habitantes locais chamam-lhe "escorrega de natação" devido à sua configuração geográfica propensa a acidentes, que não só é escorregadia como também pode levar à natação de quem nela se encontra.

"Biyem-Assi", a zona conhecida como "nage-glisse" é uma zona ecologicamente favorável por excelência. Trata-se de uma vasta zona de terrenos baldios, insalubres e cheios de resíduos urbanos. É uma zona privilegiada para o desenvolvimento e a propagação de mosquitos. Aqui, durante o dia e a noite, ouvem-se os mosquitos a sibilar, expondo muitas pessoas ao risco de malária. A chamada zona de "escorregas" tem de ser mantida pelas autoridades públicas, mas as famílias nada podem fazer, dada a sua dimensão, profundidade e risco de escorregar. No bairro de Elig-Edzoa, existe uma zona semelhante denominada "marche Elig-Edzoa bas-fond". Esta zona caracteriza-se pela utilização de marquises abandonadas há muito tempo, expondo os numerosos vendedores aos mosquitos. No distrito de Etoa-Meki, a zona conhecida como "Ntaba" é um verdadeiro foco ecológico. A zona é constituída principalmente por terrenos baldios urbanos, dunas e zonas de águas estagnadas. As autoridades de Yaoundé proibiram a construção de casas nesta zona, mas devido à pobreza e à corrupção, muitas famílias continuam a viver aí, expondo-se ao risco de transmissão do paludismo pelos mosquitos. Os bairros "Tongolo", "Mballa II" e "Mfandena" são também ecologicamente favoráveis devido ao elevado número de marécas que aí se encontram. Estas marécas estão por vezes localizadas nas proximidades de casas de habitação.

As "zonas ecológicas favoráveis" encontram-se em grande número na cidade de Yaoundé, muito mais do que nas zonas rurais. São o ambiente ideal para a propagação do paludismo, devido à elevada proporção de mosquitos que aí se encontram. A este respeito, constituem um verdadeiro constrangimento à dinâmica de institucionalização do modelo de luta contra o paludismo, porque praticamente aniquilam a ação dos actores sociais. As diferentes sequências de distribuição do painço e dos MILDs tornam-se inúteis se os mosquitos puderem "vaguear" a meio do dia e fora das casas. Outro constrangimento à construção de um sistema modelo de luta contra o paludismo continua a existir na cidade de Yaoundé. Trata-se da vastidão dos seus distritos sanitários.

2. As dificuldades dos grandes distritos sanitários

[403]Os seis distritos sanitários de Yaoundé caracterizam-se pelo facto de serem vastos em relação aos bairros convertidos por estes distritos. O distrito sanitário de Ndjoungolo abrange os seguintes bairros:

- Bastos;
- Elig-Edzoa;
- **Elig-Essono ;**
- **Emana;**
- **Essos;**
- **Etoa-Meki;**
- Etoudi;

[403] Os bairros a negrito foram designados como zonas de saúde na região Centro. Os outros bairros não foram designados como zonas de saúde e não estão incluídos nesta lista.

- Mangueira;
- **Mballa II;**
- **Mballa V;**
- Messassi;
- **Mvog-Ada ;**
- **Nfandena ;**
- Ngousso ;
- **Nkomesseng ;**
- **Nkolondom ;**
- **Nlongkak;**
- Nyom;
- Omnisport;
- Olembe;
- Titi-Garagem;
- **Aldeia de Tsinga-**
- Tongolo ;

O distrito sanitário de Biyem-Assi abrange os seguintes bairros:

- **Akok Doe;**
- **Biscoitos;**
- **Biyem-Assi 1;**
- **Biyem-Assi 2 ;**
- Acampamento Yeyap ;
- **Etoug-Ebe;**
- **Melen;**
- **Mendong;**
- **Mvog-Betsi;**
- **Nkolbikokl;**
- **Simbock.**

O distrito sanitário de Nkolndongo abrange os seguintes bairros:

- Biteng;
- **Ekounou ;**
- Elig-Mbida;
- **Kondengui;**
- **Meyo ;**
- Massamendongo;
- **Mimboman 1 ;**
- **Mimboman 2 ;**
- Mvan;
- **Nkolndongo 1**
- **Nkolndongo 2**
- **Nkomo ;**
- **Odza.**

O distrito sanitário de Cite-Verte abrange os bairros seguintes

- **Obras de tijolo;**
- **Carriere;**
- **Cite-verte;**
- **Ekoudou ;**
- Madagáscar;
- **Messa;**
- **Mokolo ;**
- **Nkolbisson;**
- **Nkomkana;**
- **Tsinga;**
- Tsinga-Elobi;
- **Tsinga-Oliga.**

O distrito sanitário de Efoulan abrange os seguintes bairros:

- **Afane-Oyoa ;**
- **Ahala;**
- **Etoniano;**
- Mvolye;
- **Ngoaekelle;**
- **Nsimeyong;**
- **Obili;**
- Obobogo.

O distrito sanitário de Nkolbisson abrange os seguintes bairros:

- **Ekorezock;**
- **Etetak;**
- Nkol-Afeme ;
- **Nkolbisson;**
- **Nkolnkoumou ;**
- **NkolsoO**
- **Nkolso Oyomabang;**
- **Nome Nnam ;**
- **Oyom-Abang.**

Os seis distritos sanitários de Yaoundé cobrem, cada um, uma superfície de 20 a 50 km2 , razão pela qual podem ser qualificados de imensos. Esta vastidão constitui um constrangimento importante para a luta contra o paludismo. Como prova disso, a campanha de recenseamento dos agregados familiares na cidade de Yaoundé, entre 18 e 20 de abril de 2016, foi difícil de realizar no domínio social devido à vastidão dos subsistemas de Yaoundé. Foi o caso do distrito sanitário de Biyem-Assi, que abrange dois distritos de Yaoundé, Yaoundé III e Yaoundé VI. Neste distrito, os agentes do MINSANTE encarregues da operação de recenseamento foram confrontados com um território muito vasto, se tivermos em conta os seguintes comentários de um desses agentes: *"A campanha de recenseamento dos agregados familiares que realizámos em 2016 não foi um sucesso global, porque não conseguimos cobrir completamente certos bairros.* [404]*Isto porque esses bairros eram vastos e só tínhamos 288 agentes de saúde formados e enviados para o terreno*". Então, como é que se cobrem seis subsistemas de saúde com dimensões entre 20 e 50 km2 quando só há 288 profissionais de saúde? Esta pergunta levou à ideia de que a campanha de recenseamento dos agregados familiares de 2016 estava destinada ao fracasso. Para que uma tal operação dê frutos, é necessário um número considerável de agentes capazes de cobrir os 180 km2 de Yaoundé sem a menor dificuldade. Mas isso exige recursos financeiros consideráveis, de que o Estado ainda não dispõe. Deste ponto de vista, a vastidão dos distritos sanitários constituía um obstáculo à política de recenseamento dos agregados familiares. [405]É por isso que, de uma amostra de 1.006 agregados familiares na cidade de Yaoundé, apenas 628 tinham recebido um cupão entre 18 e 30 de abril de 2016. [406]No total, 32,7% dos agregados familiares de Yaoundé não receberam um cupão/ticket em abril de 2016.

Do mesmo modo, as campanhas de distribuição de Mil às mulheres grávidas no domínio da saúde social do Centro, entre 2003 e 2005, foram igualmente afectadas pela territorialização dos distritos de Yaoundé. A dimensão destes distritos não permitiu atingir a taxa de cobertura prevista de 60%. Em 2003, a taxa de cobertura foi de 6,5%, em 2004 de 16,5% e em 2005 de 31,9%. Estas taxas estão muito abaixo da média. Uma das razões apontadas pelos ACS encarregados da distribuição destes Mil é o facto de terem de lidar com distritos difíceis de percorrer devido à sua vastidão. Os distritos sanitários de Biyem-Assi e Ndjoungolo, considerados os maiores de Yaoundé (com cerca de 300.000 habitantes em 2019, segundo as autoridades administrativas), deixaram os ACS exaustos porque tinham de percorrer todos os agregados familiares registados no mercado. Este facto dificultou seriamente o processo de distribuição de Mils às mulheres grávidas.

Em suma, o campo social da saúde no centro dos Camarões está a passar por tribulações territoriais que estão a dificultar o processo de institucionalização da luta contra o paludismo nesta zona. Estas tribulações podem ser observadas tanto nos distritos de saúde rurais como nos de Yaoundé. Na periferia, a hostilidade, o isolamento e a presença de desertos médicos são atribulações ligadas à complexidade territorial, que distorcem o processo de reforço da luta social contra o problema do paludismo. Na cidade de Yaoundé, as tribulações territoriais giram em torno da presença de zonas ecologicamente favoráveis e da vastidão dos distritos sanitários. Esta "complexidade territorial" não é propícia à implantação dos actores sociais responsáveis pela condução das políticas sociais. Para além destas dificuldades territoriais, a implementação da ação pública de luta contra o paludismo é dificultada por outras dificuldades. Estas estão diretamente ligadas aos

---

[404] Entrevista com um agente da malária no more que não quis revelar a sua identidade.

[405] Ver o documento intitulado Camarões: enquete post campagne sur l'utilisation des moustiquares impregnees d'insecticide a longue duree d'action 2016/2017. Op. cit.. P. 73.

[406] Ibid.

"nacionais" e à política de droga em vigor.

Nº 2: As tribulações da complexidade social: a multiplicação dos encargos inerentes aos "nacionais" e aos "tratamentos médicos

Na área geográfica do Centro, os indivíduos para os quais se dirige a implementação das políticas públicas de combate à malária também constituem obstáculos ao endurecimento da luta modema contra esta doença. As suas características e estilos de vida nem sempre são propícios a receber a ação dos actores sociais encarregados de orientar as políticas sociais. [407][408]Os "quadros primários" e o "adquirido" partilhados por estas pessoas constituem obstáculos à mobilização dos executores, sobretudo quando estes últimos não são "filiados" nos parceiros sociais.

[409] A corrente etnometodológica vê a filiação como um processo que consiste em descobrir e apropriar-se das rotinas e dos modos evidentes - etnométodos - escondidos nas práticas de uma sociedade, sem os quais o novato não conseguirá juntar-se ao seu novo grupo e ficará rapidamente numa situação de abandono. Por outras palavras, juntar-se a um grupo é ainda tornar-se membro dele. A implementação de políticas sociais de luta contra o paludismo num determinado território impõe, em primeiro lugar, o dever imperativo de aderir ao grupo social sobre o qual se pretende atuar e provocar mudanças. Se assim não for, as populações locais aparecerão sempre como um obstáculo à implementação da ação social, precisamente porque os implementadores não estão em sintonia com o mundo que os rodeia. No domínio social e sanitário dos Camarões Centrais, os nacionais (os etnometodólogos preferem a noção de *membros)* podem ser classificados em dois grandes grupos: os que vivem nas zonas urbanas e os que vivem na periferia. Dentro destes dois grupos principais, existem também sub-membros que pertencem a diferentes distritos sanitários. Os membros de cada subsistema partilham valores, culturas, códigos e enquadramentos comuns que os tornam indivíduos de pleno direito, diferentes dos membros dos outros subsistemas. O resultado é uma verdadeira "complexidade social" que deve ser gerida pelos actores sociais responsáveis pela intensificação da luta contra o paludismo. O modo de vida das populações locais e os guiões cognitivos que partilham constituem constrangimentos à dinâmica de institucionalização da luta moderna contra o paludismo na região Centro. Um outro constrangimento prevalece nesta zona geográfica. Está diretamente ligado aos medicamentos em circulação. Existe uma "crise" de medicamentos antipalúdicos na região, e a maior parte dos que existem são contrafeitos. Este facto constitui um obstáculo à erradicação do problema da malária. De seguida, analisaremos primeiro as tribulações causadas pelas políticas públicas (A) e depois as causadas pelos medicamentos que y são vendidos (B).

---

[407] Ler AMIEL (P), Etnometodologia aplicada: elementos de sociologia praxeológica. Imprensa do Lema, 2010. p. 68.

[408] Ibid. p. 68.

[409] Ler COULON (A), L'ethnomethodologie. Paris. PUF (col. "Que sais-je?", primeira ed. 1987), 1996, p. 57.

A- Tribulações ligadas aos nacionais

[410]O conceito de beneficiários de políticas públicas refere-se aos indivíduos ou grupos a quem as políticas se destinam. Também se refere aos membros de uma comunidade que se caracterizam por uma "competência única" semelhante e para os quais as políticas sociais são direccionadas. As pessoas que vivem na mesma área caracterizam-se por um *habitus, uma* cultura e códigos semelhantes, razão pela qual os etnometodologistas se referem a elas como 'membros'. [411]Utilizam frequentemente protocolos estabelecidos ou padrões de comportamento familiares para atingir os seus objectivos. Na região Centro, os nacionais não são uma realidade homogénea, pois diferem consoante se encontrem em zonas rurais ou urbanas. Além disso, os nacionais diferem consoante o distrito ou o bairro em que vivem. Os nacionais do campo social do Centro-Camarões têm características que "sombreiam" o endurecimento da luta moderna contra o paludismo. É por isso que são uma fonte de tribulação para a luta social contra esta doença. No entanto, é necessário fazer uma distinção entre as pessoas que vivem nas zonas rurais (1) e as que vivem nas zonas urbanas (2).

1. As tribulações das pessoas que vivem nas zonas rurais

Nas zonas rurais do centro dos Camarões, os habitantes são geralmente analfabetos, pobres e têm uma forte tendência para se automedicarem, o que dificulta a luta social contra a malária. Antes de mais, é de notar que nos distritos sanitários da periferia do Centro, há muitos analfabetos e a língua utilizada é o vemacular. Esta situação não favoreceu a fase de sensibilização que precedeu a distribuição dos MILDAs. No distrito sanitário de Yoko, por exemplo, algumas zonas sanitárias são maioritariamente constituídas por pessoas idosas, a maioria das quais fala apenas a língua vemacular. O diálogo entre os prestadores de cuidados de saúde que vieram de Yaoundé e os beneficiários que vivem no local não foi fácil. Um agente de saúde comunitário explicou as dificuldades com que se deparou durante as sessões de sensibilização dos agregados familiares e de distribuição de MILDA nos seguintes termos: *"Em Yoko, o bairro conhecido por 'Yoko' colocava-me muitos problemas. Há Labas pigmeus que têm dificuldade em exprimir-se em francês. A campanha de sensibilização para a utilização dos mosquiteiros foi, portanto, em vão. [412]Por conseguinte, os mosquiteiros foram distribuídos à maior parte dos agregados familiares deste bairro sem qualquer sensibilização*". Assim, a sensibilização, que constitui a primeira linha de defesa contra as pandemias, foi prejudicada pelo elevado nível de analfabetismo das populações rurais. Alguns profissionais de saúde afirmam mesmo que, nas aldeias de Donga e Mifoumbe, as pessoas falam principalmente a língua *Baveuk* e "nem sequer sabem dizer olá". As

---

[410] Ver LEVY (J) e WARIN (P), "ressortissants", em BOUSSAGUET (L), JACQUOT (S) e RAVINET (P) (dir.), Dictionnaire des politiques publiques. [eme]SciencesPo Les Presses, 5 edição, 2019, p. 555.

[411] Ler HALL (P.A) e TAYLOR ROSEMARY (C.R), "La science politique et les trois neo- institutionnalismes", Op. cit... p. 473.

[412] Entrevista com Voutsi Pierre, em 22 de junho de 2021, que participou nas várias campanhas de distribuição de MILDA enquanto agente comunitário de saúde no distrito de Yoko.

várias campanhas de comunicação de mudança de comportamento (BCC) e de controlo domiciliário do paludismo (PECADOM) são inúteis num tal contexto social. Quando os actores sociais não partilham o "código" dos nacionais, a política social fica comprometida porque "o código não é objeto de conversas ou comentários mundanos entre prisioneiros, é vivido. O código é geralmente tácito, mas ao mesmo tempo estrutura a situação. [413]Torna-se parte da linguagem" . Para que a luta social contra o paludismo seja plausível, é necessário que os actores sociais possam fazer parte do meio em que estão implantados, através de um processo de filiação que os tornará membros dessa aldeia. [414]É evidente que os agentes responsáveis pela luta social contra o paludismo em Yoko não eram membros deste subsistema, porque "um membro é alguém que 'domina a linguagem natural', as competências sociais da comunidade em que vive". [415]Os actores sociais devem ter "uma visão íntima de um mundo social particular", o que significa partilhar uma linguagem comum com os membros, a fim de evitar interpretações erradas. Cabe, portanto, aos actores sociais absorverem o "código" dos nacionais para ultrapassarem o constrangimento representado pela iliteracia das populações locais.

[416]Além disso, de acordo com a política nacional de controlo da malária dos Camarões, os agregados familiares e as comunidades devem desempenhar um papel importante na definição de políticas e programas de saúde, bem como no seu planeamento e execução. A pobreza das pessoas que vivem nas zonas rurais do centro dos Camarões é um verdadeiro obstáculo à participação da comunidade na luta social contra a malária. Muitos agregados familiares não têm dinheiro suficiente para pagar o seu próprio tratamento. [417]Este estado de indigência limita a ação social dos hospitais nos cuidados e no tratamento dos casos de paludismo, porque a nível dos hospitais distritais, existe uma política hospitalar segundo a qual *"o dinheiro recolhido por um hospital em 65 doentes permite-lhe receber dinheiro da delegação regional para o tratamento de 100 doentes". Por* outras palavras, os recursos financeiros de um hospital distrital provêm principalmente das somas de dinheiro cobradas à "cabeça" de cada paciente tratado. Quando os doentes são indigentes, os recursos do hospital esgotam-se. Isto só serve para enfraquecer o hospital e o seu pessoal, como nos disse o diretor do hospital distrital de Yoko:

"A grande dificuldade com que nos deparamos aqui em Yoko é que os doentes que vemos neste hospital não têm muitas vezes meios para pagar os seus tratamentos, que são essenciais para o funcionamento do hospital. [418]Assim, temos de ir ao fundo do nosso próprio bolso para pagar os cuidados de alguns doentes, porque o Estado não atribui fundos diretamente às unidades de saúde".

Desta afirmação, conclui-se que os hospitais das zonas rurais têm dificuldade em

---

[413] Ler COULON (A), L'ethnomethodologie. Op. cit... p. 21.

[414] Ibid. p. 49.

[415] Ibid. p. 49.

[416] Ler Plano Estratégico Nacional para o Controlo da Malária nos Camarões 2007-2010. Op. cit... p. 22.

[417] Entrevista com o Diretor do Hospital Distrital de Ntui a 5 de julho de 2021.

[418] Entrevista com o Diretor do Hospital Distrital de Yoko em 6 de julho de 2021.

tratar os doentes com malária devido à miséria destas pessoas. Este estado de indigência resulta do facto de, nos subsistemas rurais do Centro, as pessoas viverem essencialmente da agricultura. Esta atividade é muito mais para consumo próprio e menos para comercialização. Consequentemente, se estão protegidas da necessidade de alimentação, estas populações estão pouco protegidas da necessidade financeira de pagar os cuidados de saúde nos hospitais. Esta situação constitui um rude golpe para os cofres dos hospitais e tem um impacto financeiro nos médicos, que são obrigados a meter a mão no bolso para tratar doentes sem recursos económicos. A luta social contra a malária depara-se também com outra dificuldade nas zonas rurais, a saber, a miséria da população. É por isso que pensamos que seria bom que o Estado não anulasse a política inicial, mas que colocasse à disposição dos hospitais rurais uma verba que lhes permitisse tratar os casos de verdadeira indigência dos doentes. [419]É este o papel de um Estado "reflexivo", "supervisor" ou "propulsor", ou seja, um Estado que domina e tem em conta as realidades sociais concretas dos seus subsistemas.

Além disso, devido à sua forte ligação aos códigos culturais e aos guiões cognitivos da sua terra, as pessoas que vivem nas zonas rurais do centro dos Camarões têm uma forte propensão para a automedicação. De facto, nos distritos sanitários da periferia do Centro, apesar do endurecimento do método de controlo, a grande "apolítica" de luta contra o paludismo baseia-se na automedicação. Em termos mais simples, trata-se de gerir a malária em casa. É de salientar que a gestão doméstica do paludismo sem complicações é uma prática popular oficialmente encorajada pelo Programa Nacional de Controlo do Paludismo (PNMC). [420]Esta prática é também encorajada pela pobreza e pelo apego ao registo sociocultural. Entre os muitos intervenientes no sector da saúde nos Camarões, o Plano Estratégico Nacional de Luta contra o Paludismo (PSNLP) menciona os "agregados familiares". A automedicação é uma prática reconhecida e encorajada pelos regulamentos e instrumentos de controlo do paludismo nos Camarões. No entanto, como observámos, esta prática tornou-se o pilar da luta contra o paludismo nos distritos rurais do centro dos Camarões, ao ponto de ser a única forma de combater a doença. No entanto, o PNMC define o quadro em que o tratamento domiciliário é efectuado, ou seja, apenas no caso de um "episódio simples de paludismo". No entanto, as pessoas que vivem nos distritos periféricos não respeitam esta prescrição, alargando a auto-medicação a episódios de paludismo grave.

Concretamente, quando falamos de automedicação, estamos evidentemente a falar da gestão doméstica de uma doença, mas estamos também a falar da forte presença de um sistema informal de cuidados e da institucionalização de estruturas de saúde paralelas. [421]São estas as formas sociológicas de resposta ao paludismo que se observam nas zonas remotas da região Centro e que correspondem à "produção de

[419] Ver PAPADOPOULOS (Y), Complexite sociale et politiques publiques. Op. cit.. p. 13.
[420] Ler MEVA'A ABOMO (D), "Le fardeau de la lutte contre le paludisme urbain au Cameroun : etat des lieux, contraintes et perspectives", RCGT, vol 3 (2), p. 30.
[421] Ler LASCOUMES (P) e LE GALES (P), Sociologie de 1 action publique. °Armand Colin, 2 ed. 2012, p. 38.

sistemas locais de ação pública". [422]As populações desta parte da região organizam-se e desenvolvem uma "soberania de grupo" que está em permanente transação com a soberania política do Estado . Esta "soberania de grupo" permite-lhes desenvolver a sua própria estratégia de resposta ao problema da malária, de acordo com os seus códigos culturais.

Assim, o tratamento do paludismo na periferia da região Centro-Camarões é, em grande parte, obra das famílias. Nesta parte do campo social da saúde do Centro, as pessoas estão fortemente ligadas pela "solidariedade primordial" e preferem, por isso, tratar dos seus problemas no seio da unidade familiar. [423]Assim, quando confrontados com um episódio de paludismo, os doentes são primeiro tratados com uma bebida preparada nos respectivos círculos familiares. Nos distritos sanitários de Ntui e Yoko, as pessoas têm relutância em serem tratadas no hospital por um médico, por duas razões. A primeira é que o pessoal médico destes distritos é constantemente criticado pela população local, porque os exames que efectuam aos poucos pacientes que lá vão acabam sempre em casos de patologias complicadas (hepatite, SIDA, clamídia, etc.) que exigem o pagamento de somas avultadas. [424]A opinião pública considera que se trata de uma estratégia dos médicos desonestos para "ganhar dinheiro à custa dos doentes pobres". A segunda razão é o facto de os hospitais dos distritos sanitários da região se encontrarem constantemente num estado de degradação e insalubridade indescritíveis. A título de exemplo, podemos citar as instalações sanitárias da zona sanitária "Ndimi", como o CS de Salakounou, o CSI de Biagnimi e o CS de Ad lucem em Ossombe. Esta lista inclui também todas as unidades sanitárias das zonas sanitárias "Doume", "Makouri" e "Mankin" do distrito sanitário de Yoko. Nestes centros de saúde, os edifícios estão em mau estado, as ervas daninhas instalaram-se e, na estação seca, as instalações estão cheias de pó. Esta é uma das razões empíricas pelas quais as pessoas dos distritos de Ntui e Yoko preferem ser tratadas em casa, e não sem sucesso, em vez de se deslocarem a um centro de saúde para serem tratadas. A outra razão reside no apego das famílias destes distritos ao seu registo cultural.

[425]O paludismo é tratado em casa através de "farmácias domésticas". Não querendo ser tratadas no hospital, as famílias estão a fazer o seu melhor para criar farmácias caseiras. Estas incluem medicamentos como o quinino, a nivaquina, o ACT, o paracetamol e muitos outros, destinados a aliviar os doentes no seio da estrutura familiar. Estes medicamentos, que constituem verdadeiros recursos materiais para as famílias, são importados de Yaoundé quando um membro da família viaja. Para além das "farmácias domésticas", as populações dos bairros das zonas periféricas do Centro estão fortemente ligadas às "plantas medicinais".

---

[422] Ler FAURE (A), La question territoriale. Pouvoir locaux, action publique et politique (s'). Ciência Política, Universite Pierre Mendes-France-Grenoble II, 2002, p. 119.

[423] Ver MOULIOM MOUNGBAKOU (I.B), "Concurrence des therapeutiques traditionnelles et biomedicales dans le lutte contre le paludisme a l Extreme-Nord du Cameroun", Op. cit.. P. 151.

[424] Entrevista com um habitante de Ndimi no distrito sanitário de Ntui.

[425] Uma espécie de pequena farmácia que se encontra nas casas das pessoas, contendo medicamentos comprados em Yaoundé, normalmente guardados num armário.

De facto, uma das principais razões pelas quais as pessoas nos distritos sanitários rurais abandonam as unidades sanitárias é a sua forte ligação às chamadas plantas "medicinais". A planta mais popular e procurada é a citronela. Em caso de febre, muitas famílias não hesitam em utilizar esta planta. O chefe da aldeia de Ndimi, em Mbam-et-Kim, explicou as virtudes desta planta numa entrevista:

"A citronela é uma planta mágica que os nossos antepassados utilizaram durante muito tempo para lutar contra as doenças. Eu, em particular, não vou ao hospital, nem sequer tomo os chamados comprimidos 9a. Utilizo a citronela para tratar os meus problemas de saúde e os dos meus filhos. Quando tenho uma pequena febre, fervo-a em água limpa com um pouco de *'ndjindja'* e depois, por vezes, bebo-a com um pouco de açúcar. [426]Trinta minutos depois, começo a suar, as minhas articulações ficam mais fortes, o meu cansaço desaparece e, de repente, sinto-me como um jovem jardim" .

Em última análise, a utilização de plantas medicinais e o recurso às "farmácias domésticas" fazem parte das "convenções sociais" dos indivíduos que vivem nas aldeias da região Centro. [427]Quando os indivíduos "agem de acordo com uma convenção social, constituem-se simultaneamente como actores sociais, ou seja, realizam acções dotadas de significado social e reforçam a convenção a que obedecem" . Daí a forte tendência das populações locais para a automedicação, apesar de esta estar excluída do quadro institucional de luta contra o paludismo grave. [428]Esta forte tendência para a auto-medicação é encorajada pelo facto de, em vez da medicina convencional, os adeptos da medicina paralela, que estão mais próximos das populações, as instruírem regularmente sobre a necessidade de manterem cascas de árvores ou produtos farmacêuticos nas suas farmácias para prevenir qualquer surto súbito de febre. O que observámos nas aldeias da região Centro é que, à entrada de cada casa, há uma boa porção de "acitronnelle", que parece ter-se tornado a chave para prevenir qualquer doença que a natureza lhes tenha dado. [429]Em consequência da utilização das "FARMÁCIAS domésticas" e das "ERVAS medicinais", pode dizer-se que, em vez das medidas preventivas e terapêuticas oficiais, as pessoas recorrem agora a práticas tradicionais ou a medicamentos clandestinos. Tudo isto dificulta a institucionalização de uma abordagem moderna de controlo do paludismo na região Centro-Camarões.

2. As tribulações das pessoas que vivem em zonas urbanas

Nas zonas urbanas da região Centro-Camarões, a população caracteriza-se pela sua densidade e insalubridade, o que complica a luta social contra o problema da malária nas zonas urbanas. A densidade da população que vive nas zonas urbanas constitui um sério obstáculo à luta social contra o paludismo. Em primeiro lugar, esta situação dificulta a ação dos centros de saúde urbanos, que ficam sobrecarregados com o número de doentes que têm de tratar. Tendo isto em mente,

[426] Falámos com o chefe da Ndimi, que teve a amabilidade de manter o anonimato.
[427] Ler HALL (P.A) e TAYLOR ROSEMARY (C.R), "La science politique et les trois neo- institutionnalismes", Op. cit.. p. 484.
[428] Ver MOULIOM MOUNGBAKOU (I.B), "Concurrence des therapeutiques traditionnelles et biomedicales dans la lutte contre le paludisme a I Extreme-Nord du Cameroun", Op. cit... p. 150.
[429] Ibid. p. 150.

vale a pena notar, como faz o senhor deputado MEVA'A ABOMO Dominique, que o sistema de saúde nas cidades dos Camarões está sobrecarregado. Isto significa que a oferta é insuficiente em relação à procura. [430]Afecta também a qualidade dos cuidados". O verdadeiro problema reside no facto de os distritos sanitários de Yaoundé incluírem zonas sanitárias com mais de 50.000 habitantes, o que não está em conformidade com as regras da OMS, que são repetidas no decreto n.º 95/040 de 7 de março de 1995 sobre a organização do Ministério da Saúde Pública dos Camarões. [431]Este decreto especifica que uma zona sanitária urbana deve ter um máximo de 12.000 habitantes. [432]No entanto, as zonas sanitárias de ABIYEM-ASSI 1 e aMelen têm cada uma cerca de 60.000 habitantes. Esta realidade social, que não respeita a regulamentação da OMS, sobrecarrega cada um dos equipamentos de saúde destas zonas e afecta a qualidade dos cuidados; tudo isto favorece o aparecimento de uma "medicina paralela", muitas vezes inadequada ao tratamento dos doentes.

Em segundo lugar, a densidade populacional dos distritos de Yaoundé dificulta o destacamento dos actores sociais encarregados da luta social contra o paludismo. Uma das dificuldades encontradas pelos enumeradores em 2016 foi o elevado número de agregados familiares a visitar. Verificou-se uma discrepância flagrante entre o número de agregados familiares e o número de agentes responsáveis pela campanha de distribuição de cupões porta-a-porta. No vasto distrito sanitário de Biyem-Assi, por exemplo, os recenseadores tiveram muito trabalho, uma vez que tiveram de lidar com um "distrito-sargento" que abrange dois distritos de Yaoundé (distritos III e VI) e que é composto por quase 400 000 habitantes, de acordo com as autoridades administrativas. Neste contexto, a campanha de distribuição de MILDA estava destinada a ser um fracasso, sobretudo quando o número de recenseadores de agregados familiares era limitado a 60. As palavras de um responsável pelo recenseamento neste distrito são reveladoras:

"A campanha de recenseamento dos agregados familiares não foi uma sinecura no distrito de Biyem-Assi, pois custou-nos tempo, dinheiro e energia. Havia demasiados agregados familiares para cobrir e nós éramos apenas sessenta. [433]Consequentemente, fomos obrigados a não contar alguns agregados situados nas zonas rurais do distrito e em zonas precárias".

Desta afirmação resulta que alguns agregados familiares no distrito sanitário de Biyem-Assi não foram enumerados entre 18 e 30 de abril de 2016 e, consequentemente, não receberam cupões, que era o pré-requisito para receber os MILDAs no ponto de distribuição. Foi o caso dos agregados familiares que vivem na zona sanitária de "Akok Doe". A densidade da população dificultou efetivamente a sequência de distribuição dos MILDA nos bairros das zonas urbanas e, por conseguinte, em toda a região Centro-Camarões. É por isso que, dos 3.584.478 MILDAs previstos e planeados para distribuição em toda a região

[430] Ver MEVA'A ABOMO (D), Op. cit... p. 34.

[431] Ibid. p, 34

[432] Melen é a maior área de saúde do distrito de Biyem-Assi, com uma população de 59.059 habitantes.

[433] Entrevista com o Sr. FOUDA Blaise, agente comunitário de saúde no distrito de Biyem-Assi, em 8 de julho de 2021.

Centro, foram distribuídos 2.311.626 MILDAs, o que representa uma taxa de cobertura da população de 64,4%, abaixo dos objectivos fixados pelo PNLP e pelo MINSANTE! Para além da sua densidade, as populações que vivem nas zonas urbanas do Centro-Camarões caracterizam-se também pela sua insalubridade.

De facto, ao observar, a maior parte da população de Yaoundé vive num estado de insalubridade total, o que não favorece a luta contra o paludismo nas zonas urbanas da região Centro. Os bairros de Elig-Edzoa, Biyem-Assi, Essos e Manguier são exemplos evidentes. Aqui, o lixo doméstico está espalhado pelas ruelas, exalando um cheiro insalubre. Os lagos e as correntes de água suja instalaram-se. A relva invade a área à volta das casas. [434]A única causa de tudo isto é a população local, que fez da insalubridade um *hábito* de classe. De facto, no bairro de Manguier, foram vistos habitantes locais a deitar lixo à beira da estrada ao mesmo tempo. [435]Isto sugere que, nos subsistemas urbanos, a insalubridade se tornou um *habitus* entendido como um sistema de disposições duráveis e transponíveis, estruturas predispostas a funcionar como estruturas estruturantes. Por outras palavras, a insalubridade torna-se aqui como uma lei imanente que faz parte das condições objectivas de vida das populações de Yaoundé. Neste contexto, torna-se muito difícil lutar contra a fêmea do anopheles, o vetor por excelência do paludismo.

No fim de contas, quer se trate de zonas rurais ou urbanas, as populações do campo social da saúde no Centro-Camarões são, em si mesmas, as principais dificuldades da dinâmica de institucionalização do modelo de luta contra o paludismo. Nos distritos sanitários das zonas rurais, são o analfabetismo, a miséria e a forte propensão da população para a "solidariedade primordial" que dificultam a luta social contra o paludismo. Nas zonas urbanas, é a densidade populacional e as condições insalubres que dificultam a ação dos actores sociais. Os nacionais são, por conseguinte, um constrangimento importante para a luta contra o paludismo na região Centro. Para além deste constrangimento, a "política" da droga que prevalece nesta zona geográfica constitui um obstáculo importante ao processo de institucionalização da luta contra o paludismo.

B- As tribulações associadas à "medicamentação" ou "farmaceuticalização" dos medicamentos anti-maláricos

[436]Sjaak Van Der GEEST utiliza os termos "medicamentação" e "farmaceuticalização" para descrever conceitos geralmente utilizados para descrever a utilização crescente de produtos farmacêuticos para restaurar e manter a saúde. De facto, escreve, "em todo o mundo, as pessoas acreditam cada vez mais que precisam de um comprimido para cada problema de saúde com que se

[434] Pierre Bourdieu considera que o habitus não é outra coisa senão esta lei imanente, *a lex insita* inscrita nos corpos por histórias idênticas, que é a condição não só da concertação das práticas mas também das práticas de concertação. Ler BOURDIEU (P), Le sens pratique. Les editions de Minuit, 1980, p. 99.

[435] BOURDIEU (P), Idem. p. 88.

[436] Ler GEEST (SVD) "Les medicaments sur un marché camerounais. Reconsideration de la commodification et de la pharmaceuticalisation de la sante", In Revue Internationale francophone d'anthropologie de la sante. Association Amades, Varia, 2017, p. 3.

deparam. [437]Esta mania dos medicamentos está a alimentar a sua procura". Os medicamentos tornam-se, assim, um bem essencial para fazer face aos problemas de saúde pública e, por conseguinte, têm de ser colocados no mercado para garantir a sua comercialização. [438] É com base nesta realidade que o medicamento se torna um objeto de "mercantilização", ou seja, é-lhe atribuído um valor económico, pois passa a fazer parte do circuito de compra e venda.

Uma das formas mais comuns de combater a malária é fornecer à população medicamentos anti-maláricos, que são medicamentos destinados a travar o desenvolvimento do plasmódio no corpo humano. Isto significa que cada Estado deve adotar uma "política" de medicamentos para proteger os seus cidadãos de problemas de saúde graves. Deste ponto de vista, os medicamentos parecem ser "bens de saúde" que devem ser colocados à disposição da população. PODA BOUMANAI ANGELAIN afirmou que "na realidade, o medicamento é um "bem de saúde". [439]Por conseguinte, se a saúde é um bem público, o medicamento, que é o veículo da saúde, é um bem público "intermédio" que conduz à saúde, que é o bem público último". Não podemos falar de questões de saúde pública sem mencionar o papel crucial dos medicamentos neste processo. Mas há uma questão fundamental que se mantém: o acesso a medicamentos de qualidade para todos. [440]Christophe FOE NDI assume-o quando escreve que "o acesso aos medicamentos para todos é visto como um direito humano fundamental porque é um complemento e uma componente essenciais do direito à saúde". E prossegue [441]"No entanto, apesar da sua natureza fundamental para a realização do direito à saúde, o acesso a medicamentos de qualidade continua a ser um objetivo praticamente inatingível em alguns países". Os Camarões não são exceção, pois o acesso a medicamentos de qualidade é um problema grave na região Centro.

O subsistema Centro-Camarões caracteriza-se por um vasto mercado de comercialização de medicamentos em geral e de medicamentos antimaláricos em particular. O problema aqui não é o acesso aos medicamentos, mas o acesso a medicamentos de qualidade. Encontrar um medicamento antipalúdico de qualidade não está ao alcance de todos na região, porque a "farmacologização" é muitas vezes obra de um mercado informal e da contrafação, ou mesmo do contrabando. Esta realidade não se limita à região Centro, mas aplica-se a toda a África, como nos diz Edrich Nathanael TSOTSA: "a

[442]distribuição de medicamentos e outros produtos farmacêuticos através de uma rede informal é uma realidade que pode ser observada no ambiente quotidiano das condições globais de comércio de bens e serviços em África". Uma vez que os

[437] Ibid. P. 2.

[438] Esta expressão significa que é atribuído um valor económico a uma coisa que foi originalmente concebida fora do circuito da compra e venda. É o caso da saúde, que é garantida pelas relações comerciais quotidianas através da compra de medicamentos em locais reservados ao comércio. Para mais pormenores sobre esta expressão, ver GEEST (SVD), Idem. p. 3.

[439] Citado por FOE NDI (C), La mise en auvre du droit a la sante au Cameroun. Op. cit... p. 214.

[440] FOE NDI (C), Idem. p. 214.

[441] Ibid. pp. 214-215.

[442] Ver TSOTSA (E-N), Op. cit... p. 297.

medicamentos são "bens de saúde", a sua má qualidade constitui uma falha grave na luta social contra a doença. No domínio social da saúde no Centro-Camarões, o medicamento está mesmo a tornar-se um entrave aos esforços de luta contra o paludismo, na medida em que sofre de uma falta de qualidade gritante, pois a sua circulação resulta de vendas informais (1) e de contrafação (2).

1. As tribulações associadas à comercialização informal de medicamentos contra a malária

Na região Centro-Camarões, existe um forte mercado informal de medicamentos contra a malária, que as pessoas utilizam para prestar os seus próprios cuidados de saúde. Este mercado está claramente a ganhar terreno em detrimento das farmácias convencionais e do sistema público de saúde.

A observação mostra que o sector privado informal da droga cresce à medida que se passa do centro de Yaoundé para a periferia. Existe onde, e porque, os serviços públicos não atingem os seus objectivos. Os medicamentos informais estão mais disponíveis e são mais acessíveis às pessoas do que os dos sectores público e privado formal, por três razões. Em primeiro lugar, os medicamentos vendidos pelos vendedores são os mais económicos. Com eles, os clientes podem comprar a quantidade de que necessitam para praticar a automedicação num determinado momento, ao contrário das farmácias convencionais que apenas vendem medicamentos na sua embalagem original, o que é demasiado caro para alguns clientes. Em segundo lugar, os vendedores informais de medicamentos são geograficamente mais acessíveis do que as farmácias convencionais, uma vez que podem ser encontrados a poucos quilómetros da casa do doente, ao contrário das farmácias ou dispensários, que muitas vezes estão localizados a 50 quilómetros da casa do doente. Por último, a maioria dos vendedores está disponível dia e noite. As suas lojas fecham quando toda a gente está na cama e, depois de fecharem, ainda é possível comprar medicamentos, pois alguns vendedores têm as suas casas perto das suas lojas. Esta flexibilidade contrasta fortemente com os horários de trabalho rigorosos dos serviços formais. Por estas três razões, o sector informal antipalúdico está a ter precedência sobre o sector formal. Por conseguinte, a maior parte dos doentes com paludismo são tratados com medicamentos antipalúdicos provenientes de um circuito informal e não convencional.

Consequentemente, observou-se que o domínio social da saúde nos Camarões Centrais é um domínio em que o sector informal da droga privada tem o vento a favor. Este facto é encorajado pela "crença popular" de que os medicamentos são a "solução milagrosa" para os problemas de saúde. Em Yaoundé, os medicamentos tornaram-se mesmo um bem precioso, essencial para uma vida verdadeiramente saudável, de tal modo que comprá-los é considerado a coisa mais racional a fazer. [443]NICHTER sublinha a "falsa consciência" implícita neste tipo de comportamento quando afirma que "uma sensação ilusória de segurança sanitária é fomentada pelas reivindicações exageradas dos produtos farmacêuticos..." . [451]Introduz assim o

[443] Citado por GEEST (SVD), Op. cit... p. 9.

termo "farmaceuticalização", um processo que considera uma forma de "fetichização": a atribuição de poder aos medicamentos para além dos seus princípios activos. Os medicamentos são vistos como a "solução milagrosa" para o processo de obtenção de uma boa saúde, e esta crença encoraja a compra generalizada de medicamentos e o desenvolvimento de um mercado informal para os mesmos.

Na área geográfica do Centro, os vendedores de medicamentos do sector informal ocupam o espaço de comercialização dos medicamentos antipalúdicos, que colocam à disposição da população local. Estes vendedores constituem grupos heterogéneos, o que favorece a sua multiplicação na região. A maior parte deles são comerciantes comuns que vendem produtos de uso quotidiano, incluindo os antipalúdicos, em lojas ou quiosques. Na cidade de Yaoundé, existem cerca de 800 lojas e quiosques onde se pode comprar pelo menos um ou dois tipos de medicamentos antipalúdicos, sendo os mais comuns a Quinacrina, a Nivaquina, a Quinina, a Cloroquina, a Sulfadoxina-Pirimetamina, a Amodiaquina e a terapia combinada à base de Artemisimina. Uma segunda categoria de vendedores informais de medicamentos é constituída por 'colportores' que viajam de aldeia em aldeia durante a época da colheita do cacau, quando os aldeões têm pouco dinheiro. Estes "colportores" vendem vários tipos de bens, para além de medicamentos. Uma terceira categoria é constituída por vendedores de mercado que vendem medicamentos entre outros produtos. Encontramo-los em grande número em Yaoundé, nos mercados "centrais" de "Mfoundi" e "Elig-Edzoa". Uma quarta categoria de vendedores é constituída por aqueles que se especializam na venda de medicamentos e cuja gama de produtos é muito mais vasta do que a dos vendedores acima mencionados.

Os vendedores informais ocupam o espaço onde os medicamentos antipalúdicos são comercializados e estão localizados perto da população, pelo que são mais procurados do que os farmacêuticos tradicionais. Embora os medicamentos que colocam à disposição da população sejam de qualidade e eficácia duvidosas, os agregados familiares preferem beber nas suas fontes em vez de se deslocarem a uma farmácia ou hospital, muitas vezes muito longe do local onde vivem, e sabendo que os medicamentos aí disponíveis são caros. Esta realidade constitui um constrangimento à luta social contra o paludismo, uma vez que a comercialização informal de medicamentos antipalúdicos é efectuada por vendedores sem formação e os medicamentos vendidos são de origem desconhecida. Assim, em vez de cuidar da sua própria saúde, as pessoas colocam-se numa situação em que podem contrair outra doença ou não tratar o problema da malária, porque os medicamentos antipalúdicos que tomam são de qualidade duvidosa. [444]Apesar dos esforços envidados pelas autoridades públicas para combater a venda informal de medicamentos, é de notar que esta prática persiste, e que esta persistência é o

[444] O último esforço vem do Ministro Manaouda Malachie, que emitiu uma declaração em 10 de julho de 2019 proibindo a venda de medicamentos no mercado informal.

resultado imediato da pobreza da população, que vê no sector informal um "abon marché" para comprar medicamentos antipalúdicos baratos. [445]Sjaak Van Der GEEST vai mais longe, salientando que foi o fracasso do sistema público de saúde que favoreceu o aparecimento do sector privado informal dos medicamentos, quando escreve: "estes serviços privados - formais e informais - eram a prova viva da disfunção do sistema público de saúde" .

Além disso, a comercialização informal de medicamentos antipalúdicos incentiva a promoção das chamadas "farmácias paralelas". [446]Ainda conhecidas como "amedecinas clandestinas", as "FARMÁCIAS paralelas" referem-se a terapias baratas dispensadas por farmacêuticos de rua ou em casa por enfermeiros formados não recrutados pelo Estado. Estas farmácias existem em grande número nos distritos sanitários da periferia da região Centro e não são objeto de qualquer proibição por parte dos poderes públicos. São praticamente aceites como o meio normal de tratamento das doenças, a par das farmácias tradicionais. Por conseguinte, estão praticamente institucionalizados pelo Estado. [447]A distribuição de medicamentos e outros produtos farmacêuticos através de uma rede de comércio informal é uma realidade que faz parte do ambiente quotidiano das condições globais do comércio de bens e serviços em África.

No distrito sanitário de Ntui, existe uma forte presença de "FARMÁCIAS paralelas", onde os medicamentos são vendidos ao público a preços muito baixos. Estas farmácias estão a substituir as farmácias convencionais, onde o custo dos medicamentos é considerado demasiado elevado. Um conhecido fornecedor clandestino, conhecido por "Bamenda Boy", tem uma "farmácia paralela" em pleno centro da cidade de Ntui, num local chamado "Centre". É um médico formado mas não recrutado pelo Estado. Dispõe de um grande stock de medicamentos, seringas e infusões, o que lhe permite tratar as pessoas que sofrem de paludismo em casa. Um outro prestador clandestino, baseado no distrito de Haoussa, trata os doentes de paludismo no seu domicílio a preços muito razoáveis. [448]No total, existem nove "farmácias paralelas" na zona sanitária de "Ntui", em comparação com duas farmácias convencionais aprovadas pelo Estado. Aqui, a medicina clandestina parece ter-se tornado uma norma, um substituto, um paliativo para os desertos médicos. A este respeito, constituem um obstáculo a uma luta social eficaz e eficiente contra o problema do paludismo.

No distrito sanitário de Yoko, as "farmácias paralelas" também estão em plena atividade. Neste domínio social da saúde, é a presença de "desertos médicos" que favorece o aparecimento destas farmácias. Um célebre médico clandestino, conhecido por "patson", fornece ao público medicamentos de todos os tipos para aliviar os doentes de malária. Neste subsistema, existem quatro farmácias

---

[445] Ver GEEST (SVD), op. cit., p. 7.
[446] Ver MOULIOM MOUNGBAKOU (LB), Idem. p. 150.
[447] Ver TSOTSA (E-N), Idem. p. 297.
[448] Trata-se das farmácias "sainte Therese de Ntui" e "pro-pharmacie la perseverance", situadas no coração da cidade de Ntui, num local chamado "centro".

paralegais, contra duas farmácias convencionais aprovadas pelo Estado. Nos distritos sanitários da periferia do Centro-Camarões, os medicamentos clandestinos ou as farmácias paralelas fazem parte integrante das "medidas" de luta contra o paludismo. Embora "clandestinas" ou "paralelas", estas farmácias são atualmente consideradas como o quadro normal e institucional da luta contra o paludismo, dado o número de pessoas que a elas se dirigem quando estão doentes. Estão assim a substituir as farmácias convencionais, praticamente inexistentes nesta zona geográfica. Devido à sua eficácia duvidosa, as "farmácias paralelas" constituem um constrangimento importante para a institucionalização da luta contra o paludismo. A venda ambulante de medicamentos ou "medicamentos de rua" também está incluída na categoria das estruturas ditas "paralelas" de luta contra o paludismo. Por outras palavras, para além do problema da comercialização informal de medicamentos antipalúdicos, existe o problema da contrafação.

2. As tribulações associadas à venda generalizada de medicamentos contrafeitos

Para além da venda informal de medicamentos antipalúdicos, que tem o vento a favor na região Centro, existe também o fenómeno da contrafação, que está a ter um grande impacto nos medicamentos antipalúdicos. Trata-se de uma distorção flagrante da luta social contra a malária. Monique MAS descreve a situação calamitosa da contrafação de medicamentos nos Camarões e em toda a África nos seguintes termos

"Alguns medicamentos contrafeitos são fabricados e acondicionados em latas ou frascos com nomes fantasiosos ou com nomes que não constam das listas dos serviços farmacêuticos autorizados. Por outras palavras, existem linhas de produção clandestinas que copiam a embalagem dos produtos farmacêuticos, sem ter em conta o conteúdo molecular dos produtos. Os corruptos locais são responsáveis por injectá-los em circuitos de distribuição locais mal controlados. Antimaláricos falsos nos Camarões, antibióticos falsos na República Democrática do Congo, estes produtos de contrafação não são apenas vendidos ao balcão nas lojas de marabu. Chegam também às farmácias e aos hospitais, onde a sua ineficácia contribui para a propagação das doenças a que se destinam.. . -. 457
censees traiter " .

As pessoas que vivem no sector social e sanitário da região central dos Camarões não estão imunes aos perigos da contrafação de medicamentos, pois vivem numa zona onde o fenómeno está em plena atividade. De facto, existe aqui um "pequeno" mercado de medicamentos, constituído principalmente por vendedores "de rua". Este "pequeno" mercado de medicamentos é o resultado direto da pobreza e do crescimento do sector informal. [449450]Estes vendedores ambulantes de medicamentos contrafeitos, que operam ao ar livre em Yaoundé, à vista do público, abastecem-se em Douala, a capital económica do país; os de Douala abastecem-se em Bamenda e arredores; os de Bamenda abastecem-se no mercado nigeriano. Por outras palavras, os falsos medicamentos antipalúdicos que circulam no mercado da

[1f7] Monique MAS, "Sante, la corruption qui tue", RFI, Paris, 11 de maio de 2006, citado por TSOTSA (E.N), Op. cit... p. 303.
[450] Ver TSOTSA (E-N), Idem. p. 299.

região Centro provêm da Nigéria. Os jovens desempregados vêem nestes medicamentos contrafeitos uma forma de ganhar dinheiro e, sobretudo, de criar um emprego. [451]Em Yaoundé e arredores, os vendedores de medicamentos "contrafeitos" têm dispensários ao ar livre nas praças dos mercados, nas entradas dos hospitais, ou mesmo vendem medicamentos em movimento nas estações rodoviárias e ferroviárias, e mesmo nos comboios e nos hospitais. Muitas pessoas ficam assim expostas a estes medicamentos contrafeitos, que são prejudiciais à saúde e podem contribuir para a propagação das doenças que supostamente tratam. Foi o que aconteceu com a Sra. Ombolo Albertine, que vive no bairro de Mimboman, em Yaoundé, e que, depois de consumir um medicamento comprado a um vendedor ambulante, ficou em estado crítico. Elie conta-nos tudo o que ela sofreu numa entrevista:

"Uma noite senti-me muito doente. Tinha uma febre que não parava de subir, dores de cabeça violentas e náuseas. Percebi logo que era malária. Sinto sempre os mesmos sintomas quando quero ficar doente. Normalmente, quando tenho sintomas destes, tomo quinino misturado com paracetamol ou simplesmente eferalgans. Mas nessa noite, comprei os meus mantimentos a um jovem vendedor ambulante que tinha uma grande quantidade destes comprimidos num cesto. A razão para isso é que eu estava sozinho em casa e sentia-me um pouco indisposto. Consegui comprar a este vendedor dois blisters de quinino e dois blisters de paracetamol por 400 francos. Tomei os comprimidos antes de ir dormir. Em vez de me acalmar, o 9a fez-me ficar mais doente. A dor de cabeça, a febre e as náuseas persistiram de tal forma que não fechei o l'mil durante toda a noite. [452]Na manhã seguinte, fui para o hospital" .

Esta declaração reflecte claramente o perigo que representam os medicamentos contrafeitos vendidos ao ar livre na

Centro. Em vez de produzir um resultado positivo, a ineficácia destes medicamentos contribui de facto para a propagação da doença que é suposto tratarem. À medida que o número de vendedores ambulantes aumenta e a pobreza se generaliza, muitos agregados familiares vêem-se involuntariamente expostos à mercê de antipalúdicos contrafeitos. Para Edrich Nathanael TSOTSA, "são os pobres que sofrem os efeitos dos medicamentos contrafeitos e dos fornecimentos duvidosos. [453]Representam comunidades com uma taxa de analfabetismo muito elevada, pelo que não são muito receptivas a acções de sensibilização sobre a existência de medicamentos contrafeitos nas redes de distribuição farmacêutica". [454]As pessoas pobres e com problemas de saúde não têm outra opção senão comprar medicamentos mais baratos de origem duvidosa e ilícita. Neste contexto, torna-se difícil travar uma luta moderada e eficaz contra o problema da malária.

[455]Dada a importância do comércio intensivo de medicamentos entre a Nigéria e os seus vizinhos, desenvolveu-se uma grande rede de distribuição paralela em torno de redes informais de medicamentos e produtos farmacêuticos que abastecem

[451] Ibid. pp. 298-299.
[452] Entrevista com a Sra. Ombolo Albertine, residente em Yaoundé, no distrito de Minboman, a 14 de julho de 2021.
[453] Ver TSOTSA (E-N), Op. cit... pp. 301-302.
[454] Ibid. p. 302.
[455] Ibid. p. 298.

atualmente o "pequeno" mercado camaronês. Este facto deu origem à venda de medicamentos de rua, que encontrou um terreno fértil nas zonas rurais da região Centro. Este "pequeno" mercado é constituído por vendedores de medicamentos "de rua". [456]Estas pessoas gerem dispensários ao ar livre nas praças dos mercados, nas entradas dos hospitais, ou vendem mesmo medicamentos em movimento nas estações rodoviárias e ferroviárias, e até nos comboios e nos hospitais. De facto, os vendedores ambulantes da região Centro abastecem-se em Douala; os de Douala abastecem-se em Bamenda e arredores; os de Bamenda abastecem-se no mercado nigeriano. Alguns vendedores ambulantes são abastecidos diretamente pelas redes oficiais de gestão de stocks de medicamentos: médicos, assistentes de laboratório, representantes médicos, etc., que enriquecem com estas redes ilícitas.[457]
Na região Centro-Camarões, os bairros das zonas rurais são os "locais" por excelência de comercialização, compra e distribuição de medicamentos de rua. Estes medicamentos, na sua maioria contrafeitos, são expostos à frente das estações de serviço e dos mercados. São vendidos a preços baixos por pessoas que não possuem qualquer qualificação no domínio médico ou farmacêutico. Por serem pobres, muitas pessoas compram as suas provisões a estes "vendedores ambulantes" em caso de episódio de paludismo simples ou grave. Estes vendedores dispõem de medicamentos tão importantes como a cloroquina, a mefloquina, a halofantrina, o quinino, a pirimetamina, o proguanil, a sulfadoxina e a artemisinina, que se encontram entre os medicamentos antimaláricos essenciais mais disponíveis. Nos distritos sanitários de Ntui e Yoko, os vendedores ambulantes de droga são os mestres indiscutíveis da distribuição de medicamentos antipalúdicos. Nas zonas sanitárias de "Ngoro", "Ndimi", "Ndjame", "Nguila" e "Talba", os medicamentos de rua são vendidos como pão. Quando uma pessoa doente não consegue encontrar o que precisa em casa ou numa ervanária, o seu primeiro instinto é dirigir-se aos vendedores ambulantes de medicamentos "baratos". [458]As pessoas pobres e com pouca saúde não têm outra opção senão comprar os medicamentos mais baratos, de origem duvidosa e ilícitos. Por outras palavras, é a pobreza da população local que favorece o aparecimento e a difusão dos medicamentos de rua. O mesmo acontece com as zonas sanitárias "Mankim", "Nditam" e "Ndjole" do distrito de Yoko.
[459]Note-se, no entanto, que a venda de medicamentos de rua se enquadra na categoria de comércio "ilícito" e é punível ao abrigo da lei de 10 de agosto de 1990 . Num comunicado de 10 de julho de 2019, o MINSANTE comprometeu-se a pôr termo a este tipo de comércio nos Camarões, percorrendo as cidades do país com o objetivo de apreender e destruir todos os medicamentos vendidos na rua. Na região Centro-Camarões, a operação limitou-se à cidade de Yaoundé, onde ainda se

[456] Ibid. pp. 298-299.
[457] Ibid. p. 299.
[458] Ibid. p. 302.
[459] Ver a lei №90-035 de 10 de agosto de 1990 sobre o exercício e a organização da profissão de farmacêutico, cujo artigo 53.º estabelece que "é proibida qualquer infração, exposição ou distribuição de medicamentos na via pública, em feiras e mercados a qualquer pessoa, mesmo que seja titular de um diploma de farmacêutico".

vendem drogas de rua.

Os medicamentos ilícitos continuam a ser vendidos nas zonas rurais, como os distritos de Ntui e Yoko. Não podia ser de outra forma, uma vez que a maioria da população das zonas rurais vive abaixo do limiar da pobreza e que as farmácias convencionais y são raras e, mesmo quando existem, os preços y são extremamente elevados. A realidade do território prevaleceu, de facto, sobre a lógica do Estado, a tal ponto que a venda de medicamentos de rua se tornou a norma nas zonas rurais da região, fazendo agora parte do quadro normal da luta contra o paludismo nestes subsistemas, tanto mais que uma grande parte da população afirma encontrar alívio através destes medicamentos obtidos em farmácias paralelas.

O que é ainda mais grave é o facto de alguns vendedores ambulantes serem diretamente abastecidos pelas redes oficiais de gestão de stocks de medicamentos: médicos, assistentes de laboratório, representantes médicos, etc., que ganham dinheiro com estas redes ilícitas. [460]Simultaneamente, estes vendedores podem também abastecer os estabelecimentos públicos e privados, quer revendendo os medicamentos obtidos pelos seus intermediários oficiais, quer entregando simplesmente os medicamentos trazidos das redes nigerianas a preços baixos através dos "Bamenda Boys". A venda de medicamentos contrafeitos não se limita à rua, mas afecta também as estruturas convencionais e públicas de distribuição de medicamentos. Confrontados com uma situação financeira difícil, alguns médicos e farmacêuticos obtêm medicamentos contra a malária no mercado informal a baixo preço e vendem-nos aos pacientes ao preço convencional. Como mostra Jean-Pierre Olivier de Sardan, a tendência para a corrupção que está a minar o sector da saúde afecta atualmente todos os sectores: enfermeiros, médicos, administradores e pessoal associativo. [461]Todos eles se apropriam, por vezes, de fundos, equipamentos ou mesmo medicamentos em proveito próprio. A vontade do pessoal de saúde de "fazer face às despesas" leva-o por vezes a "informalizar" as suas actividades. Consequentemente, existem problemas com a qualidade dos medicamentos disponíveis nos centros de saúde: alguns medicamentos são perecíveis;

[462]Outros são por vezes mantidos em condições inadequadas; outros ainda são recomendados pelo médico como alternativa aos medicamentos disponíveis.

Neste contexto, torna-se difícil para os doentes evitarem os medicamentos contrafeitos, independentemente dos seus recursos financeiros. A luta contra o paludismo sofre assim um rude golpe, porque em vez de ser um instrumento social de tratamento do paludismo, o medicamento torna-se um objeto de mercantilização, de farmaceuticalização e de enriquecimento no domínio social da saúde nos Camarões Centrais. Aqui, pouco importa se o medicamento é de boa qualidade ou não; o que importa é a forma como é comercializado. [463]Segundo a Assembleia

[460] Ver TSOTSA (E-N), Op. cit... p. 299.
[461] Ibid. p. 291.
[462] Ibid. p. 303.
[463] Ver FOE NDI (C), op. cit... p. 215.

Mundial da Saúde, a falta de fiabilidade do fornecimento e da qualidade dos medicamentos é um dos problemas que dificultam o acesso das populações a cuidados de saúde de qualidade e à segurança nos países em desenvolvimento. A contrafação de medicamentos constitui, por conseguinte, um verdadeiro obstáculo à institucionalização de uma luta moderna contra a malária na região Centro.

Em conclusão, o processo de institucionalização da luta contra o paludismo na região Centro é marcado por um certo número de atribulações. Quer seja a nível institucional ou social, os actores encarregados de implementar a intensificação do modelo de luta contra o paludismo deparam-se com dificuldades. Em suma, no domínio social e sanitário dos Camarões Centrais, a institucionalização da luta contra o paludismo não se desenrola num terreno "liso", mas sim num terreno repleto de escolhos que tornam irrisório o poder dos actores institucionais e sociais envolvidos na construção e implementação de acções de luta contra o paludismo modestas. Algumas tribulações estão diretamente ligadas às instituições de saúde e tornam a luta contra o paludismo institucionalmente complexa: é a "complexidade institucional". Outras, por outro lado, estão ligadas ao espaço geográfico em que os actores sociais estão implantados e tornam a ação pública contra o paludismo socialmente complexa: trata-se da "complexidade territorial e social".

As atribulações ligadas às instituições de saúde estão a dificultar seriamente a luta institucional contra o paludismo. Isto reflecte-se, antes de mais, no emaranhamento das estruturas de controlo do paludismo. Este emaranhamento pode ser vertical ou horizontal. O corolário explícito desta situação é a "sobreposição" entre instituições de saúde "centrais" e "periféricas" e a fragmentação político-administrativa dos serviços públicos de saúde. Em segundo lugar, as atribulações associadas às instituições de saúde resultam também da falta de coordenação positiva entre as unidades de saúde. O corolário imediato desta situação é a falta de cooperação permanente e a "complexidade da ação conjunta" entre hospitais. Estas atribulações institucionais constituem um sério obstáculo à implementação das decisões tomadas pelos actores públicos centrais (Presidente da República e MINSANTE) no seio das instituições de saúde. [464]Como afirmam Bruno PALIER e Yves SUREL, "é sem dúvida no domínio da política social que o peso das instituições tem sido mais analisado (sem dúvida porque é um domínio de ação pública particularmente "saturado" de instituições), na medida em que estas instituições, em sentido lato, podem influenciar a natureza dos problemas encontrados, os recursos e os repertórios mobilizados pelos actores envolvidos, os diagnósticos e as soluções adoptadas" .

Para além das tribulações institucionais, outras tribulações, ditas sócio-territoriais, influenciam a atividade dos que implementam acções modestas de controlo do paludismo no domínio da saúde social dos Camarões Centrais. Estas tribulações dificultam a ação dos actores sociais e enviesam a luta social contra o paludismo Estas tribulações estão diretamente ligadas ao espaço social em que os actores estão

[464] Ver PALIER (B) e SUREL (Y), "Les "trois I" et l'analyse de 1 Etat en action", Op. cit... p. 13.

implantados e são designadas por "complexidade territorial e social". Aqui, as tribulações resultam do território, dos nacionais deste território e da "medicalização" que prevalece. Em primeiro lugar, o território em que os actores sociais estão implantados representa um sério desvio em relação às sequências de distribuição das UM e de recenseamento dos agregados familiares, quer nos subsistemas rurais, quer nos subsistemas de Yaoundé. Nos distritos sanitários rurais, a hostilidade, o isolamento extremo do território e a presença de desertos médicos constituem constrangimentos às dinâmicas de institucionalização da luta contra o paludismo. Nos distritos sanitários de Yaoundé, é a vastidão do território e a predominância de "zonas ecologicamente favoráveis" que dificultam a ação dos actores sociais, como os agentes comunitários de saúde e de contagem.

Em segundo lugar, as populações a que se destinam as políticas públicas de luta contra o paludismo e a medicação anti-malárica que prevalece constituem sérios obstáculos ao endurecimento da luta social contra o problema do paludismo. Nas zonas rurais, o analfabetismo e a pobreza tornam mais difícil a luta social contra o paludismo. Nas zonas urbanas, é a densidade populacional e as condições insalubres que tornam mais complexa a luta contra o paludismo. A prescrição de medicamentos antipalúdicos a estes nacionais representa também um sério desvio em relação à luta tradicional contra o paludismo, uma vez que estes medicamentos são mais frequentemente vendidos no mercado informal e não estão imunes aos riscos de contrafação. Neste contexto, em vez de ser um instrumento de tratamento do paludismo, o medicamento torna-se um perigo potencial para a saúde da população e torna irrisório o processo de institucionalização da luta contra o paludismo na zona geográfica do Centro-Camarões. Consequentemente, esta dinâmica está a produzir efeitos ambivalentes no campo social.

Capítulo 4

A relatividade dos efeitos da institucionalização da luta moderna contra a malária e a necessidade de uma ação mais forte

O processo de institucionalização da luta contra o paludismo, apesar de ter passado por vários altos e baixos, está a ter um impacto (ainda que ambivalente) no ambiente social da região central dos Camarões. [473]Um estudo dos efeitos do processo de institucionalização de uma política procura determinar se os grupos-alvo pretendidos mudaram efetivamente o seu comportamento (quais são os impactos?) e se, subsequentemente, a situação dos beneficiários finais, inicialmente considerada problemática, melhorou efetivamente (quais são os resultados?). Por outras palavras, falar dos efeitos da institucionalização de uma política significa estudar os seus impactos e *resultados no* domínio social (efeitos=impactos+resultados). [474]Os impactos, que são os efeitos de uma política observáveis junto dos grupos-alvo, são definidos como "todas as mudanças de comportamento dos grupos-alvo, intencionais ou não, diretamente atribuíveis à entrada em vigor do P.P.A., do A.P.A., dos planos de ação e dos actos de execução (outputs) que os põem em prática" . [475]O objetivo é estudar os efeitos directos da institucionalização de uma política sobre os grupos-alvo definidos como responsáveis pelo problema público a resolver.

[476]Os *resultados, que são* os efeitos de uma política observáveis nos beneficiários finais, são definidos como "todos os efeitos, em termos do problema público a resolver, que são atribuíveis à mudança de comportamento dos próprios grupos-alvo (impactos) induzida pelos actos de implementação (outputs)". O objetivo é estudar os efeitos directos da institucionalização de uma política sobre os beneficiários *finais,* definidos como as principais vítimas do problema a resolver. Os *grupos-alvo* e os *beneficiários finais* são, portanto, os actores em que se baseia a análise dos efeitos da dinâmica de institucionalização de uma política.

Tratar a questão dos "efeitos" da institucionalização de uma política é ainda analisar o resultado direto dessa política sobre as populações, algumas das quais, pelo seu comportamento, são responsáveis pela situação desastrosa que prevalece, enquanto outras são as vítimas imediatas dessa situação.

[473] Ler KNOEPFEL (P), LARRUE (C), VARONE (F) e SAVARD (J-F), Analyse et pilotage des politiques publiques. Op. cit., P. 301.
[474] Ibid. p. 302.
[475] Ibid. p. 302.
[476] Ibid. p. 307.

Na zona geográfica do Centro-Camarões, a institucionalização da luta contra o paludismo começou durante o período colonial, em 1919, e foi reforçada em 2002 com a adoção do programa *"Fazer recuar o paludismo"* pelas autoridades públicas camaronesas. Desde que o paludismo se tornou um "problema público", a sua resolução exigiu a ação de actores públicos e privados, bem como da sociedade civil. Isto conduziu à institucionalização de uma "ação pública multifatorial contra o paludismo", expressão concreta do reforço da luta moderna contra a doença. Como esta intensificação não ocorreu num "vácuo", um conjunto de atribulações institucionais e sociais dificultou a ação dos actores socioinstitucionais responsáveis por este processo, como se viu no capítulo anterior. Por conseguinte, o processo de institucionalização da luta contra o paludismo só pode produzir efeitos contrastantes no domínio social. Por outras palavras, apesar de toda uma série de actores terem sido envolvidos em medidas modernas de luta contra o paludismo, é preciso dizer que a doença ainda persiste na região central dos Camarões e que os métodos tradicionais de luta contra o paludismo não desapareceram completamente. Daí a ambivalência dos efeitos da dinâmica da institucionalização da luta tradicional contra o paludismo no campo social **(Secção 1).** Apesar de tudo, esta forma de luta 'modelo' contra o paludismo ainda pode ser melhorada **(secção 2).**

SECÇÃO I

(...) a ambivalência dos efeitos da institucionalização da luta moderna contra o paludismo

Analisar os efeitos das dinâmicas de institucionalização da luta moderna contra o paludismo significa também analisar os seus efeitos sobre os nacionais. [477]A noção de nacionais refere-se aos indivíduos ou grupos a quem as políticas se destinam. São também os "membros" de uma comunidade para os quais as políticas públicas são dirigidas e que se espera que produzam efeitos. Existem duas partes interessadas principais nas políticas públicas: *os grupos-alvo* e os beneficiários *finais*. A estes podem juntar-se os actores privados indiretamente afectados *pela* política. A institucionalização da luta moderna contra o paludismo na região Centro-Camarões tem um impacto tanto nos grupos alvo como nos beneficiários finais. Os grupos-alvo são definidos como todas as pessoas que, através do seu comportamento e atitudes, provocam a resolução do problema. Os beneficiários finais são as vítimas imediatas.

A institucionalização da luta moderna contra o paludismo no domínio sócio-sanitário do Centro-Camarões, ainda que cheia de tribulações, acabou por ter efeitos sobre os nacionais. É de notar que alguns destes nacionais são responsáveis pela propagação em grande escala do paludismo através do seu comportamento, que tende a promover a insalubridade. Com efeito, antes da adoção e implementação do programa *"Fazer recuar o paludismo"*, no início dos anos 2000,

[477] Ver LEVY (J) e WARIN (P), "ressortissants", Op. cit... p. 555.

alguns indivíduos manifestavam atitudes de incivismo ecológico e de desprezo pelas medidas de higiene elementares. Estes indivíduos colocavam em risco não só as suas famílias, mas também o meio envolvente. Não só constituíam um perigo para si próprios, mas também para terceiros que são "vítimas colaterais" das suas acções (*terceiros afectados negativamente*). Estes indivíduos constituem *grupos-alvo* e espera-se que medidas mais rigorosas de controlo do paludismo tenham um impacto sobre eles para que a doença possa ser reduzida.

É também de salientar que alguns destes nacionais são vítimas imediatas da malária. São as pessoas que sofrem diariamente os horrores da doença, pondo em risco as suas famílias e os seus entes queridos. De facto, os doentes de malária não são apenas doentes de malária, pois a sua doença afecta indiretamente terceiros que são as "vítimas colaterais" do seu sofrimento. Por conseguinte, o reforço da luta contra o paludismo, que visa limitar o número de casos da doença, beneficiará indiretamente terceiros *(terceiros afectados positivamente).*

Falar da ambivalência dos efeitos da institucionalização do controlo do paludismo é admitir que, longe de conter totalmente a ameaça do paludismo, esta dinâmica produz efeitos contrastantes no campo social. Por outras palavras, apesar dos múltiplos efeitos do desenvolvimento da luta contra o paludismo na população, é preciso notar que o problema-problema persiste na região Centro-Camarões e que os métodos tradicionais de luta contra o paludismo não desapareceram completamente. No resto do presente documento, mostraremos que, apesar dos numerosos contratempos que afectaram o processo de institucionalização da luta tradicional contra o paludismo, este conduziu a mudanças de comportamento e a uma melhoria das condições socioeconómicas da população **(parágrafo 1).** Este resultado positivo não deve, no entanto, levar-nos a pensar que a ameaça do paludismo desapareceu completamente **(n.º 2).**

Ponto 1: Mudança relativa de comportamento e (melhoria das condições socioeconómicas das pessoas

Na região Centro-Camarões, os principais efeitos do processo de institucionalização da luta contra o paludismo foram sentidos diretamente pela população local. O seu comportamento em relação à malária mudou completamente e a sua situação socioeconómica melhorou claramente. De facto, a abordagem mais rigorosa da luta contra o paludismo teve primeiro um efeito nos *grupos-alvo*. Convém recordar que estes não são apenas os responsáveis pelo problema coletivo a resolver, mas também aqueles através dos quais a resolução do problema ou a sua atenuação será possível.

A partir de 2002, um conjunto de actores intensificou a comunicação sobre o paludismo, principalmente para provocar uma mudança de comportamento dos grupos-alvo considerados responsáveis pela propagação da doença na região Centro-Camarões. [478]Parece, portanto, que este intenso esforço de comunicação não foi em vão, pois y acabou por haver persuasão, ou seja, uma mudança endógena

[478] Ler GERSTLE (J) e PIAR (C), La communication politique. Op. cit... p. 97.

nas preferências de um interlocutor ou de um público. Por outras palavras, as pessoas da região Centro acabaram por mudar a sua atitude em relação ao paludismo, salientando as formas de prevenção da doença e respeitando-as o melhor possível. Se os grupos-alvo conseguirem alterar o seu comportamento, a situação dos beneficiários finais melhorará significativamente.

A intensificação da luta contra o paludismo a partir de 2002 teve então um impacto nos beneficiários finais. Convém recordar que os beneficiários *finais* são as pessoas (singulares ou colectivas) e as suas associações que são diretamente afectadas pelo problema coletivo e sofrem os seus efeitos negativos. São as pessoas que esperam que a sua situação socioeconómica melhore em consequência da resolução do problema. A sua situação depende efetivamente da dos grupos-alvo. Ora, se as pessoas cujas acções foram consideradas responsáveis pela propagação da malária mudaram o seu comportamento, as pessoas que sofreram a doença verão a sua situação social e económica melhorar. É evidente que os efeitos da dinâmica de institucionalização da luta moderna contra o paludismo se concretizam na zona geográfica do Centro-Camarões por uma mudança de comportamento da população local (A) e por uma melhoria das suas condições socioeconómicas (B).

A- Alteração relativa do comportamento dos nacionais

A dinâmica da institucionalização do modelo de luta contra o paludismo, iniciada em 1919 e reforçada em 2002, teve um forte impacto sobre os cidadãos da região Centro-Camarões, que acabaram por modificar os seus comportamentos na origem da propagação da doença. O objetivo aqui é analisar o impacto do advento da luta moderna contra a malária nos grupos-alvo considerados na origem da propagação da malária na região. A maioria destas pessoas vive em bairros pobres e enclaves como Elig-Dzoa, Manguier, Nkolmesseng, Etoa-Meki, as terras baixas de Mballa II e nas zonas rurais da região. Estes grupos-alvo são objeto de uma campanha antipalúdica mais dura desde 2002, porque as autoridades públicas querem que eles alterem os comportamentos que provocam a propagação da doença. Programas como o *"Nightwatch", a "campanha de comunicação para a mudança de comportamentos"* (CCC), *"K.O paludisme", "tous unis contre le paludisme"* e as numerosas campanhas de sensibilização levadas a cabo por ONG e actores sociopolíticos visavam ter um impacto significativo no comportamento dos grupos-alvo. Os impactos são definidos como todas as mudanças no comportamento destes grupos que são diretamente atribuíveis à aplicação de políticas públicas. Medir o impacto das medidas mais rigorosas de controlo da malária nos grupos-alvo no Centro-Camarões significa considerar as seguintes questões: os grupos-alvo mudaram o seu comportamento pouco saudável? Que comportamento adoptam agora? Como é que o seu comportamento mudou?

Na zona geográfica do Centro-Camarões, o processo de institucionalização da luta moderna contra o paludismo teve efetivamente um impacto no comportamento dos grupos-alvo, apesar dos muitos contratempos enfrentados pelos executores. A mudança de comportamento dos grupos-alvo pode ser observada no aumento da utilização de medidas de higiene **(1)** e de prevenção **(2)**.

1. Intensificação das medidas de higiene

Se compararmos a forma como as pessoas praticavam as medidas de higiene antes e depois da implementação do programa *"Fazer Recuar a Malária"*, podemos constatar uma mudança acentuada no seu comportamento. As medidas de higiene são reforçadas e escrupulosamente respeitadas, mesmo que subsistam focos de resistência. Antes de 2002, a população da região central dos Camarões vivia num estado altamente insalubre; atualmente, a situação é muito melhor. Existe uma tendência natural para querer respeitar as medidas básicas de higiene.

Antes de 2002, quase 74% dos agregados familiares no distrito de Biyem-Assi viviam perto de um curso de água não desenvolvido (ribeiro, rio, lago, pântano). [479]Em 2020, cerca de 30% dos agregados familiares y vivem . O número de agregados familiares que vivem junto a um curso de água não urbanizado diminuiu drasticamente. Os habitantes deste bairro empenharam-se a fundo no tratamento das águas estagnadas e na recolha dos resíduos domésticos junto à água, na sequência das decisões das autoridades públicas locais de organizar campanhas de "higiene e saneamento" durante o período 20142015. Foram apoiados pelas autoridades municipais na limpeza e nivelamento das zonas pantanosas, embora ainda haja trabalho a fazer, uma vez que quase 30% dos agregados familiares ainda vivem junto a cursos de água não melhorados. Podemos, portanto, constatar que foi a mudança de comportamento das pessoas que contribuiu para a redução do número de cursos de água estagnados.

Na mesma ordem de ideias, é de notar que a grande maioria das pessoas na região Centro-Camarões deixou de utilizar "casas de banho não melhoradas" e passou a utilizar "casas de banho melhoradas". As primeiras são aquelas que são partilhadas com outros agregados familiares e onde os excrementos humanos não são efetivamente separados de qualquer contacto humano. As segundas são aquelas que separam eficazmente os excrementos humanos de todo o contacto humano (sanitas com autoclismo, fossas melhoradas e anti-ar, etc.). [480]Antes da década de 2000, quase 70% dos agregados familiares da região utilizavam "casas de banho não melhoradas", uma taxa de 95% nas zonas rurais e de 25% nas zonas urbanas. [481]Em 2020, no entanto, 42% dos agregados familiares (65,3% nas zonas rurais e 15,1% nas zonas urbanas) utilizavam casas de banho não melhoradas. Isto mostra que o número de pessoas que utilizam casas de banho inacabadas diminuiu consideravelmente, consoante o programa *"Fazer recuar o paludismo" tenha*

[479] Dados obtidos a partir de uma amostra de vinte (20) agregados familiares no distrito de Biyem-Assi. Os agregados escolhidos pertencem à categoria conhecida como "casas de família", que já tinham sido estabelecidas antes do ano 2000. Após uma entrevista com os chefes destes agregados familiares em 17 de julho de 2021, verificou-se que, dos 20 agregados familiares, 13 afirmam ter vivido perto de cursos de água sem manutenção antes dos anos 2000 e já não vivem lá atualmente. Sete (07) agregados familiares afirmam ter vivido aí desde a década de 1990.

[480] Dados obtidos a partir de uma amostra de quarenta (40) agregados familiares, dos quais 20 em zonas rurais (Ntui e Yoko) e 20 em zonas urbanas (Biyem-Assi e Ndjoungolo).

[481] Ver o documento intitulado Enquete post campagne sur 1 utilisation des MILDA 2016/2017. Relatório final. Op. cit... p. 35.

entrado em vigor ou não.

Atualmente, no subsistema de Yaoundé, quase todos os agregados familiares utilizam "casas de banho melhoradas". Apenas 15% da população continua a utilizar casas de banho não melhoradas. Esta parte da população encontra-se em bairros como Etoa-Meki, Elig-Edzoa, Nkolmesseng e Mballa II. É nas zonas rurais que as pessoas têm de lidar diariamente com "casas de banho inacabadas". Isto deve-se à pobreza prevalecente. Aqui, 65% das casas de banho são partilhadas e, por vezes, dez famílias partilham a mesma casa de banho, sem contar com o número de pessoas que as utilizam ocasional e esporadicamente, uma vez que estas casas de banho estão localizadas ao ar livre, muitas vezes perto de becos. Nas zonas rurais, o grande número de "casas de banho não melhoradas" está diretamente relacionado com a pobreza das populações, que não têm possibilidade de comprar casas de banho adequadas. No entanto, em toda a região, as pessoas melhoraram claramente o seu comportamento no que diz respeito à manutenção e ao equipamento das latrinas, uma vez que mais de metade utiliza sanitários equipados, ou seja, uma percentagem de 58%, em comparação com 42% da população que utiliza sanitários não equipados, a maioria dos quais vive em zonas rurais. Deste ponto de vista, pode dizer-se que as campanhas de "higiene e saneamento" e de comunicação para a mudança de comportamento (BCC) tiveram um impacto significativo no comportamento dos grupos-alvo.

Além disso, contrariamente à situação anterior à década de 2000, a água potável é atualmente fornecida a partir de "fontes melhoradas", como torneiras, furos tratados e água mineral comprada em lojas. Existe uma tendência clara para a população abandonar a água potável proveniente de "fontes não melhoradas" (água de poço, água de rio, água de lago e água de furo), uma vez que um estudo realizado em 2017 revelou que 79,2% dos agregados familiares nos Camarões consomem água de uma "fonte não melhorada".

[482]" . Por dedução, podemos dizer que, na região Centro, esta taxa é de cerca de 80%. Isto mostra que as pessoas estão cada vez mais conscientes da necessidade de beber água potável para evitar doenças como a malária, embora uma grande parte das pessoas que vivem nas zonas rurais continue a obter a sua água potável de fontes não melhoradas.

Desde a implementação do programa *"Fazer recuar o paludismo"* em 2002, as pessoas que vivem no sector social e sanitário do Centro-Camarões têm vindo a promover cada vez mais a limpeza no seu ambiente de vida. A limpeza à volta das suas casas está a tornar-se uma parte recorrente da vida quotidiana das pessoas. Trata-se de limpar a relva e recolher o lixo doméstico. [483]Além disso, existe mesmo um dia dedicado à limpeza dos espaços públicos, conhecido como "Quinta-feira limpa". O objetivo de todos estes actos de limpeza é proteger as pessoas de

---

[482] Ver o documento intitulado Enquete post campagne sur l utilisation des MILDA 2016/2017. Relatório final. Op. cit... p. 36.

[483] Todas as quintas-feiras, entre as 6h e as 10h, os espaços públicos são limpos. Como resultado, os degraus, lojas e estabelecimentos comerciais não abrem.

condições insalubres e evitar a propagação de mosquitos.

Em suma, podemos constatar que, com a implementação de programas como o *"K.O malária"* e *a "comunicação para a mudança de comportamentos"* (BCC), a população da região Centro mudou efetivamente o seu comportamento. Por outras palavras, a abordagem mais rigorosa da luta contra a malária a partir de 2002 teve um impacto significativo nos grupos-alvo, que agora prestam muita atenção às medidas básicas de higiene. O impacto é ainda mais significativo quando se verifica que as pessoas estão efetivamente a adotar medidas de prevenção da malária.

2. Reforço das acções de prevenção

[484]A prevenção da malária centra-se em duas áreas principais: o controlo dos vectores e a quimioprevenção em mulheres grávidas. O controlo dos vectores baseia-se na utilização de MTIs/MILDAs, enquanto a quimioprevenção se baseia na utilização de TPIs. Em matéria de saúde pública, a prevenção é sempre melhor do que a resposta ou o tratamento. É por esta razão que programas como *"nightwatch", "K.O paludisme", "tous unis contre le paludisme"* e *"communication pour le changement de comportement" (comunicação para a mudança de comportamento)*, acompanhados de numerosas campanhas de sensibilização levadas a cabo pelo Estado e pelas ONG, foram concebidos para incentivar os nacionais a adotar e a ter em conta medidas de prevenção do paludismo. É evidente que estas campanhas de sensibilização deram os seus frutos, uma vez que muitas pessoas na região central dos Camarões utilizam agora redes mosquiteiras e insecticidas e muitas mulheres fazem o TPI.

A utilização de painço é a principal intervenção sanitária implementada para reduzir a transmissão da malária nos Camarões. Desde 2003, o MINSANTE distribui painço às famílias, em conformidade com o programa *"Fazer recuar o paludismo",* adotado pelo Governo em 2002. Na região Centro, a utilização de MTI/MILDA pela população melhorou consideravelmente. °Os mosquiteiros estão a ser cada vez mais utilizados, como se pode ver no quadro 23:

Quadro n.º 23

Utilização de redes mosquiteiras pela população da região Centro-Camarões após a campanha LLIN 2016

Percentagem de agregados familiares que possuem pelo menos um MILDA	Percentagem de agregados familiares com pelo menos uma rede mosquiteira por espaço de dormir	Percentagem de REMILDs utilizados para dormir à noite após a campanha de 2016	Percentagem de crianças com menos de cinco anos que dormiram metade da noite sob um MILDA	Percentagem de mulheres grávidas com idades compreendidas entre os 15 e os 49 anos que dormiram sob

[484] Ver Plan strategique national de lutte contre le paludisme au Cameroun 2007-2010. Op. cit.. p.56.

				um MILDA na noite passada
70,8% em Yaoundé	53,9% em Yaoundé	85% em Yaoundé	71,5% em Yaoundé	83,5% em Yaoundé
78,7% em La Peripherie	41,6% em La Peripherie	70,4% em La Peripherie	63,2% em La Peripherie	76,1% em La Peripherie

Fonte : compilado por 1 autor a partir de dados retirados do Relatório final, MINSANTE, PNLP, INSdedecembre 2017,Op. cit.. pp. 43-67.

[485]Note-se que os números deste quadro se baseiam num inquérito realizado em 2016 e 2017 para avaliar a campanha de distribuição de MILDA de 2016. É evidente que a utilização de redes mosquiteiras pela população da região Centro-Camarões está muito acima da média. Para algumas camadas da população, a taxa de impregnação dos mosquiteiros é mesmo muito superior ao objetivo fixado pelo PNCM, que é de 60%. Na cidade de Yaoundé e nos arredores, os resultados são claramente satisfatórios, embora a percentagem de agregados familiares com pelo menos um mosquiteiro por espaço de dormir esteja ainda abaixo da média, especialmente nos distritos periféricos. Isto significa que muitas pessoas continuam a dormir sem mosquiteiro na região Centro. No entanto, os resultados relativos às crianças com menos de cinco anos e às mulheres grávidas são satisfatórios, com 71,5% das crianças com menos de cinco anos e 83,5% das mulheres grávidas em Yaoundé a dormir sob uma rede mosquiteira desde o final da campanha de 2016. Na zona periférica, embora a percentagem seja baixa, não deixa de ser apreciável, uma vez que 63,2% das crianças com menos de cinco anos e 76,1% das mulheres grávidas dormem sob uma rede mosquiteira desde o final da campanha de 2016. °Os quadros 24 e 25 abaixo fornecem uma imagem mais clara da evolução da taxa de impregnação com mosquiteiro entre estes estratos sociais.

Quadro 24

Percentagem de crianças com menos de cinco anos que dormiram sob um MILDA na noite passada

Períodos	**Antes da distribuição em massa de REMILDs (2014)**	**Após a distribuição maciça de REMILDs (2017)**
Percentagem de crianças com menos de cinco anos que dormem	54,8%	63,0%

[485] Ver o documento intitulado Enquete post campagne sur 1 utilisation des MILDA 2016/2017. Relatório final. Op. cit... pp. 43-67.

debaixo de um Mil		

Fonte : compilado por 1 autor a partir de dados retirados do Relatório final, MINSANTE, PNLP, INSdedecembre 2017,Op. cit.. pp. 43-67.

Esta tabela mostra que a taxa de impregnação de MILDA aumentou significativamente para crianças menores de cinco anos entre 2014 e 2017, passando de 54,8% para 63,0%. Empiricamente, isto significa que o comportamento dos agregados familiares em termos de receção e utilização de MILDA mudou significativamente. Os pais de crianças com menos de cinco anos estão cada vez mais inclinados a ter os seus filhos a dormir debaixo de uma rede mosquiteira. A situação é praticamente a mesma no que respeita à impregnação e à utilização dos MILDA pelas mulheres grávidas.

Quadro 25

Percentagem de mulheres grávidas com idades compreendidas entre os 15 e os 49 anos que dormiram sob um MILDA na noite passada

Períodos	Antes da distribuição em massa de REMILDs (2014)	Após a campanha de distribuição em massa de REMILDs em 2017
Percentagem de mulheres grávidas com idades compreendidas entre os 15 e os 49 anos que dormiram a noite passada debaixo de um Mil	52,3%	76,1%

Fonte : compilado por 1 autor a partir de dados retirados do Relatório final, MINSANTE, PNLP, INSdedecembre 2017,Op. cit.. pp. 43-67.

Estes dois quadros mostram claramente que a taxa de impregnação com redes mosquiteiras aumentou entre as crianças com menos de cinco anos e as mulheres grávidas desde o lançamento da campanha maciça de mosquiteiros de 2016. Antes da campanha de 2016, a percentagem de crianças com menos de cinco anos que dormiram sob um MILDA na última noite era de 54,8%, mas depois de 2016, esta taxa subiu para 63,0%. A percentagem de mulheres grávidas aumentou de 52,3% antes da campanha de 2016 para 76,1% após a mesma.

A análise mostra que as várias campanhas de sensibilização que precederam a distribuição de REMILDs aos agregados familiares tiveram um impacto significativo no comportamento dos grupos-alvo. De facto, a população interiorizou finalmente que a utilização de redes mosquiteiras é o principal meio de reduzir a transmissão do paludismo, especialmente entre as crianças com menos de cinco anos e as mulheres grávidas. O programa *de "comunicação para a mudança de comportamento",* as acções das elites políticas, como a Sra. Marie-Rose NGUINI EFFA, e a grande campanha de *"vigilância nocturna",* deram realmente frutos, tendo um impacto no comportamento dos grupos-alvo, que estão cada vez mais inclinados a pegar num MILDA e a utilizá-lo, como se pode ver nos quadros acima, apesar dos focos de resistência que ainda existem.

Ainda no que diz respeito ao controlo dos vectores, existe uma tendência clara e crescente para a utilização de insecticidas na região Centro. A pulverização doméstica com inseticida (HIS), que é um meio eficaz de prevenir o risco de malária, está a tornar-se cada vez mais comum e faz agora mesmo parte da *rotina social das* pessoas que vivem nas zonas rurais. [486]Um estudo realizado na cidade de Ntui mostrou que, em cinquenta (50) agregados familiares, quarenta e cinco (45) pulverizavam as suas casas com inseticida cerca de vinte horas antes de irem dormir. [487]Os vendedores de lojas admitem que os insecticidas são dos produtos mais vendidos à população local. [488]A tendência não é tão forte nas zonas urbanas, uma vez que um estudo mostra que, em cinquenta (50) agregados familiares do distrito de Biyem-Assi, vinte e oito (28) pulverizam as suas casas com insecticidas antes de se deitarem. Há também uma utilização generalizada de um inseticida sem pulverização chamado *"tigre da lua"*, que está agora a ser vendido na região como pão quente. *Em suma,* o respeito escrupuloso demonstrado pela população local pelas medidas de controlo dos vectores é prova suficiente de que as várias campanhas de comunicação para a mudança de comportamento tiveram um impacto nos grupos-alvo.

Além disso, a quimioprevenção baseia-se atualmente na utilização do TPI pelas mulheres grávidas. No domínio da saúde social do Centro-Camarões, registou-se um aumento acentuado do número de mulheres grávidas que recebem o TPI. Na cidade de Yaoundé, sete (07) mulheres em cada dez (10) admitem ter recebido pelo menos três doses de TPI gratuito nas unidades de saúde durante a gravidez no decurso de 2020. [489]No entanto, apenas duas (02) mulheres em cada dez (10)

---

[486] Estudo realizado por nós próprios em janeiro de 2021 junto de uma amostra aleatória de cinquenta agregados familiares na cidade de Ntui.

[487] Depois de falar com três gerentes de lojas na cidade de Ntui, todos concordaram que os insecticidas são muito populares entre a população local. Vendem uma média de quatro por dia.

[488] Estudo realizado por nós próprios em janeiro de 2021 numa amostra aleatória de cinquenta agregados familiares no distrito de Biyem-Assi em Yaoundé.

[489] Dados obtidos a partir de um inquérito a uma amostra de dez mulheres da cidade de Yaoundé com pelo menos três filhos, em julho de 2021.

reconhecem tê-las recebido em 2010. Daqui podemos deduzir que as mulheres grávidas da cidade de Yaoundé estão cada vez mais inclinadas a fazer o TPI à base de sulfadoxina-pirimetamina. Isto significa que as diferentes acções de sensibilização levadas a cabo pelas unidades de saúde e pelas ONG/associações durante as visitas domiciliárias tiveram um impacto considerável nas mulheres grávidas.

Em suma, pode dizer-se que a dinâmica da institucionalização do modelo de luta contra o paludismo teve efeitos reais sobre os grupos-alvo que, através do seu comportamento, são supostamente responsáveis pela propagação da doença. Os efeitos sobre estes grupos podem ser medidos em termos do impacto sobre o seu comportamento, que melhorou consideravelmente. Neste caso, a mudança de atitude reflecte-se na intensificação das práticas de higiene e na adoção de medidas de prevenção. Pode, portanto, afirmar-se que a intensificação da luta contra o paludismo a partir de 2002 foi eficaz e eficiente a nível social, em termos dos seus efeitos sobre a parte da população do Centro-Camarões designada por grupos-alvo. Estes grupos-alvo prestam agora muita atenção às medidas de higiene e de prevenção da malária. Para além desta mudança de atitude, o processo de institucionalização da luta contra a malária teve outro efeito importante: melhorou as condições socioeconómicas das famílias.

B- Melhoria das condições socioeconómicas dos agregados familiares

O processo de institucionalização da luta contra o paludismo não teve apenas um impacto nos indivíduos cujo comportamento está na origem da propagação da doença (grupos-alvo). Teve também um efeito significativo nas pessoas diretamente afectadas pelo problema do paludismo, designadas por beneficiários *finais*. Os beneficiários finais são as pessoas (singulares ou colectivas) e as suas associações que são diretamente afectadas pelo problema coletivo e que sofrem os efeitos negativos. Como resultado da implementação eficaz de uma política, estes actores podem esperar uma (possível) melhoria das suas condições económicas, sociais, profissionais, ecológicas ou outras. [490]Os beneficiários finais são os agentes que beneficiam, de uma forma mais ou menos direta e em função dos objectivos prosseguidos pela política em questão, da mudança de comportamento dos grupos-alvo. São, *em última análise,* os actores sociais cuja situação deve imperativamente melhorar em resultado da aplicação de uma política social.

Na zona geográfica do Centro-Camarões, certas pessoas, pelo seu comportamento, são consideradas responsáveis pela propagação do paludismo, enquanto outras sofrem os efeitos negativos imediatos. As pessoas que sofrem os efeitos negativos imediatos são ou as pessoas que efetivamente adoecem com a malária, ou as famílias e amigos próximos dessas pessoas, que sofrem as consequências financeiras e morais. A intensificação da luta moderna contra o paludismo é suposto ter um efeito sobre os beneficiários finais, que devem ver a sua situação sanitária e socioeconómica melhorar, porque o seu objetivo final é reduzir o

[490] Ler KNOEPFEL (P), LARRUE (C), VARONE (D) e HILL (M), Public policy analysis. Op. cit... p. 53.

número de casos de doenças relacionadas com o paludismo. Por conseguinte, os efeitos da institucionalização da luta contra o paludismo já não podem ser avaliados em termos de impactos, mas em termos de *resultados* sociais. Para avaliar os efeitos (*resultados)* do reforço das políticas de luta contra a malária nos beneficiários finais do Centro-Camarões, é necessário colocar uma série de questões: os casos de malária diminuíram na população? As mulheres grávidas e as crianças com menos de cinco anos viram a sua situação melhorar? O encargo financeiro da malária para a família diminuiu significativamente?

Embora a intensificação da luta contra a malária em 2002 possa ter tido um impacto significativo no comportamento dos grupos-alvo, tal como demonstrado acima, terá também um efeito de *facto* nos beneficiários finais, uma vez que a situação destes últimos depende, na realidade, da mudança de atitude dos grupos-alvo. Uma vez que as medidas de higiene e de prevenção são agora escrupulosamente respeitadas por uma grande parte da população, é provável que os problemas relacionados com a malária diminuam naturalmente. Assim, desde a aplicação do programa *"Fazer recuar o paludismo"*, em 2002, e das diferentes acções empreendidas desde então, o número de pessoas afectadas pelo paludismo aumentou fortemente.

Como resultado, o número de casos de paludismo notificados a hospitais e a taxa de doenças relacionadas com o paludismo diminuíram consideravelmente **(1). Ao mesmo tempo**, os custos financeiros associados ao paludismo diminuíram drasticamente **(2).**

1. Uma diminuição significativa do número de casos de paludismo registados nos hospitais e da taxa de mortalidade por paludismo

Desde a implementação do programa *"Roll back malaria"* em 2002 no domínio da saúde social do Centro-Camarões, registou-se uma clara diminuição do número de casos de paludismo notificados nos hospitais de Yaoundé e nas zonas rurais. Para demonstrar que os casos de paludismo estão a diminuir nas instalações de saúde de Yaoundé, utilizaremos os números obtidos nos hospitais distritais de Biyem-Assi, Cite-Verte e Nkolbisson. °Os quadros 26, 27 e 28 mostram a diminuição gradual de casos de paludismo registados em hospitais de Yaoundé desde 2002.

Quadro 26

Número de casos de paludismo registados por ano pelo hospital distrital de Biyem-Assi desde 2002

ANOS	NÚMERO DE CASOS DE PALUDISMO REGISTADOS
2002	**2.847 CASOS**
2003	**2.756 CASOS**
2004	**2.153 CASOS**
2005	**2.056 CASOS**
2006	**1.987 CASOS**
2007	**1.809 CASOS**

2008	1.772 CASOS
2009	1.768 CASOS
2010	1.732 CASOS
2011	949 CASOS
2012	934 CASOS
2013	929 CASOS
2014	918 CASOS
2015	787 CAS
2016	769 CAS
2017	546 CASOS
2018	531 CASOS
2019	527 CASOS
2020	493 CASOS

Fonte: compilado pelo autor com base nos dados da vigilância geral de l'Hopital de district de Biyem-Assi

Esta tabela mostra que se registou um declínio gradual no número de casos de paludismo notificados no hospital distrital de Biyem-Assi, de 2.847 casos em 2002 para 493 casos em 2020. O cenário é praticamente o mesmo para o hospital distrital de Cite-Verte.

Tabela 27
Número de casos de paludismo registados por ano pelo hospital distrital de
la cite-verte desde 2002

ANOS	NÚMERO DE CASOS DE PALUDISMO REGISTADOS
2002	2.265 CASOS
2003	2.103 CASOS
2004	1.987 CASOS
2005	1.950 CASOS
2006	1.915 CASOS
2007	1.882 CASOS
2008	1.867 CASOS
2009	1.811 CASOS
2010	1.783 CASOS
2011	887 CAS
2012	843 CASOS
2013	835 CAS
2014	821 CASOS
2015	645 CAS
2016	628 CASOS

2017	443 CASOS
2018	403 CASOS
2019	387 CASOS
2020	365 CASOS

Fonte: compilado pelo autor com base nos dados da vigilância geral de
l'Hopital de district de la cite-verte

Esta tabela mostra um declínio gradual e progressivo no número de casos de paludismo notificados no hospital distrital de Cite-Verte, com 2.265 casos notificados em 2002 em comparação com apenas 365 casos notificados em 2020. A situação é praticamente a mesma no hospital distrital de Nkolbisson.

Quadro n.º 28

Número de casos de paludismo registados por ano pelo hospital distrital de Nkolbisson desde 2002

ANOS	NÚMERO DE CASOS DE PALUDISMO REGISTADOS
2002	**2.734 CASOS**
2003	**2.407 CASOS**
2004	**2.113 CASOS**
2005	**2.033 CASOS**
2006	**1.896 CASOS**
2007	**1.875 CASOS**
2008	**1.860 CASOS**
2009	**1.810 CASOS**
2010	**1.778 CASOS**
2011	**794 CASOS**
2012	**783 CASOS**
2013	**771 CAS**
2014	**763 CAS**
2015	**573 CAS**
2016	**549 CASOS**
2017	**394 CASOS**
2018	**320 CASOS**
2019	**308 CASOS**
2020	**287 CASOS**

Fonte: Compilado pelo autor utilizando dados da vigilância geral do Hospital Distrital de Nkolbisson.

[491]Lendo os três quadros acima, é evidente que o número de casos de paludismo registados nos hospitais de Yaoundé está claramente a diminuir. Em 2002, o

[491] Convém salientar que os três hospitais seleccionados representam uma amostra a partir da qual se pode estimar que a regressão está completa em todas as unidades de saúde desta zona geográfica. Teria sido muito fastidioso, se não impossível, percorrer todos os estabelecimentos de saúde da cidade de Yaoundé.

hospital distrital de Biyem-Assi registou um total de 2.847 casos de paludismo, em comparação com 493 casos em 2020. O hospital distrital de Cité-Vite registou um total de 2.265 casos em 2002, em comparação com 365 em 2020. O hospital distrital de Nkolbisson registou 2.734 casos em 2002, contra 287 casos em 2020. A partir deste ponto, podemos observar uma queda drástica no número de casos de paludismo registados nas unidades de saúde de Yaoundé. Isto deve-se em grande parte às acções dos actores sociais e institucionais no processo de reforço da luta moderna contra o paludismo. Estas acções levaram a que as pessoas respeitassem as medidas de higiene e de prevenção, limitando assim a propagação da doença. Por conseguinte, os casos de paludismo tendem a diminuir nas unidades de saúde.

A leitura destes quadros revela também que 2011 e 2017 foram os anos em que se registou um declínio "acentuado" dos casos de paludismo nos hospitais. Por outras palavras, foi durante estes anos que os hospitais de Yaoundé registaram uma queda acentuada no número de casos de malária notificados nas unidades de saúde. Isto mostra que as campanhas descritas como "distribuição maciça de REMILDs" tiveram uma influência significativa no risco de paludismo na cidade de Yaoundé. Tomando como exemplo o hospital distrital de Biyem-Assi, enquanto que em 2010 foram notificados 1.732 casos de paludismo, no ano seguinte, ou seja, em 2011, apenas foram registados 949 casos! Enquanto em 2016 foram registados 769 casos de paludismo, em 2017 foram registados 546 casos. A taxa de declínio tornou-se subitamente "rápida". A situação nos hospitais distritais das zonas rurais é praticamente a mesma, mas com uma taxa de declínio ligeiramente mais lenta.

Como foi feito para a cidade de Iaundé, usaremos uma amostra de três hospitais para mostrar que os casos notificados de paludismo diminuíram claramente em unidades sanitárias distritais em zonas rurais desde que o programa *"Roll Back Malaria"* foi adotado e implementado por volta de 2000. °Os quadros 29, 30 e 31 mostram o declínio de casos de paludismo em hospitais rurais com base em números obtidos dos hospitais distritais de Ntui, Akonolinga e Yoko.

Quadro 29

Número de casos de paludismo registados por ano pelo hospital distrital de Ntui desde 2002

ANOS	NÚMERO DE CASOS DE PALUDISMO REGISTADOS
2002	3421
2003	3298
2004	3114
2005	2995
2006	2916
2007	2884
2008	2736
2009	2711
2010	2634

2011	1205
2012	1088
2013	986
2014	967
2015	854
2016	797
2017	745
2018	703
2019	645
2020	577

Fonte: Elaborado pelo autor com base nos dados da vigilância geral do Hospital Distrital de Ntui.

A partir desta tabela, é evidente que os casos de paludismo notificados estão claramente a diminuir no hospital distrital de Ntui: em 2002, este hospital registou 3.421 casos de paludismo, em comparação com apenas 577 casos em 2020. A situação é praticamente a mesma no hospital distrital de Akonolinga.

Tabela 30

Número de casos de paludismo registados por ano pelo hospital distrital de Akonolinga desde 2002

ANOS	NÚMERO DE CASOS DE PALUDISMO REGISTADOS
2002	**2674**
2003	**2611**
2004	**2589**
2005	**2575**
2006	**2502**
2007	**2478**
2008	**2348**
2009	**2298**
2010	**2109**
2011	**1278**
2012	**985**
2013	**974**
2014	**925**
2015	**801**
2016	**721**
2017	**703**
2018	**679**
2019	**511**
2020	**432**

Fonte: Compilado pelo autor utilizando dados da vigilância geral do Hospital Distrital de Akonolinga.

A tabela mostra que o hospital distrital de Akonolinga está a sofrer um declínio gradual no número de casos de paludismo notificados. Em 2002, este hospital registou 2.674 casos de paludismo, em comparação com apenas 432 em 2020. A mesma tendência pode ser observada no hospital distrital de Yoko.

Quadro 31

Número de casos de paludismo registados pelo hospital distrital de Yoko desde 2002

ANOS	NÚMERO DE CASOS DE PALUDISMO REGISTADOS
2002	**1798**
2003	**1774**
2004	**1725**
2005	**1702**
2006	**1689**
2007	**1667**
2008	**1636**
2009	**1623**
2010	**1584**
2011	**907**
2012	**873**
2013	**859**
2014	**834**
2015	**801**
2016	**776**
2017	**720**
2018	**674**
2019	**594**
2020	**485**

Fonte: Compilado pelo autor utilizando dados da vigilância geral do Hospital Distrital de Yoko.

Os quadros acima mostram que o número de casos de paludismo notificados também está a diminuir nos hospitais rurais, mas a um ritmo "lento". No hospital distrital de Yoko, por exemplo, foram registados 1.798 casos de paludismo em 2002, em comparação com 485 casos em 2020. Isto significa uma diminuição de apenas 1313 casos entre 2002 e 2020, ou seja, dezoito (18) anos mais tarde! o que não é um resultado muito lisonjeiro em comparação com o que foi registado nos hospitais distritais de Yaoundé. Isto deve-se em grande parte às muitas tribulações que dificultaram significativamente a ação dos actores sociais envolvidos no processo de intensificação da luta contra o paludismo nos distritos sanitários rurais. Em suma, quer nos hospitais de Yaoundé quer nas zonas periféricas, a dinâmica de institucionalização da luta contra o paludismo teve efetivamente um efeito, porque a curva dos casos declarados de paludismo é essencialmente regressiva. Verifica-se que o ritmo de regressão é "rápido" nas unidades sanitárias de Yaoundé e "mais lento" nas da periferia. No entanto, em todos os casos, o número de casos de paludismo registados nos hospitais tende a diminuir ao longo dos anos. As acções dos actores colectivos e individuais responsáveis pela intensificação da luta contra o paludismo acabaram por ter um impacto no domínio social. É o que demonstra a taxa de paludismo na região entre 2002 e 2020.

Desde a adoção e implementação do programa "*Fazer recuar a malária*" em 2002, tem-se verificado um declínio gradual da taxa de malária na região Centro. Este facto pode ser observado nos quadros 32, 33, 34 e 35 abaixo.

Quadro 32
Número de mortes por paludismo por ano na região Centro desde 2002

ANOS	NÚMERO DE MORTES REGISTADAS
2002	**458**
2003	**397**
2004	**412**
2005	**320**
2006	**409**
2007	**343**
2008	**410**
2009	**415**
2010	**404**
2011	**155**
2012	**235**
2013	**249**
2014	**229**
2015	**304**
2016	**203**
2017	**140**
2018	**190**
2019	**210**
2020	**296**

Fonte: elaborado pelo autor com base nos dados do serviço de informação e planeamento sanitário da Delegação Regional da Saúde Pública do Centro.

O quadro mostra que a taxa de malária está a diminuir na região Centro. Por outras palavras, o número de mortes por malária está a diminuir: em 2002, a região registou 458 mortes por malária, contra 296 em 2020. Note-se, no entanto, que esta queda da taxa de mortalidade por malária foi maior em 2011 e 2017, os anos correspondentes às campanhas de distribuição em massa de MILDA. Com exceção destes dois anos, a diminuição da taxa de mortalidade por paludismo é essencialmente relativa. Por conseguinte, torna-se necessário, e mesmo imperativo, que os poderes públicos intensifiquem as campanhas de distribuição maciça de MILDA.

Quadro n.º 33

Número de óbitos devidos à malária por 100 000 habitantes entre 2014 e 2018 na região Centro

ANOS	2014	2015	2016	2017	2018
Número de óbitos/100.000 habitantes	**6**	**4**	**8**	**6**	**5**

Fonte: Rapport de suivi des 100 indicateurs cles de sante au Cameroun en 2019, focus sur les ODD, MINSANTE-OMS, ONSP, 2019, p. 47.

De acordo com a tabela acima, para uma população de 100.000 habitantes na região Centro, o número de óbitos por malária diminuiu ligeiramente entre 2014 e 2018. Por cada 100.000 habitantes, registaram-se seis (06) óbitos em 2014 e cinco (05) óbitos em 2018. A diferença entre os dois anos não é tão significativa.

Quadro 34

Número de mortes por malária em crianças com menos de cinco anos desde 2002 na região Centro

ANOS	NÚMERO DE MORTES REGISTADAS
2002	**283**
2003	**244**
2004	**255**
2005	**249**
2006	**253**
2007	**202**
2008	**117**
2009	**263**
2010	**235**
2011	**96**
2012	**145**
2013	**154**
2014	**132**
2015	**188**
2016	**102**
2017	**81**
2018	**96**
2019	**113**
2020	**197**

Fonte: elaborado pelo autor com base nos dados do serviço de informação e planeamento sanitário da Delegação Regional da Saúde Pública do Centro.

O quadro acima mostra que o número de mortes por paludismo em crianças com menos de cinco anos diminuiu "ligeiramente" entre 2002 e 2020, de 283 para 197. Por outras palavras, a queda da taxa de malária em crianças com menos de cinco anos não é tão grande como o programa "*Roll Back Malaria*" teria desejado. Também podemos ver que 2011, 2017 e 2018 foram os anos em que a região registou as taxas mais baixas de mortes relacionadas com a malária em crianças com menos de cinco anos, com 96, 81 e 96 mortes, respetivamente. Estes foram os anos que se seguiram diretamente aos dedicados às campanhas de distribuição "em massa" de MILDA em toda a região. Daí a necessidade de multiplicar este tipo de campanha para conter, se não mesmo travar, a ameaça do paludismo no domínio da saúde social dos Camarões Centrais.

Quadro 35
Número de mortes por paludismo em mulheres grávidas desde 2002 na região Centro

ANOS	NÚMERO DE MORTES REGISTADAS
2002	**21**
2003	**19**
2004	**20**
2005	**11**
2006	**20**
2007	**23**
2008	**21**
2009	**20**
2010	**23**
2011	**08**
2012	**12**
2013	**11**
2014	**10**
2015	**15**
2016	**09**
2017	**06**
2018	**12**
2019	**15**
2020	**16**

Fonte: elaborado por 1 com base nos dados do serviço de informação da Delegação Regional da Saúde Pública do Centro

Os quadros acima mostram que a taxa de mortalidade por malária está a diminuir no domínio da saúde social do Centro. Entre 2002 e 2020, as mortes por malária diminuíram consideravelmente entre as crianças com idades compreendidas entre os zero e os cinco anos, as mulheres grávidas e o resto da população afetada pela malária. Em 2002, a região Centro registou 458 mortes por malária, incluindo 283 crianças com menos de cinco anos, 21 mulheres grávidas e 154 mortes fora destes dois estratos sociais. Em 2020, a região registou 296 mortes por malária, ou seja, 197 crianças com menos de cinco anos, 16 mulheres grávidas e 83 mortes registadas fora dos dois estratos sociais. De 2002 a 2020, o declínio das mortes por paludismo é claramente visível.

As tabelas mostram ainda que 2011 e 2017 foram os anos em que a região registou as menores taxas de mortalidade, com 155 óbitos em 2011 e 140 em 2017. As crianças com idade inferior a cinco anos sofreram 96 óbitos em 2011 e 81 em 2017. As mulheres grávidas sofreram 08 óbitos em 2011 e 06 em 2017. É fácil perceber que os anos em que registámos uma baixa taxa de mortalidade por malária correspondem aos anos que se seguiram às campanhas "massivas" de distribuição de redes mosquiteiras aos agregados familiares. Estas campanhas, porque foram acompanhadas de amplas acções de sensibilização, reduziram consideravelmente o impacto da malária na população. Daí a necessidade de os poderes públicos multiplicarem este tipo de campanhas para reduzir definitivamente o impacto da malária na população. Infelizmente, ao contrário das outras regiões dos Camarões, o Centro não assistiu a qualquer distribuição em massa de REMILDs em 2019 e, como resultado, em 2020, a região registou 296 mortes por paludismo, mais 156 do que em 2017. Esta situação alterou seriamente a tendência decrescente da taxa de mortalidade por malária que começou em 2017. Mas o mínimo que podemos dizer é que a implementação dos programas *"Roll back malaria"* e *"K.O malaria"* teve um efeito significativo nos beneficiários finais, que viram a sua situação melhorar com a queda geral da taxa de mortalidade por malária. *Os resultados da implementação* também foram perceptíveis na frente social, embora o problema da malária ainda persista, tendo em conta os números registados em 2020. Por último, a taxa de mortalidade por paludismo é muito elevada entre as crianças com menos de cinco anos, em comparação com outras camadas da população. De facto, 62% das mortes ocorrem entre as crianças com menos de cinco anos, 5% entre as mulheres grávidas e 33% entre o resto da população. °Isto pode ser visto no gráfico 1 abaixo.

Gráfico 1

Representação gráfica da taxa de mortalidade por paludismo na região Centro

Malária segundo a classe social

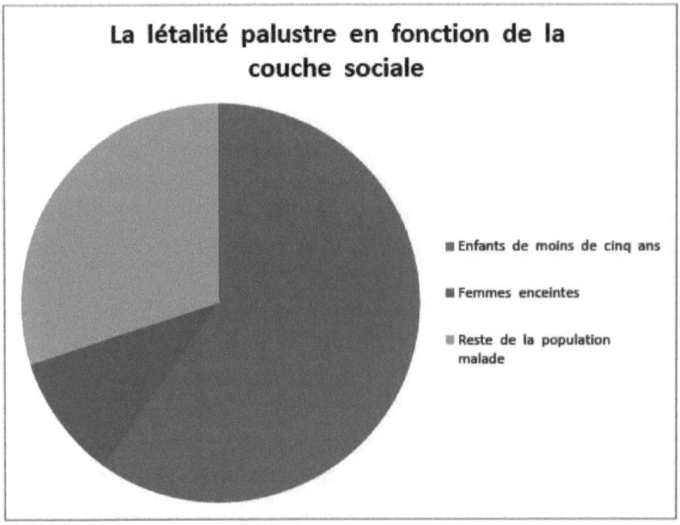

Crianças com menos de cinco anos de idade

Mulheres grávidas

Resto da população doente

Um esforço suplementar deve ser feito pelos actores sociais e institucionais para atingir as crianças com menos de cinco anos e as mulheres grávidas, uma vez que são estes grupos que apresentam a taxa mais elevada de malária na região. É também de salientar que as crianças com menos de cinco anos e as mulheres grávidas representam um total de 22% da população do Centro, com os maiores riscos de morbilidade e mortalidade. Consequentemente, se quisermos reduzir significativamente a taxa de malária neste sector social, temos de maximizar as acções sociais a favor destes grupos sociais.
Para além da queda significativa do número de casos de paludismo notificados aos hospitais e da taxa de mortalidade por paludismo, o esforço para institucionalizar a luta moderna contra o paludismo está a ter outro impacto importante nas famílias: a redução das despesas de saúde.

2. A diminuição das despesas de saúde das famílias

Como os beneficiários finais viram a sua situação melhorar em resultado da intensificação da luta moderna contra o paludismo, aqueles que lhes estão diretamente próximos beneficiarão indiretamente desta situação: são os terceiros *afectados positivamente*. Como o paludismo diminui consideravelmente, como demonstrado acima, os encargos financeiros dos agregados familiares associados ao paludismo também diminuirão consideravelmente. De facto, quando um indivíduo de uma família sofre de paludismo, é toda a família que é realmente afetada porque terá de ser feito um esforço financeiro para "salvar" o doente. A longo prazo, esta situação pode conduzir a uma grande pobreza. No entanto, se o número de pessoas doentes nos agregados familiares diminuir, a situação financeira das famílias será restabelecida. De acordo com o estudo de Joseph NTANGSI, as despesas de saúde das famílias repartem-se da seguinte forma:

- Farmácias e outros vendedores de medicamentos: 53,0%;
- Formação privada sem fins lucrativos: 23,1%;
- Formação em saúde pública: 14,6% ;
- Medicina tradicional: 7,0% ;
- [492]Clínicas com fins lucrativos: 2,3% .

[493]Em 2010, cada agregado familiar camaronês gastou em média 83 400 francos CFA (anual ou mensalmente?) em cuidados de saúde, ou seja, 13 900 francos CFA por pessoa para uma família média de seis pessoas. Setenta por cento (70%) destas despesas estavam diretamente ligadas ao problema da malária. Hoje em dia, a tendência é consideravelmente decrescente com a adoção de medidas de higiene e de prevenção do paludismo pela população. [494]Na região Centro, um inquérito realizado em janeiro de 2020 revelou que cada família gasta em média 30.000 FCFA por ano em cuidados de saúde, ou seja, 5.000 FCFA por pessoa para uma família média de seis pessoas. Isto representa uma clara melhoria em relação à situação em 2010. Por outras palavras, as despesas financeiras com os cuidados de saúde tendem a diminuir ao longo dos anos. [495]Uma vez que o paludismo representa mais de metade dos casos de doença registados nos hospitais (70% segundo os profissionais de saúde pública), pode presumir-se que a maioria das despesas de saúde se deve ao paludismo. Também é fácil supor que a diminuição das despesas de saúde está diretamente relacionada com a diminuição dos casos de paludismo registados nas unidades de saúde (ver *acima).*

Em suma, o esforço de institucionalização da luta contra o paludismo teve um efeito significativo nos beneficiários finais, que viram a sua situação sanitária melhorar com uma diminuição drástica do número de mortes relacionadas com o paludismo. Contrariamente à situação no início da década de 2000, a mortalidade por paludismo diminuiu consideravelmente, de acordo com os números apresentados nos quadros acima. Uma diminuição da taxa de paludismo significa também uma diminuição do número de casos de paludismo. Não poderia ser de outra forma, dado o aumento do cumprimento das medidas de higiene e de prevenção da malária. A mudança de comportamento dos grupos-alvo conduziu a uma melhoria da situação dos beneficiários finais e dos terceiros beneficiários,

---

[492] Ver Plan Strategique National de Lutte contre le Paludisme du Cameroun 2007-2010. Op. cit.. p. 28.

[493] Ibid. p. 28.

[494] Inquérito realizado em janeiro de 2020 junto de uma amostra de quinze agregados familiares: cinco num bairro pobre (Elig-Dzoa), cinco num bairro intermédio (Ngousso) e cinco num bairro rico (Bastos). O inquérito mostrou que as despesas de saúde eram mais elevadas nos agregados familiares abastados e muito mais baixas nos agregados familiares pobres.

[495] "Em cada dez pacientes internados aqui, sete sofrem de malária", disse Nathalie A., uma enfermeira de um hospital no distrito de Tsinga, conforme relatado por Rabiatou NANA no *Cameroon Tribune* em 24 de setembro de 2020.

como os agregados familiares e as famílias, que viram as suas despesas de saúde diminuir consideravelmente. Por conseguinte, o reforço das políticas de luta contra a malária em 2002 produziu efeitos (impactos+resultados), primeiro nos grupos-alvo (impactos) e depois nos beneficiários finais (resultados) na região Centro-Camarões. A este respeito, pode dizer-se que foi eficaz, eficiente e relevante, ainda que haja muito a fazer, uma vez que a doença persiste.

Ponto 2: A persistência do problema da malária

Seria ilusório pensar que o problema do paludismo tinha desaparecido completamente após a intensificação da luta contra o paludismo em 2002, porque apesar das muitas acções empreendidas por actores colectivos e individuais, tanto institucionais como sociais, a doença persiste no domínio da saúde social dos Camarões Centrais. De facto, os muitos altos e baixos no processo de institucionalização da luta contra o paludismo, tal como descrito no capítulo anterior, tiveram um impacto sério nas actividades dos executores na área geográfica do Centro dos Camarões. Na realidade, uma política pública nunca é implementada no 'vazio'; é sempre introduzida num contexto caracterizado por problemas, estruturas e constrangimentos que lhe são anteriores, o que provoca reacções em contrapartida. [496]Estas reacções, por sua vez, influenciam as actividades dos executores. É por isso que o problema do paludismo ainda persiste na região Centro-Camarões, apesar da diminuição considerável dos casos notificados de paludismo nas unidades sanitárias, como se viu acima. Para efetuar a nossa análise, basear-nos-emos numa análise quantitativa baseada nas estatísticas obtidas em 2020 nos hospitais da área geográfica Centro-Camarões (A). De notar também que a persistência do problema do paludismo se reflecte também empiricamente no recurso constante dos doentes a farmácias paralelas e a médicos tradicionais (B).

A- Persistência nos hospitais

Embora esteja claramente em declínio numa área geográfica do Centro-Camarões, o problema do paludismo ainda persiste nesta região. °A verdadeira razão empírica para este facto é que, em 2020, os hospitais desta área social da saúde registaram casos de paludismo, repartidos de acordo com os seguintes quadros 36, 37, 38 e 39:

Tabela 36

Casos de malária registados no hospital distrital de Biyem-Assi em 2020, repartidos por mês

MESES	NÚMERO DE DOENTES REGISTADOS
janeiro	42
fevereiro	41
março	86
abril	43

[496] Ver KUBLER (D) e MAILLARD (J-D), Analyser les politiques publiques. Loc. cit... p. 73.

maio	42
junho	45
julho	44
agosto	43
setembro	41
outubro	23
novembro	22
dezembro	21
TOTAL	493 CASOS

Fonte: Compilado pelo autor com base nos dados da vigilância geral do hospital distrital de Biyem-Assi.

A tabela mostra que ainda havia muitos casos de malária notificados no distrito sanitário de Biyem-Assi em 2020, com 493 casos registados.

Tabela 37

Casos de paludismo registados no hospital distrital de Cite-Verte em 2020, repartidos por mês

MESES	NÚMERO DE DOENTES REGISTADOS
janeiro	32
fevereiro	34
março	67
abril	35
maio	28
junho	25
julho	31
agosto	32
setembro	33
outubro	17
novembro	15
dezembro	16
TOTAL	365

Fonte: Elaborado pelo autor a partir dos dados da vigilância geral do hospital distrital de Cite-Verte.

A tabela mostra que ainda havia muitos casos de malária notificados no distrito sanitário de Cite-Verte em 2020, com 365 casos registados.

Quadro 38

Casos de malária registados no hospital distrital de Ntui em 2020, repartidos por mês

MESES	NÚMERO DE DOENTES REGISTADOS

janeiro	56
fevereiro	56
março	80
abril	54
maio	49
junho	53
julho	49
agosto	54
setembro	52
outubro	27
novembro	22
dezembro	26
TOTAL	**577 CASOS**

Fonte: Elaborado pelo autor a partir dos dados da vigilância geral do hospital distrital de Ntui.

A tabela mostra que ainda havia muitos casos de malária notificados no distrito sanitário de Ntui em 2020, com 577 casos registados.

Tabela 39

Casos de malária registados no hospital distrital de Yoko em 2020, repartidos por mês

MESES	NÚMERO DE DOENTES REGISTADOS
janeiro	52
fevereiro	54
março	94
abril	50
maio	43
junho	47
julho	38
agosto	31
setembro	29
outubro	19
novembro	13
dezembro	15
TOTAL	**485**

Fonte: Compilado pelo autor utilizando dados da vigilância geral do hospital distrital de Yoko.

A leitura dos quatro quadros acima, que apresentam a situação dos casos de paludismo registados em 2020 tanto nos hospitais de Yaoundé como nos da periferia, revela que os casos de paludismo voltaram a ser numerosos na zona geográfica dos Camarões Centrais. O mês em que se registam mais casos de paludismo nas unidades de saúde da região é março. Em março de 2020, os hospitais distritais de Biyem-Assi e Cite-Verte, em Yaoundé, registaram 86 e 67 casos de paludismo, respetivamente. No mesmo mês do ano, os hospitais distritais de Ntui e Yoko, nos arredores de Yaoundé, registaram 80 e 94 casos de paludismo, respetivamente. Por outro lado, novembro foi o mês em que os hospitais da região registaram o menor número de casos de paludismo. De facto, em novembro de 2020, os hospitais distritais de Biyem-Assi e Cite-Verte registaram 22 e 15 casos de paludismo, respetivamente. Os hospitais rurais de Ntui e Yoko registaram 22 e 13 casos de paludismo, respetivamente, em novembro de 2020.

A análise que se pode fazer a partir da leitura destes quadros é que as populações da região Centro estão mais expostas ao risco de paludismo durante os meses de janeiro, fevereiro e março; isto porque estes meses correspondem à estação seca com temperaturas nocturnas elevadas e são caracterizados pela ausência de chuva. Isto favorece a eclosão e a propagação dos mosquitos. Por outro lado, os meses de outubro, novembro e dezembro são os meses em que as pessoas estão menos expostas ao risco de malária, uma vez que se caracterizam por fortes chuvas e, sobretudo, por um frio violento durante a noite, o que limita consideravelmente o desenvolvimento e a implantação dos mosquitos. É por isso que, quando olhamos para os quatro quadros acima, os números relativos aos primeiros três meses são os mais elevados e os relativos aos terceiros três meses são os mais baixos. Por conseguinte, os actores públicos e privados devem fazer mais para realizar campanhas de sensibilização do público no início de cada ano, a fim de reduzir a elevada incidência do paludismo durante os primeiros três meses.

Em última análise, os quatro quadros mostram que o paludismo continua a ser um risco na região. Embora o número de casos registados nos hospitais tenha diminuído, o risco não desapareceu. O facto de o hospital distrital de Ntui ainda ter registado 80 casos de paludismo e o hospital de Biyem-Assi 86 casos em março de 2020 significa que a ameaça persiste e que ainda há muito a fazer para travar definitivamente a doença. Importa igualmente referir que as pessoas na região Centro-Camarões continuam a recorrer ao sistema de saúde informal e a farmácias paralelas para tratar a malária. Esta é mais uma prova de que a malária ainda persiste na região.

B- A persistência do recurso dos doentes ao sistema de saúde informal e às farmácias paralelas

[497]A principal resposta social ao colapso do sistema de saúde convencional foi o surgimento de um poderoso sistema de saúde informal. [498]Este sistema tem três componentes principais, incluindo os cuidados de saúde tradicionais e os cuidados de saúde proféticos. Na zona geográfica do centro dos Camarões, os ervanários são cada vez mais procurados pelos doentes. Por outras palavras, para além dos hospitais, muitas famílias continuam a procurar os conhecimentos dos médicos tradicionais para se tratarem. Em Yaoundé, a *"clínica tradicional moderna"*

---

[497] Ler MEVA'A ABOMO (D), "Le fardeau de la lutte contre le paludisme urbain au Cameroun : etat des lieux, contraintes et perspectives", Op. cit... p. 35.

[498] Ibid. p. 35.

dirigida pelo Dr. DEWAH e BROS e a "clínica tradicional BK" recebem todas as semanas um grande número de doentes com malária grave. Um ervanário da clínica do Dr. DEWAH justificou este facto dizendo: "Vemos *aqui muitas pessoas com malária grave. Vêm cá quando a doença já passou por elas em casa.* [499]*Vemos uma média de três doentes por semana"*. O médico BK (Brillant Kamdem) admite que recebe um grande número de doentes com malária grave na sua clínica tradicional no bairro de Etoudi, num local chamado ancien sixieme em Yaoundé. No mercado de Mokolo, um famoso naturopata afirma receber doentes com malária e tratá-los com artemisa. O NOKADJI do Dr. Moherb tem várias filiais em Yaoundé, a mais conhecida das quais se situa no bairro de Mokolo. [500]*"Vejo sempre pessoas com malária aqui e trato-as com artemísia"*.

Os produtos feitos a partir da planta Artemísia e embalados em saquetas estão atualmente a vender-se como pão quente em Yaoundé. O produto em questão é o "ARPACURE", inventado por um grupo de ervanários camaroneses e utilizado principalmente para tratar a malária. Custa entre 1.000 e 2.000 FCFA. É consumido sob a forma de um chá de ervas quente e tem virtudes inimagináveis, segundo as pessoas que o utilizam. Algumas famílias dizem que compram quatro saquetas de "ARPACURE" por semana para se tratarem em casa e até para prevenir o risco de malária.

[501]Nos distritos rurais, a medicina tradicional tem tido muito sucesso, devido à "crise na prestação de cuidados de saúde convencionais". Na maioria dos casos, as ervanárias tratam dos doentes nas suas próprias casas. São mesmo os verdadeiros motores da luta contra o paludismo nas zonas sanitárias das aldeias. No distrito sanitário de Yoko, por exemplo, um ervanário muito popular, chamado Joseph Sidi, trata os doentes com malária na sua casa, no distrito de Yoko, utilizando plantas medicinais. A planta conhecida como "artemísia" é o recurso que Joseph SIDI utiliza para "domar" a malária no subsistema de Yoko. O processo de tratamento é descrito por um doente nos seguintes termos:

"Quando vamos ver o Sidi quando estamos com malária, ele pede-nos para nos sentarmos na sua pequena sala de estar enquanto dá uma vista de olhos numa divisão do seu apartamento. Dois minutos depois, ele sai com uma garrafa de água e algumas plantas. [502]Ferve a água numa panela durante pelo menos quinze minutos com as plantas lá dentro, depois filtra-a através de uma peneira muito fina e deita o conteúdo numa garrafa para beber de manhã e à noite" .

O sucesso da farmacopeia tradicional praticada pelo SIDI no domínio da saúde social de Yoko advém do facto de ser menos dispendiosa e mais rápida no tratamento do que a praticada nos hospitais. Alguns doentes vão lá por uma razão ou por outra, ou por ambas. Mas para a maioria das pessoas que vivem em Yoko, é o custo do tratamento da malária efectuado pelo Joseph SIDI que as motiva a ir ter

---

[499] Entrevista com um médico na clínica do Dr. DEWAH e BROS em Yaoundé, em 16 de junho de 2021.
[500] Entrevista com o MOKADJI do Dr. Moherb em Mokolo, a 15 de junho de 2021.
[501] As pessoas estão a perder cada vez mais a confiança nos médicos devido à corrupção, à burla e aos falsos diagnósticos que praticam. Além disso, o estado deplorável de algumas instalações sanitárias das aldeias não incentiva as pessoas a deslocarem-se até elas.
[502] Entrevista com Simeon, natural de Yoko, em 9 de março de 2021.

com ele em vez de irem ao hospital. No distrito sanitário de Ntui, outro ervanário muito popular ocupa um espaço social na luta contra as epidemias. Conhecido como *"Docteur Federal"* ou *"Le Naturopathe", o* seu modo de atuação difere do SIDI na medida em que trata do doente em casa. O doente telefona ao *"Docteur Federal" para lhe* explicar o seu problema, e o médico desloca-se imediatamente a casa do doente com o remédio necessário, que é sempre líquido e está contido numa garrafa de água. A eficácia deste produto tradicional e o seu baixo preço levam as pessoas a recorrer a este ervanário em vez de uma enfermeira. [503]As palavras do médico tradicional conhecido como *"Docteur Federal"* mostram a popularidade da farmacopeia tradicional junto da população de Ntui, quando afirma que "em *média, recebo quinze chamadas por dia de pessoas doentes".*

A medicina profética também desempenha um papel importante na luta contra a malária nas zonas rurais da região Centro. Os pastores das igrejas ditas "revivalistas" são cada vez mais solicitados pela população local para resolver os seus problemas de saúde. A medicina profética gratuita praticada por estes pastores faz com que sejam muito mais procurados em caso de doença do que os enfermeiros e os ervanários. No caso do paludismo, o método de tratamento não é diferente do das outras doenças e baseia-se na oração. [504]A "imposição das mãos" do pastor sobre a cabeça do doente tem virtudes terapêuticas, a acreditar nas palavras de um cidadão da cidade de Ntui:

"Uma vez tive uma dor de cabeça violenta, acompanhada de febre. Sabia que era malária. Felizmente, esse dia era uma sexta-feira e era noite de oração na igreja. Nessa noite, expliquei o meu problema ao pastor, ele pôs as mãos na minha cabeça e começou a rezar. E posso garantir-vos que, na manhã seguinte, não tinha nem dor de cabeça nem febre. [505]Estava completamente saudável".

A partir destas palavras, é evidente que a oração tem virtudes terapêuticas, que trata efetivamente o doente. Os sintomas da malária diminuem depois de o doente ter sido exposto a uma sessão de imposição das mãos. [506]Este ato sociomédico é visto aqui como o tratamento mais eficaz para a malária, que é vista como um ataque meta social. Com a pobreza em pleno andamento nas aldeias da região Centro, a medicina profética, por ser gratuita, tornou-se o baluarte da população para os cuidados de saúde. Deste ponto de vista, as doenças em geral e o paludismo em particular parecem ter-se tornado patologias provenientes de forças "maléficas" ou "diabólicas". De facto, é isso que os pastores dizem aos seus fiéis, que "todas as doenças são causadas pelo diabo" e que "a libertação é o remédio certo". Tudo isto leva uma grande parte da população a recorrer a eles em caso de paludismo. *Por fim,* nos bairros da periferia do Centro, o sistema informal de cuidados de saúde praticamente suplantou a medicina convencional. No entanto, é de salientar que os

[503] Entrevista com 1 ervanário conhecido como "Docta" ou "Doutor Federal" em 31 de março de 2021.

[504] O pastor coloca as mãos sobre a cabeça do doente ajoelhado e inicia uma oração que dura pelo menos cinco minutos.

[505] Entrevista com um cidadão da cidade de Ntui, seguidor da igreja conhecida como "a verdadeira Igreja de Deus nos Camarões", que não quis revelar a sua identidade.

[506] MOULIOM MOUNGBAKOU (I.B), Ibid. p. 151.

cuidados de saúde tradicionais são reconhecidos e encorajados pelos poderes públicos, ao contrário dos cuidados de saúde proféticos, que permanecem "clandestinos". Apesar da modernização da luta contra o paludismo, persistem ainda na região Centro práticas ditas tradicionais e arcaicas: é o fenómeno da *Path Dependence.*

Quando se fala de farmácias paralelas, convém salientar que estas se referem às estruturas clandestinas e informais utilizadas para tratar pessoas doentes, tal como mencionado nos capítulos anteriores. De facto, muitas pessoas continuam a recorrer a este tipo de farmácia em casos de paludismo simples ou grave, apesar de as autoridades públicas terem proibido repetidamente a venda ilegal de medicamentos. Em Iaundê, como em qualquer outra parte do sector de saúde da região central dos Camarões, as pessoas que se dirigem aos vendedores ambulantes para comprar medicamentos antipalúdicos alegam falta de recursos financeiros. Os medicamentos vendidos na rua são mais baratos e por vezes eficazes no tratamento da doença, admitem as pessoas.

Por conseguinte, os medicamentos de rua continuam a ser vendidos na região, encorajados em certa medida pelas populações locais que, por razões próprias, preferem comprá-los a dirigir-se a uma farmácia convencional. Até hoje, os "rapazes de Bamenda" continuam a receber pessoas que lhes pedem medicamentos antipalúdicos para assegurar a sua recuperação. Em Yaoundé, podem ser encontrados no mercado central, no mercado de Mfoundi e na Avenida Kennedy. Nas zonas rurais, podem ser encontrados em mercados, barracões e lagoas. Os medicamentos são vendidos ao ar livre, por vezes no chão. Estes vendedores ambulantes colocam os medicamentos antipalúdicos à disposição dos doentes a preços muito baixos. O facto de as pessoas recorrerem ao sistema informal de cuidados de saúde e às farmácias paralelas é prova suficiente de que o problema do paludismo persiste na região Centro, apesar da forte mobilização dos actores sociais e institucionais encarregados de reforçar a luta contra esta doença. Este estado de coisas perturba o equilíbrio procurado no processo de institucionalização da luta contra o paludismo: é o fenómeno do "equilíbrio *pontuado".*

A diminuição considerável dos casos de paludismo registados nas unidades de saúde não significa que o problema do paludismo tenha desaparecido. É certo que, desde a adoção e implementação do programa *"Fazer recuar o paludismo"* em 2002, se verificou uma redução drástica dos casos de paludismo nos hospitais, o que é muito apreciável. No entanto, em 2020, dezoito (18) anos mais tarde, os hospitais continuam a registar casos de paludismo (ver quadros 38, 39, 40 e 41 acima). De notar também que, em 2020, as pessoas da região Centro continuam a recorrer a ervanários, profetas e vendedores ambulantes para se tratarem. Por conseguinte, apesar de a dinâmica de institucionalização da luta contra o paludismo ter reduzido consideravelmente o risco desta doença na zona geográfica dos Camarões Centrais, é de notar que a ameaça persiste ainda hoje.

Embora o problema do paludismo continue muito presente na zona geográfica do

Centro-Camarões, apesar da dinâmica de modernização, é preciso dizer que esta forma dita "moderada" de luta contra o paludismo pode ser melhorada.

SECÇÃO II

A perfetibilidade do controlo moderno da malária

Apesar das muitas provações e tribulações que têm afetado o esforço de institucionalização da luta moderna contra o paludismo na região Centro-Camarões, tornando os seus efeitos ambivalentes, deve, no entanto, notar-se que esta forma dita "moderna" de luta contra o paludismo pode ser melhorada. Para isso, é necessário que as autoridades públicas empreendam um certo número de acções. Devem reforçar as campanhas de saneamento, a distribuição de MILDA e a luta contra os medicamentos de rua **(n.º 1). Além disso,** os poderes públicos devem reforçar a luta contra o isolamento e os "desertos médicos" e criar uma operação de controlo do custo da malária nas unidades de saúde **(n.º 2).**

Ponto 1: Intensificação das acções de saneamento, distribuição de mosquiteiros tratados com inseticida e luta contra o comércio ilegal de medicamentos

A fim de melhorar a luta moderna contra o paludismo na zona geográfica do Centro-Camarões, as autoridades públicas devem realizar um certo número de acções, nomeadamente: intensificar a organização de campanhas de saneamento nas cidades da região (A), organizar campanhas recorrentes de distribuição de MILDA e intensificar a luta contra o comércio ilegal de medicamentos **(B).**

A- Intensificar a organização de campanhas de saneamento nas cidades da região

[507]Como foi demonstrado no capítulo anterior, a área geográfica dos Camarões Centrais ainda tem várias "zonas ecologicamente favoráveis" e está confrontada com uma insalubridade indescritível. Este estado de coisas favorece o desenvolvimento da fêmea do anopheles responsável pelo paludismo através do plasmódio que inocula na corrente sanguínea. Os poderes públicos devem, pois, tomar medidas para limitar ao máximo estas "zonas ecologicamente favoráveis", presentes em quase todos os bairros da cidade.

Yaoundé. No distrito de Biyem-Assi, a grande zona pantanosa conhecida como "nage-glisse" precisa de ser limpa, se quisermos evitar que os mosquitos continuem a desenvolver-se aí e a assobiar mesmo a meio do dia. Para tal, é necessária maquinaria sofisticada para limpar e nivelar a área. No bairro de Elig-Edzoa, a zona conhecida como "bas-fond marche" necessita de um tratamento especial por parte das autoridades da cidade de Yaoundé. Trata-se de uma zona comercial com uma grande concentração de pessoas que se encontram constantemente em perigo devido aos edifícios mal cuidados que aí se encontram. No bairro de Mballa II, algumas famílias vivem ainda nos limites dos pátios, tal *como no* bairro de Etoa-Meki, para citar apenas alguns exemplos. Todas estas "zonas ecologicamente

---

[507] Trata-se de zonas onde os mosquitos se podem propagar e onde o risco de malária é, consequentemente, demasiado elevado.

favoráveis" são locais privilegiados de reprodução de mosquitos e devem ser limpas pelos poderes públicos para que a luta contra o paludismo seja mais eficaz em termos sociais.
A cidade de Yaoundé também precisa de ser limpa, combatendo as condições de insalubridade que grassam na zona. O lixo doméstico e os dejectos continuam a encher os becos sob o olhar das autoridades, que culpam a empresa responsável pela gestão dos resíduos na cidade, a HYSACAM. Os empregados da empresa estão constantemente a reclamar salários em atraso. Assim, *os habitantes de Yaoundé* vivem com o lixo doméstico e o risco de malária está a tornar-se elevado. [508]As autoridades da cidade devem, pois, assumir as suas responsabilidades, em primeiro lugar, sensibilizando a população para a necessidade de depositar o lixo doméstico nos caixotes do lixo que se encontram em quase todos os cruzamentos. Em segundo lugar, exigindo à HYSACAM que faça o seu trabalho e apenas o seu trabalho. Por último, pagando ao pessoal da empresa, que, na maior parte das vezes, justifica a sua inatividade com salários em atraso. Além disso, é necessário criar outras empresas de gestão de resíduos na cidade de Yaoundé para competir com a HYSACAM, que, por vezes, é sobrecarregada pelo volume de trabalho, uma vez que a população de Yaoundé está a crescer exponencialmente desde há quase quatro anos, devido à migração interna causada pela crise sociopolítica nas regiões Noroeste e Sudoeste. Se quisermos melhorar a luta contra a malária na região Centro, temos também de organizar campanhas adicionais para distribuir REMILDs e combater o comércio ilegal de medicamentos.

B- Organizar campanhas suplementares de distribuição de REMILDs e reforçar a luta contra o comércio ilegal de medicamentos

Para melhorar a luta contra o paludismo no sector da saúde do Centro-Camarões, é necessário que as autoridades públicas intensifiquem as campanhas de distribuição "em massa" de MILDA nesta zona. Como demonstrado acima, foi na sequência das campanhas de distribuição maciça de MILDA pelo Estado à população (nomeadamente em 2011 e 2016) que a região registou uma diminuição drástica da morbilidade e da mortalidade ligadas ao paludismo. Este processo deve, por conseguinte, ser intensificado para que as autoridades da região possam conter, se não mesmo travar, a ameaça da malária. Infelizmente, a distribuição semestral em massa de MILDA à população da região Centro remonta a 2016. Estava prevista uma nova campanha de mosquiteiros em 2019, mas até à data esta nunca teve lugar, apesar de as populações das outras nove regiões dos Camarões terem recebido gratuitamente mosquiteiros do Estado nessa data. O corolário desta situação de facto é que a taxa de mortalidade ligada à malária aumentou consideravelmente entre 2019 e 2020. No entanto, a curva da taxa de mortalidade baixou consideravelmente em 2017. Isto significa que as campanhas de distribuição de MILDA aos agregados familiares estão a contribuir significativamente para a

[508] É de notar, no entanto, que apesar da presença de caixotes do lixo, algumas pessoas têm um prazer malicioso em deitar o lixo não no caixote, mas fora dele.

redução do risco de malária. Por conseguinte, é imperativo que o Estado organize uma nova campanha de distribuição "em massa" de MILDA à população para "preencher a lacuna" deixada em 2019. A campanha deveria ser intensificada na cidade de Yaoundé, onde existem muitas zonas ecologicamente favoráveis. Mas, infelizmente, ao chegarmos ao início de 2021, ainda não há o mínimo sinal de ação, e a situação persiste!

Além disso, a racionalização da luta contra o paludismo passa também pela luta contra o comércio ilícito de medicamentos que persiste na cidade de Yaoundé, onde estão sediadas as instituições. Muitas pessoas recorrem a medicamentos para assegurar a sua recuperação de uma malária simples ou grave. Mas nem toda a gente pode pagar a qualidade destes medicamentos, pois continua a existir um "mercado negro" de medicamentos na região (o que foi amplamente demonstrado e desenvolvido no capítulo anterior). Os vendedores ambulantes de medicamentos continuam a ser frequentes nas ruas, apesar da luta empreendida pelo Ministro da Saúde Pública, Sr. MANAOUDA Malachie, que emitiu um comunicado a 10 de julho de 2019 proibindo formalmente a venda de medicamentos no mercado informal. Os agentes do MINSANTE e o próprio Ministro efectuaram rusgas para localizar os vendedores ambulantes que vendem medicamentos de qualidade duvidosa. Esta ação foi muito apreciada e bem acolhida. Infelizmente, esta ação limitou-se a Yaoundé, a capital e sede das instituições, em detrimento das zonas rurais. Além disso, não durou muito tempo porque os vendedores ambulantes de medicamentos continuam a florescer na região y incluindo na cidade de Yaoundé, pondo em risco muitas pessoas porque lhes são vendidos anti-maláricos falsos a preços muito baixos!

De um modo geral, as instituições responsáveis pelo controlo da qualidade dos produtos devem também assegurar a qualidade dos medicamentos antipalúdicos vendidos no mercado camaronês, porque, segundo uma opinião, é possível encontrar medicamentos contrafeitos mesmo nas farmácias ditas "convencionais".

Nº 2: reforçar a luta contra o isolamento e os "desertos médicos" e criar uma operação de controlo do custo da malária nos centros de saúde

Para melhorar a forma como o problema da malária é tratado no domínio da saúde social no Centro-Camarões, os poderes públicos devem igualmente realizar um certo número de acções, nomeadamente: lutar contra o isolamento e construir centros de saúde modernos **(A).** Devem igualmente assegurar o respeito rigoroso do custo da malária nos centros de saúde (B).

A- Intensificar a luta contra o isolamento e os "desertos médicos

Os vinte e quatro distritos sanitários das zonas rurais da região Centro-Camarões continuam a albergar um grande número de zonas muito sensíveis.

enclaves. Como mostrámos no capítulo anterior, estas zonas constituem um sério obstáculo à luta contra o paludismo. As campanhas de sensibilização, a distribuição de MILDAs e o tratamento dos doentes no domicílio são praticamente inoperantes nestas zonas, devido ao seu isolamento. É difícil aceder a estas zonas rurais, quer a pé quer de carro. Os distritos sanitários de Ntui e Yoko, no departamento de Mbam-et-Kim, são na realidade zonas florestais onde as vias de comunicação são praticamente inexistentes. Esta realidade social é inadequada para a implementação harmoniosa de programas como o "tratamento domiciliário do paludismo" (PECADOM), porque a penetração na zona é um grande risco, dado o estado das estradas. Como realizar uma campanha de distribuição segura de redes mosquiteiras ao domicílio em zonas onde o tráfego rodoviário é praticamente inexistente? Cabe, portanto, aos poderes públicos abrir estas zonas para garantir a boa aplicação das estratégias modernas de luta contra o paludismo.

Na mesma ordem de ideias, verificou-se que, ao contrário da cidade de Yaoundé, as zonas rurais da região Centro registam uma elevada incidência de "desertos médicos". As populações destas zonas são ainda obrigadas, por vezes, a percorrer vinte (20) ou mesmo oitenta (80) quilómetros antes de encontrar um centro de saúde para receber tratamento em caso de doença. É o caso do distrito sanitário de Akonolinga, onde a aldeia de Akak não dispõe de um hospital de qualidade e, por conseguinte, os habitantes são obrigados a percorrer quarenta quilómetros para encontrar um hospital digno desse nome. O mesmo acontece no distrito sanitário de Ntui, onde as aldeias de Ndimi, Ngoro e Ngambe-Tikar não dispõem de hospitais de qualidade, o que obriga as pessoas a percorrerem cerca de vinte quilómetros para chegarem a Ntui e receberem tratamento num hospital que é praticamente de ponta. Os exemplos são numerosos. Cabe, portanto, às autoridades públicas dotar as zonas rurais de centros de saúde modernos, para que as pessoas doentes não tenham de fazer longas viagens para procurar cuidados de saúde convencionais, com todos os riscos que isso implica. Para aperfeiçoar a luta contra o paludismo na região Centro, é imperativo criar uma operação de controlo do custo do paludismo nas unidades de saúde.

B- Criação de uma operação de controlo do custo da malária nos centros de saúde

Para tornar a luta contra o paludismo mais eficaz na zona geográfica do Centro dos Camarões, é necessário que as autoridades públicas criem uma "vigilância sanitária" para garantir que o custo do tratamento do paludismo, tal como previsto na regulamentação atual, seja rigorosamente respeitado. Em várias zonas sociais da região, o RDT para as crianças com menos de cinco anos e o tratamento do paludismo simples e grave para as crianças desta faixa etária continuam a ser cobrados. No entanto, entre 2010 e 2014, o Presidente da República decidiu torná-los gratuitos. Uma iniciativa louvável, mas que infelizmente continua a ser posta de lado pelos gestores dos centros de saúde. No hospital distrital de Ntui (reputado como a maior unidade de saúde pública do departamento de Mbam-et-Kim), o RDT e o tratamento do paludismo simples ou grave nas crianças com menos de cinco anos não são gratuitos, e ninguém ignora este facto. É o caso em todas as unidades sanitárias do departamento de Mbam-et-Kim. Esta situação compromete a institucionalização da luta contra o paludismo nesta zona, porque muitas pessoas, já de si indigentes, continuam a ser obrigadas a meter a mão no bolso para pagar o tratamento dos seus filhos menores de cinco anos. Por conseguinte, algumas famílias são obrigadas a recorrer à medicina tradicional e profética. Pior ainda, são obrigados a recorrer a farmácias paralelas, com todos os prejuízos que isso implica. Por conseguinte, é urgente que as autoridades públicas criem uma "vigilância sanitária" para que as pessoas possam beneficiar plenamente do tratamento gratuito contra a malária desejado pelo Chefe de Estado. Devem ser aplicadas sanções aos médicos que continuam a cobrar aos agregados familiares o tratamento da malária para crianças com menos de cinco anos. Isto limitará, sem dúvida, a propagação das farmácias paralelas, às quais as pessoas recorrem atualmente para garantir a sua saúde.

Em conclusão, os efeitos do processo de institucionalização da luta contra o paludismo na região Centro-Camarões são claramente visíveis no plano social. Em primeiro lugar, as pessoas cujos comportamentos deviam mudar (os grupos-alvo) mudaram de facto os seus comportamentos, que estavam na origem da propagação do problema do paludismo, adoptando novas atitudes que favorecem o respeito pelas medidas de higiene como a desobstrução dos esgotos, o tratamento e a limpeza das latrinas e a utilização de fontes de água melhoradas. Estes grupos também respeitam escrupulosamente as medidas de prevenção da malária, como o controlo dos vectores e a quimioprevenção. Desta forma, os MILDA/RNTI são cada vez mais utilizados por agregados familiares de todas as categorias sociais. As mulheres grávidas estão cada vez mais inclinadas a usar pelo menos um TPI durante a gravidez.

A mudança de comportamento dos grupos-alvo conduziu a uma melhoria das condições dos beneficiários finais, que se consideram cada vez mais livres da malária. De facto, desde que o programa *"Roll Back Malaria" foi adotado* e implementado*, a* taxa de mortalidade por malária no domínio social do Centro dos Camarões diminuiu consideravelmente, uma vez que os óbitos por malária registados em 2020 contrastam fortemente com os registados em 2002. Por outras palavras, cada vez menos pessoas morrem de malária na região Centro. Além disso, o número de casos de paludismo notificados aos hospitais tende a diminuir ao longo dos anos, uma vez que o número de doentes está essencialmente a diminuir. Se olharmos para a curva de casos de paludismo notificados nos hospitais de Yaoundé e arredores entre 2002 e 2020, chegamos à conclusão de que o paludismo está a diminuir na zona geográfica dos Camarões Centrais. À medida que o problema do paludismo diminui, o mesmo acontece com as despesas financeiras das famílias ligadas a esta doença. Isto reduz o risco de pobreza. Assim, os *resultados da aplicação* das políticas públicas de luta contra o paludismo são claramente visíveis no plano social. Mas esta visibilidade dos impactos e *resultados* não deve ocultar o facto de os resultados obtidos com a implementação das políticas de luta contra o paludismo serem mistos ou ambivalentes.

Apesar da queda considerável do número de casos de paludismo registados nos hospitais do Centro-Camarões, é preciso dizer que o problema do paludismo ainda persiste nesta área de cuidados de saúde. Esta persistência é reflectida empiricamente pelo facto de, em 2020, as unidades de saúde do Centro-Camarões ainda registarem um elevado número de casos de paludismo. A persistência do problema do paludismo reflecte-se também no facto de a população desta zona geográfica recorrer a serviços de saúde informais e a farmácias paralelas. Consideramos, portanto, que as autoridades públicas devem prestar mais atenção a este problema de saúde pública, reforçando as acções materiais e simbólicas dirigidas à população.

Embora o problema do paludismo continue muito presente na área geográfica do Centro-Camarões, apesar da dinâmica de modernização, é preciso dizer que ainda há espaço para melhorias nesta forma dita "moderna" de controlo do paludismo. Para o conseguir, as autoridades públicas têm de implementar uma série de medidas, tanto na cidade de Yaoundé como nas zonas rurais. Na cidade de Yaoundé, as autoridades públicas devem

- limpeza da cidade através da luta contra as zonas desfavoráveis do ponto de vista ambiental e as condições insalubres;
- organizar campanhas adicionais e regulares de distribuição de MILDA;
- lutar contra a venda de drogas de rua e de medicamentos de contrafação, "perseguindo" os seus promotores.

Nas zonas rurais, a luta moderna contra a malária pode ser melhorada se as autoridades públicas :

- combater o isolamento;
- construir hospitais modernos;
- para combater o analfabetismo;
- garantir o cumprimento rigoroso dos cuidados gratuitos para crianças com menos de cinco anos nos hospitais.

Esta é a única forma de melhorar a luta moderna contra a malária na região Centro-Camarões. Mas é necessária uma ação urgente: a distribuição gratuita em massa de REMILDs aos agregados familiares. Com a metade do caminho percorrido em 2016, temos de assumir que muitas famílias já não dormem sob uma rede mosquiteira. De acordo com o PNLP e o PSNLP, dormir sob uma rede mosquiteira impregnada é a melhor forma de combater o paludismo no contexto da luta contra os vectores. Infelizmente, ao contrário das outras regiões dos Camarões, a região Centro não teve uma campanha de distribuição de REMILDs em 2019, e a ameaça da malária estava destinada a persistir.

CONCLUSÃO DA SEGUNDA PARTE

Na zona geográfica dos Camarões Centrais, a dinâmica da institucionalização da luta contra o paludismo é marcada por um equilíbrio pontuado e conduz a efeitos ambivalentes no campo social. De facto, uma série de atribulações pontuam a dinâmica da institucionalização da luta contra o paludismo na região Centro. Quer ao nível da luta institucional, quer ao nível da luta social, os actores encarregados de implementar a intensificação do modelo de luta contra o paludismo deparam-se com dificuldades. Em suma, no domínio social e sanitário dos Camarões Centrais, a institucionalização da luta contra o paludismo não se desenrola num terreno "liso", mas sim num terreno repleto de escolhos que tornam irrisório o poder dos actores institucionais e sociais envolvidos na construção e implementação de acções modernas de luta contra o paludismo. Algumas tribulações estão diretamente ligadas às instituições de saúde e tornam a luta contra o paludismo institucionalmente complexa: é a "complexidade institucional". Outras, por outro lado, estão ligadas ao espaço geográfico em que os actores sociais estão implantados e tornam a ação pública moderna contra o paludismo socialmente complexa: trata-se da "complexidade territorial e social".

As atribulações ligadas às instituições de saúde estão a dificultar seriamente a luta institucional contra o paludismo. Isto reflecte-se, antes de mais, no emaranhamento das estruturas de controlo do paludismo. Este emaranhamento pode ser vertical ou horizontal. O corolário explícito desta situação é a "sobreposição" entre instituições de saúde "centrais" e "periféricas" e a fragmentação político-administrativa dos serviços públicos de saúde. Em segundo lugar, as atribulações ligadas às instituições de saúde são também o resultado da falta de coordenação positiva entre as unidades de saúde. da falta de coordenação positiva entre as unidades de saúde .

O corolário imediato é a falta de cooperação permanente e a "complexidade da ação conjunta" entre os hospitais. Estes altos e baixos institucionais constituem um sério obstáculo à implementação das decisões tomadas pelos actores públicos centrais (Presidente da República e MINSANTE) no seio das instituições de saúde.

Para além das tribulações institucionais, outras tribulações, ditas sócio-territoriais, influenciam as actividades dos que implementam acções modestas de controlo do paludismo no domínio da saúde social dos Camarões Centrais. Estas tribulações dificultam a ação dos actores sociais e distorcem a luta social contra o paludismo. Estas tribulações estão diretamente ligadas ao espaço social em que os actores estão implantados e são designadas por "complexidade territorial e social". Aqui, as tribulações resultam do território, dos nacionais deste território e da "medicação" que prevalece. Em primeiro lugar, o território em que os actores sociais estão implantados constitui um sério desvio das sequências de distribuição do Mil e da enumeração dos agregados familiares, quer nos subsistemas rurais, quer nos subsistemas de Yaoundé. Nos distritos sanitários rurais, a hostilidade, o isolamento extremo do território e a presença de desertos médicos constituem constrangimentos ao processo de institucionalização da luta contra o paludismo. Nos distritos sanitários de Yaoundé, é a vastidão do território e a predominância de "zonas ecologicamente favoráveis" que dificultam a ação dos actores sociais, como os agentes comunitários de saúde e de contagem.

Em segundo lugar, as populações a que se destinam as políticas públicas de luta contra o paludismo e a medicação anti-malárica que prevalece constituem sérios obstáculos ao endurecimento da luta social contra o problema do paludismo. Nas zonas rurais, o analfabetismo e a pobreza tornam mais difícil a luta social contra o paludismo. Nas zonas urbanas, é a densidade populacional e as condições insalubres que tornam mais complexa a luta contra o paludismo. A prescrição de medicamentos antipalúdicos a estes nacionais representa também um sério desvio em relação à luta tradicional contra o paludismo, uma vez que estes medicamentos são mais frequentemente vendidos no mercado informal e não estão imunes aos riscos de contrafação. Neste contexto, em vez de ser um instrumento de tratamento do paludismo, o medicamento torna-se um perigo potencial para a saúde da população e torna irrisório o processo de institucionalização da luta contra o paludismo na zona geográfica do Centro-Camarões. Consequentemente, esta dinâmica está a produzir efeitos ambivalentes no campo social.

Desde o início, a dinâmica de institucionalização da luta contra o paludismo está a produzir efeitos claramente visíveis no plano social. Em primeiro lugar, as pessoas a quem se pedia que mudassem de comportamento (os grupos-alvo) mudaram de facto o seu comportamento, que estava na origem da propagação do problema do paludismo, adoptando novas atitudes que favorecem o cumprimento de medidas de higiene como a desobstrução dos esgotos, o tratamento e a limpeza das latrinas e o consumo de água de fontes melhoradas. Estes grupos também respeitam escrupulosamente as medidas de prevenção da malária, como o controlo dos vectores e a quimioprevenção. Desta forma, os MILDA/RNTI são cada vez mais utilizados por agregados familiares de todas as categorias sociais. As mulheres grávidas estão cada vez mais inclinadas a usar pelo menos um TPI durante a gravidez.

A mudança de comportamento dos grupos-alvo conduziu a uma melhoria das condições dos beneficiários finais, que se consideram cada vez mais livres da malária. Com efeito, desde a adoção e a aplicação do programa *"Fazer recuar o paludismo", a* taxa de mortalidade por paludismo no domínio social do Centro dos Camarões diminuiu consideravelmente, uma vez que os óbitos por paludismo registados em 2020 contrastam fortemente com os registados em 2002. Por outras palavras, cada vez menos pessoas morrem de malária na região Centro. Além disso, o número de casos de paludismo notificados aos hospitais tende a diminuir ao longo dos anos, uma vez que o número de doentes está essencialmente a diminuir. Se observarmos a curva dos casos de paludismo declarados nos hospitais de Yaoundé e arredores entre 2002 e 2020, chegamos à conclusão de que o paludismo está a diminuir na zona geográfica dos Camarões Centrais. À medida que o problema do paludismo diminui, o mesmo acontece com as despesas financeiras das famílias ligadas a esta doença. Isto reduz o risco de pobreza. Assim, os *resultados da aplicação* das políticas públicas de luta contra o paludismo são claramente visíveis no plano social. Mas esta visibilidade dos impactos e dos *resultados* não deve ocultar o facto de os resultados obtidos com o processo de

institucionalização da luta contra o paludismo serem mistos ou ambivalentes.
Apesar da mudança de comportamento e da queda considerável do número de casos de paludismo registados nos hospitais do Centro-Camarões, o problema do paludismo ainda persiste nesta área dos cuidados de saúde. Empiricamente, esta persistência reflecte-se no facto de que, durante o ano de 2020, as unidades de saúde do Centro-Camarões ainda registaram um elevado número de casos de paludismo. A persistência do problema do paludismo reflecte-se também no recurso das populações desta área geográfica a serviços de saúde informais e a farmácias paralelas. Consideramos, portanto, que as autoridades públicas devem prestar mais atenção a este problema de saúde pública, reforçando as acções materiais e simbólicas dirigidas à população. Por outras palavras, é possível melhorar a luta contra o paludismo na região Centro-Camarões.

Conclusão gerada

Em suma, adoptámos uma abordagem sociológica baseada no neo-institucionalismo e na análise estratégica para a nossa perceção da institucionalização da luta moderna contra o paludismo. Esta abordagem sociológica não teria produzido resultados científicos e heurísticos se não tivesse sido acompanhada por técnicas de recolha e tratamento de dados. Em nosso entender, a luta contra o paludismo na região Centro-Camarões institucionalizou-se através de uma sequência de acções cuja trajetória conheceu pontos de bifurcação entre 1919 e 2020. Podem ser identificadas duas fases principais no processo de institucionalização da luta contra o paludismo: 1919-2002 e 2002-2020. Entre 1919 e 2002, a luta contra o paludismo na área geográfica do Centro-Camarões foi marcada pela utilização privilegiada de métodos tradicionais. Durante o período colonial, ou seja, de 1919 a 1960, a luta contra o paludismo caracterizou-se pela intervenção privilegiada de actores não especializados e pela forte presença de práticas tradicionais e proféticas. Os médicos militares franceses tiveram o privilégio de intervir no domínio do paludismo, entre 1919 e 1950, e implementaram uma medicina dita "ofensiva itinerante", tanto no domínio da prevenção como no do tratamento. A força física foi utilizada para obrigar as populações locais a receberem cuidados de saúde modernos. Mas com o advento dos movimentos de emancipação nos anos 50 e o crescimento exponencial da população local, a medicina militar francesa foi posta em segundo plano, para ser substituída pela medicina tradicional e profética. Nesta altura, a luta contra o paludismo conheceu a sua primeira bifurcação desde 1919. As populações locais utilizam agora terapias locais e ritos tradicionais para combater o paludismo. Para os indígenas, a descolonização dos Camarões devia ser acompanhada da descolonização do seu sistema de saúde. As práticas tradicionais e proféticas substituíram a medicina militar, dirigida por não especialistas, até 1960, altura em que a luta contra o paludismo foi ligeiramente modernizada.

Entre 1960 e 2002, a luta contra o paludismo modernizou-se ligeiramente, graças à emergência de profissionais de saúde e à relativa racionalização da medicina tradicional. A profissionalização da luta contra o paludismo reflecte-se nas "reformas de gestão" do sistema de saúde no Centro-Camarões. Estas reformas conduziram à criação de hospitais de referência, de uma grande escola de medicina e de distritos sanitários. Os hospitais e os médicos tornaram-se os principais actores do sistema institucional de luta contra o paludismo, e os leigos, que antes estavam envolvidos, foram marginalizados. [509]O resultado é uma situação de mudança institucional que Kathleen THELEN ilustra utilizando o conceito de "*camadas* institucionais".

Além disso, no âmbito deste processo de ligeira modernização da luta contra o paludismo, a medicina tradicional, outrora considerada como um método arcaico,

[509] Ver THELEN (K), "Comment les institutions evoluent perspectives d'analyse comparative historique", Op. cit.. p. 30.

ressurgiu e tornou-se relativamente racionalizada por volta de 1990. Tornou-se "legal" com a ratificação da Declaração de Alma Ata pelo Estado dos Camarões e com a emissão de certificados provisórios para a prática da medicina tradicional a certos ervanários. Este mecanismo de reprodução e readaptação das instituições anteriores nas políticas do presente corresponde ao que Paul PIERSON designa por "path *dependence*". Deste ponto de vista, os processos de desenvolvimento institucional na luta contra o paludismo iniciados em 1960 na região Centro-Camarões estão sujeitos aos constrangimentos impostos pelas regiões escolhidas anteriormente. Daí a "inércia institucional" que perpetua a medicina tradicional apesar das dinâmicas de mudança institucional e de modernização da luta contra o paludismo. Por conseguinte, a modernização da luta contra o paludismo iniciada entre 1960 e 2002, em vez de ser completa, é relativa, ligeira e limitada. Foi preciso esperar por 2002 para assistir a uma verdadeira mudança na dinâmica da institucionalização da luta moderna contra o paludismo. De facto, com a adoção do programa "*Fazer Recuar o* Paludismo" em 2002, a luta moderna contra a doença foi intensificada, pondo definitivamente termo aos métodos tradicionais de luta contra o paludismo.

De facto, a partir de 2002, a trajetória da luta contra o paludismo na zona geográfica do Centro-Camarões sofreu uma forte bifurcação devido a mudanças endógenas e exógenas neste subsistema. A nível endógeno, é a participação de novos actores no domínio da luta contra o paludismo que impulsiona a dinâmica da mudança. [510][511]A nível exógeno, foi a adoção pelas Nações Unidas dos Objectivos de Desenvolvimento do Milénio (ODM) e a aprovação pelas autoridades camaronesas do programa *"Roll Back Malaria"* que deram um novo impulso à luta contra o paludismo. Em termos concretos, a partir de 2002, a luta moderna contra o paludismo tornou-se mais dura e passou a obedecer a uma dinâmica multi-actores, tendo em conta a adoção do princípio da "multisectorialidade". Os métodos tradicionais que tinham sido utilizados antes da aplicação deste princípio deram lugar a métodos modernos. O resultado é uma mudança institucional importante. [512]Esta mudança pode ser provocada por um vasto leque de actores, em momentos diferentes e assíncronos, e por diferentes processos sociais, também assíncronos, que afectam de forma diferente diferentes dimensões ou aspectos das instituições ou dos processos de institucionalização. A luta contra o paludismo está a sofrer uma *reconversão institucional,* ou seja, os novos actores envolvidos no domínio do paludismo desde 2002 estão a reorientar a luta contra esta doença para novos mandatos, novos objectivos, novos desafios e novas funções. A luta contra a

---

[510] A luta contra a malária em África é objeto de grande atenção.

[511] Trata-se do programa "Roll Back Malaria", que tem por objetivo erradicar o paludismo a curto prazo. Foi criado em 1998, por iniciativa da Dra. Gro Harlem Brundland, e é um consórcio que inclui o Banco Mundial, o PNUD, a UNICEF e a OMS. Foi aprovado nos Camarões em 2000 e o seu comité começou a funcionar efetivamente em 29 de julho de 2002, na sequência da decisão N°0334/MPS/CAD. Para mais pormenores, ver MOULIOM MOUNGBAKOU (LD), Op. cit... pp. 137-157.

[512] Ver DEMAILLY (L), GIULIANI (F) e MAROY (C), "Le changement institutionnel: processus et acteurs", Op. cit... p. 3.

malária baseia-se atualmente em novos métodos, práticas e técnicas administrativas. Estes estão a ser postos em prática no domínio social, através do reforço da comunicação para mudar o comportamento das pessoas, do aumento do poder das autoridades públicas e da distribuição gratuita de redes mosquiteiras. Uma nova *conceção* e novos guiões cognitivos estão assim associados à luta contra a malária.

Os actores que impulsionam a mudança e a intensificação da luta contra o paludismo na zona geográfica dos Camarões Centrais são simultaneamente individuais e colectivos. Mobilizam os instrumentos de ação pública e os recursos para dar um novo sentido à luta contra o paludismo e para desenvolver acções significativas no plano social. Assim, a vasta campanha de sensibilização dos agregados familiares no âmbito do CCC, a tomada de decisões públicas e a distribuição gratuita de MILDA são as novas "políticas" de luta contra o paludismo implementadas na região Centro e incentivadas pela OMS e pelo PSNLP. Em todos estes processos, o Estado mantém o monopólio e é o ator central e dominante.

Importa, no entanto, salientar que o processo de institucionalização da luta contra o paludismo, iniciado em 1919, durante o período colonial, e reforçado em 2002, tem tido altos e baixos. De facto, são vários os constrangimentos que pontuam este processo na região Centro, dificultando o equilíbrio das dinâmicas de mudança e conduzindo a períodos de grande rutura. Por conseguinte, o processo de institucionalização da luta contra o paludismo tem tido efeitos ambivalentes nesta zona geográfica.

De facto, na zona geográfica do Centro-Camarões, a dinâmica da institucionalização do modelo de luta contra o paludismo é marcada por um equilíbrio pontuado e conduz a efeitos ambivalentes no campo social. Concretamente, um certo número de atribulações pontua a dinâmica da institucionalização do modelo de luta contra o paludismo na região Centro. Quer ao nível da luta institucional, quer ao nível da luta social, os actores encarregados de implementar a intensificação do modelo de luta contra o paludismo deparam-se com dificuldades. Em suma, no domínio da saúde social dos Camarões Centrais, a institucionalização da campanha modelo de luta contra o paludismo não se desenrola num terreno "liso", mas sim num terreno repleto de escolhos que tornam irrisório o poder dos actores institucionais e sociais envolvidos na construção e implementação de acções modestas de luta contra o paludismo. Algumas tribulações estão diretamente ligadas às instituições de saúde e tornam a luta contra o paludismo institucionalmente complexa: é a "complexidade institucional". Outras, por outro lado, estão ligadas ao espaço geográfico em que os actores sociais estão implantados e tornam a ação pública moderna contra o paludismo socialmente complexa: é a "complexidade territorial e social".

As atribulações ligadas às instituições de saúde estão a dificultar seriamente a luta institucional contra o paludismo. Isto reflecte-se, antes de mais, no emaranhamento das estruturas de controlo do paludismo. Este emaranhamento pode ser vertical ou horizontal. O corolário explícito desta situação é a "sobreposição" entre instituições de saúde "centrais" e "periféricas" e a fragmentação político-administrativa dos serviços públicos de saúde. Em segundo lugar, as atribulações associadas às instituições de saúde resultam também da falta de coordenação positiva entre as unidades de saúde. O corolário imediato desta situação é a falta de cooperação permanente e a "complexidade da ação conjunta" entre hospitais. Estas tribulações institucionais constituem um sério obstáculo à implementação das decisões tomadas pelos actores públicos centrais (Presidente da República e MINSANTE) no seio das instituições de saúde.

Para além das tribulações institucionais, outras tribulações, ditas sócio-territoriais, influenciam a atividade dos que implementam acções modestas de controlo do paludismo no domínio da saúde social dos Camarões Centrais. Estas tribulações dificultam a ação dos actores sociais e enviesam a luta social contra o paludismo. Estas tribulações estão diretamente ligadas ao espaço social em que os actores estão implantados e são designadas por "complexidade territorial e social". Aqui, as tribulações resultam do território, dos nacionais deste território e da "medicalização" que prevalece. Em primeiro lugar, o território em que os actores sociais estão implantados constitui um sério desvio das sequências de distribuição do Mil e da enumeração dos agregados familiares, quer nos subsistemas rurais, quer nos subsistemas de Yaoundé. Nos distritos sanitários rurais, a hostilidade, o isolamento extremo do território e a presença de desertos médicos constituem constrangimentos à dinâmica de institucionalização da luta moderna contra o paludismo. Nos distritos sanitários de Yaoundé, é a vastidão do território e a predominância de "zonas ecologicamente favoráveis" que dificultam a ação dos actores sociais, como os agentes comunitários de saúde e de contagem.

Em segundo lugar, as populações a que se destinam as políticas públicas de luta contra o paludismo e a medicação anti-malárica que prevalece constituem sérios obstáculos ao endurecimento da luta social contra o problema do paludismo. Nas zonas rurais, o analfabetismo e a pobreza tornam mais difícil a luta social contra o paludismo. Nas zonas urbanas, é a densidade populacional e as condições insalubres que tornam mais complexa a luta contra o paludismo. A prescrição de medicamentos antipalúdicos a estes nacionais representa também um sério desvio em relação à luta tradicional contra o paludismo, uma vez que estes medicamentos são mais frequentemente vendidos no mercado informal e não estão imunes aos riscos de contrafação. Neste contexto, em vez de ser um instrumento de tratamento do paludismo, o medicamento torna-se um perigo potencial para a saúde da população e torna irrisório o processo de institucionalização da luta contra o paludismo na zona geográfica do Centro-Camarões. Consequentemente, esta dinâmica está a produzir efeitos ambivalentes no campo social.

Os efeitos do processo de institucionalização da luta moderna contra o paludismo são ambivalentes porque, à primeira vista, este processo produz impactos bem visíveis no plano social. Em primeiro lugar, as pessoas que se esperava que mudassem de comportamento (os grupos-alvo) mudaram de facto o seu comportamento, que estava na origem da propagação do problema do paludismo, adoptando novas atitudes destinadas a promover o cumprimento de medidas de higiene como a desobstrução de esgotos, o tratamento e a limpeza de latrinas e o consumo de água de fontes melhoradas. Estes grupos também respeitam escrupulosamente as medidas de prevenção do paludismo, como o controlo dos vectores e a quimioprevenção. Desta forma, os MILDA/RNTI são cada vez mais utilizados por agregados familiares de todas as categorias sociais. As mulheres grávidas estão cada vez mais inclinadas a usar pelo menos um TPI durante a gravidez.

A mudança de comportamento dos grupos-alvo está a conduzir a uma melhoria das condições dos beneficiários finais, que se consideram cada vez mais livres da malária. Com efeito, desde a adoção e a aplicação do programa *"Fazer recuar o paludismo", a* taxa de mortalidade por paludismo no domínio social do Centro dos Camarões diminuiu consideravelmente, uma vez que os óbitos por paludismo registados em 2020 contrastam fortemente com os registados em 2002. Por outras palavras, cada vez menos pessoas morrem de malária na região Centro. Além disso, o número de casos de paludismo notificados aos hospitais tende a diminuir ao longo dos anos, uma vez que o número de doentes está essencialmente a diminuir. Se observarmos a curva dos casos de paludismo declarados nos hospitais de Yaoundé e arredores entre 2002 e 2020, chegamos à conclusão de que o paludismo está a diminuir na zona geográfica dos Camarões Centrais. À medida que o problema do paludismo diminui, o mesmo acontece com as despesas financeiras das famílias ligadas a esta doença. Isto reduz o risco de pobreza. Assim, os *resultados da aplicação* das políticas públicas de luta contra o paludismo são claramente visíveis no plano social. Mas esta visibilidade dos impactos e dos *resultados* não deve ocultar o facto de os resultados obtidos com o processo de institucionalização da luta contra o paludismo serem mistos ou ambivalentes.

Apesar da mudança de comportamento das pessoas e da diminuição considerável do número de casos de paludismo registados nos hospitais do Centro-Camarões, é preciso dizer que o problema do paludismo ainda persiste nesta área de cuidados de saúde. Empiricamente, esta persistência reflecte-se no facto de que, durante o ano de 2020, as unidades de saúde do Centro-Camarões ainda registaram um elevado número de casos de paludismo. A persistência do problema do paludismo reflecte-se também no recurso das populações desta zona geográfica a serviços de saúde informais e a farmácias paralelas. Consideramos, portanto, que as autoridades públicas devem prestar mais atenção a este problema de saúde pública, reforçando as acções materiais e simbólicas dirigidas à população.

Embora o problema do paludismo continue muito presente na zona geográfica do Centro-Camarões, apesar da dinâmica de modernização, é preciso dizer que esta forma dita "moderna" de luta contra o paludismo pode ser melhorada. Para o conseguir, as autoridades públicas têm de implementar uma série de medidas, tanto na cidade de Yaoundé como nas zonas rurais. Na cidade de Yaoundé, as autoridades públicas devem

- limpeza da cidade através da luta contra as zonas ecologicamente desfavoráveis e as condições insalubres;
- organizar campanhas adicionais e regulares de distribuição de MILDA;
- lutar contra a venda de drogas de rua e de medicamentos de contrafação, "perseguindo" os seus promotores.

Nas zonas rurais, a luta contra a malária pode ser melhorada se as autoridades públicas :

- combater o isolamento;
- construir hospitais modernos;
- para combater o analfabetismo;
- garantir o cumprimento rigoroso dos cuidados gratuitos para crianças com menos de cinco anos nos hospitais.

Esta é a única forma de melhorar a luta contra a malária na região Centro-Camarões. Mas é necessária uma ação urgente: a distribuição gratuita em massa de REMILDs aos agregados familiares. Com a metade do caminho percorrido em 2016, temos de assumir que muitas famílias já não dormem sob uma rede mosquiteira. De acordo com o PNLP e o PSNLP, dormir sob uma rede mosquiteira impregnada é a melhor forma de combater o paludismo no contexto da luta contra os vectores. Infelizmente, ao contrário das outras regiões dos Camarões, a região Centro não teve uma campanha de distribuição de REMILDs em 2019, e a ameaça da malária estava destinada a persistir.

I: OBRAS

AMIEL (Philippe), *Ethnomethodologie appliquee: elements de sociologie praxeologique,* Presses du Lema, pp. 209. 2010.

ANGERS (Maurice), *Initiation pratique a la methodologie des sciences humaines,* Montreal, Centre Educatif et Culture, 1996 (1992).

BALANDIER (Georges), *Anthropologie politique,* Paris, PUF, 1967.

BALLE (Francis), *Medias et societe,* Paris, Montchrestien, 9ª ed. 1999.

BAUMGARTNER (Frank R) e JONES (Briand D), *Agendas and Instability in American Politics,* Chicago, The University of Chicago Press, 1993.

BAYART (Jean-François), *L'Etat en Afrique. La politique du ventre,* Paris, Fayart, 1989.

BERGER (Peter) e LUCKMMAN (Thomas), *A Construção Social da Realidade* (1966), reed. Paris, A. Colin, 1996.

BINRBAUM (Pierre) e BADIE (Bertrand), *Sociologie de 1 Etat,* Paris, Grasset, 1979.

BIRNBAUM (Pierre), *Les sommets de 1 Etat. Essai sur l'elite du pouvoir en France,* Paris, Le Seuil, 1977.

BOUDON (Raymond), *Les methodes en sociologie,* Paris, PUF, 1973.

BOURDIEU (Pierre), *Le sens pratique,* Les editions de Minuit, 1980.

BOURDIEU (Pierre), *Questions de sociologie,* Paris, Minuit, 1984.

BOURDIEU (Pierre), PASSERON (Jean-Claude) e CHAMBOREDON (Jean-Claude), *Le metier de sociologue,* Paris, Mouton, 1970.

ᵉ**BRAUD (Philippe),** *Sociologie politique,* Paris, LGDJ, 7 edição, 2004.

CALLON (Michel), LASCOUMES (Pierre) e BARTHE (Yannick), *Agir num mundo incerto: ensaio sobre a técnica democrática,* Paris, edições do Seuil, 2001.

CHEVALLIER (Jacques), *Institutionspolitiques,* Paris, LGDJ, 1996

ᵉ**COMBESSIE (Jean-Claude),** *La methode en sociologie,* 5 edição, Paris, La Decouverte, 2007.

COULON (Alain), *L'ethnomethodologie,* Paris, PUF, (Coll. "Que sais- je ? ", primeira edição 1987), 1996.

CROZIER (Michel) e FRIEDBERG (Erhard), *L'acteur et le systeme. Lescontraintes de 1 action collective,* Paris, Le Seuil, 1977.

ᵉ **CURCUFF (Philippe),** *Les nouvelles sociologies,* Paris, Armand Colin, 3 ed, 2011.

DAHL (Robert), *On Democracy,* Universidade de Yale, 1998, trans. 2001.

DALOZ (Jean-Pascal), *La représentation politique,* Armand Colin, 2017.

DEPELTEAU (Francois), *La demarche d'une recherche en sciences humaines. De la question de depart a la communication des resultats,* Bruxelas, De Boeck, 2011 (2005).

DOBRY (Michel), *Sociologie des crises politiques: la dynamique des*

mobilisations multisectorielles, PFNP, Paris, 2009.
DURKHEIM (Emile), *Les regies de la methode sociologique,* Paris, PUF ("Quadrige"), 1968.
EUN (Jaeho), *Sida e ação pública. Une analyse du changement de politiques en France,* Paris, L'Harmattan, 2009.
FAURE (Alain), *La question territoriale. Pouvoir locaux, action publique et politique(s),* Ciência Política, Universite Pierre Mendes-France-Grenoble II, 2002.
FAURE (Alain) e NEGRIER (Emmanuel) (dir.), *Les politiques publiques a l'epreuve de 1'action locale. Critiques de la territorialisation,* Paris, L'Harmattan, 2007.
FAVRE (Pierre) (ed.), *Sida et politique. Les premiers affrontements.* 1981-1987, Paris, L'Harmattan, 1992.
FESTINGER (Leon) e KATZ (Daniel), *Les methodes de recherche dans les sciences sociales,* PUF, Paris, 1974.
FORMEL (Michel de), OGIEN (Ruwen), QUERE (Louis) (dir.), *L'ethnomethodologie: une sociologie radicale,* Paris, La Decouverte, 2001.
FRIEDBERG (Erhard), *Le pouvoir et la regie. Dynamiques de 1'action organisee,* Paris, Seuil, 1993.
GOFFMAN (Erving), *Les cadres de I'experience,* Paris, minuit, 1974.
GAUTHIER (Benoit), (dir.) *Recherche sociale. De la problematique a la collecte des données,* Ste-Foy, Presses de I'universite du Quebec, 1984.
GENIEYS (William), *Sociologie politique des elites,* Paris, Armand Colin, 2011.
[e]**GERSTLE (Jacques),** *La communication politique,* 2 edição, Paris, Armand Colin, 2012.
[e]**GERSTLE (Jacques) e PIAR (Christophe),** *La communication politique,* 3 edição, Paris, Armand Colin, 2016.
GINGRAS (Anne-Marie) (ed.), *La communication politique. Etat des Savoirs, enjeux et perspectives,* Presses de I'Universite du Quebec, 2003.
GINGRAS (Anne-Marie), *Medias et democratic.* [e] *Le grand malentendu,* 2 ed, Presses de I'Universite du Quebec, 2006.
GRAWITZ (Madeleine), *Methodes des sciences sociales,* Dalloz, Paris, PUF, 1996.
GRAWITZ (Madeleine) e LECA (Jean), *Trade de science politique,* Paris, PUF, Tomo 3, 1985.
GRAWITZ (Madeleine) e LECA (Jean), *Trade de science politique,* Paris, PUF, Tomo 4, 1985.
GUSFIELD (Joseph. R), *The culture of public problems: Drinkingdriving and symbolic order,* Chicago, University of Chicago press, 1981.
HABERMAS (Jurgen), *L'espace public. Archeologie de la publicite comme dimension constitutive de la societe bourgeoise,* Paris, Payot, 1978.
HALPERN (Charlotte), LASCOUMES (Pierre) et LE GALES (Patrick) (dir.), *L'instrumentation de 1 action publique. Controverses, resistances, effets,*

SciencePo.Les Presses, Presses de la fondation nationale de sciences politiques, 2014.

[e] **HASSENTEUFEL (Patrick),** *Sociologie politique: I 'action publique, I* edição, Paris, Armand Colin, 2011.

HOGWOOD (Briand W.) e GUNN (Lewis A.), *Policy analysis for the real world,* Oxford, New-York, Oxford University Press, 1984.

HOOD (Christopher), *Tools of Government,* Londres, Macmillan, 1980.

JAMOUS (Haroun), *Sociologia da decisão. La reforme des etudes medicales et des structures hospitalieres,* Paris, CNRS, 1969.

JOBERT (Bruno) e MULLER (Pierre), *L'Etat en interaction : politiques publiques et corporatismes,* Paris, PUF, 1987.

JONES (Charles O), *An Introduction to the Study of Public Policy,* Belmont, Duxbury Press, 1970.

KATZ (Elihu) e LAZARDSFELD (Paul), *Influence personnel^*, Paris, Armand Colin, Trad. CEFAI Daniel, 2008.

KNOEPFEL (Peter), LARRUE (Corine), VARONE (Frederic) e HILL (Michael), *Public Policy Analysis,* British Library, 2007.

KNOEPFEL (Peter), LARRUE (Corine), VARONE (Frederic) e SAVARD (Jean-Francois), *Analyse et pilotage des politiques publiques,* Presses de I'Universite du Quebec, 2011.

KUBLER (Daniel) e DE MAILLARD (Jacques), *Analyser les politiques publiques,* Grenoble, PUG, 2009.

LAGROYE (Jacques) (ed.), *La politisation,* Paris, Belin, 2003.

LASCOUMES (Pierre), e LEGALES (Patrick), (dir.), *Gouvemer par les instruments,* Paris, Presses de Sciences Po, 2004.

[e]**LASCOUMES (Pierre) e LEGALES (Patrick),** *Sociologie de 1 action publique,* Armand Colin, 2 ed. 2012.

LATOUCHE (Daniel) e BEAUD (Michel), *L 'ciri de la these : comment preparer et rediger une these, un memoire ou tout autre travail universitaire,* Montreal, Boreal, 1988.

LE BART (Christian) e LEFEBRE (Remi) (dir.), *La proximite en politique. Usages, rhetoriques et pratiques,* Presses universitaires de Rennes, Rennes, 2005. 305p.

LIPSKY (Michael), *Street-Level Bureacracy: Dilemmas of the Individual in Public Services,* Nova Iorque, Russell Sage Foundation, 1980.

MAC LUHAN (Marshall), *Pour comprendre les medias,* 1964, Marshall MACLUHAN, Trad. Fr. 1968, cana. Seuil, Coll. "Points essais", 1997.

MASSARDIER (Gilles), *Politiques et actions publiques,* Paris, A. Colin, 2003.

MENY (Yves) e THOENIG (Jean-Claude), *Politiques publiques,* Paris, Montchrestien, 1989.

MULLER (Pierre), *Les politiques publiques,* Paris, PUF, 1990.

MULLER (Pierre) e MENY (Yves), *L'analyse des politiques publiques,* Paris,

Montchrestion, 1998
N'DA (Paul), *Recherche et methodologie en sciences sociales et humaines. Reussir sa these, son memoire de master ou professionnel et son article,* Paris, L'Harmattan, 2015.
OLIVIER (Lawrence), BEDARD (Guy) et FERRON (Julie), *L'elaboration d'une problematique de recherche. Sources, outils et methode.* L'Harmattan, Logiques sociales, 2005.
OLSON (Mancur), *A lógica da ação colectiva,* Paris, PUF, 1987.
PADIOLEAU (Jean-Gustave), *L'Etat au concret,* Paris, PUF, 1982.
PAPADOPOULOS (Yannis) *Complexite sociale et politiques publiques,* Paris, Montchrestien, 1995.
PAQUOT (Thierry), *L'espace public,* Paris, La decouverte, 2009.
PAQUIN (Stephane), BERNIER (Luc) e LACHAPELLE (Guy), (eds.), *L'analyse des politiques publiques,* PUM, 2010.
PERRET (Bernard), *L'evaluation des politiques publiques,* Paris, La Decouverte, coll "Reperes", 2001.
POMEL (Simon), (ed.) *Du risque en Afrique : terrain et perspectives,* Karthala, MSHA, 2015.
QUIVY (Raymond) e CAMPENHOUDT (Luc Van), *Manuel de recherche en sciences sociales,* Paris, Bordas/Dunod, 1988.
REZSOHAZY (Rudolf), *Pour comprendre 1 action et le changement politiques,* Louvain-la-Neuve, Duculot, 1996.
ROE (Emery M.), *Narrative Policy Analysis,* Durham, Duke University Press, 1994,
SABATIER (Paul) e JENKINS-SMITH (HANK C.), eds, *Policy Change and Learning. An Advocacy Coalition Approach,* Boulder (Co) West view Press, 1993.
SCHARPF (Fritz. W), *Games Real Actors Play. Ator-Centered Institutionalism in Policy Research,* Boulder, West view Press, 1997.
SMELSER (Neil J.) e BALTES (Paul B.), (eds), *International Encyclopedia of Social and Behavioral Sciences: Political Science,* Nova Iorque: Elsevier science, 2001.
SCHUTZ (Alfred), *Le chercheur et le quotidien* (1971), Trad. reed. Paris, Klincksieck, 1987.
VARONE (Frederic), *Le choix des instruments des politiques publiques,* Berna, Houpt, 1998.
WEBER (Max), *Economie et societe* (1922), Paris, Pion, 1991.
WEBER (Max), *Le savant et le politique* (1919), Paris, Pion, 1959.
ZAHARIADIS (Nikolaos) (ed.), *Handbook of Public Policy: agenda setting,* Cheltenham, UK-Northampton, MA, USA, Edward Elgar, 2016.
ZITTOUN (Philippe), *O processo político de elaboração de políticas. Uma abordagem pragmática da política pública,* Palgrave, Macmillan, 2014.

II: ARTIGOS E CAPÍTULOS DE LIVROS

BARTHE (Yannick), "Le recours au politique ou la problematisation politique par defaut", in LAGROYE (Jacques) (ed.), La politisation, Paris, Belin, 2003, pp. 475-492

BARTOLI (Jean-Raphael) et MERIAUX (Olivier), "Les politiques d'emploi au risque de la territorialisation concurrentielle", in FAURE (Alain) et NEGRIER (Emmanuel) (dir.), Les politiques publiques a I'epreuve de 1'action locale. Critiques de la territorialisation, Paris, L'Harmattan, 2007, pp. 35-41.

BELAND (Daniel), "Neo-institutionalisme historique et politiques sociales : une perspective sociologique", in Politiques et Societes, vol. 21, 2002, pp. 21-39.

BERGERON (Henri), SUREL (Yves) e VALLUY (Jerome), "L'Advocacy Coalition Framework: une contribution au renouvellement des etudes de politique publique", in Politix, Vol 11, n°41, Primeiro trimestre de 1998. Ciência Política nos Estados Unidos. Domaines et actualites, pp. 195-223.

BERNIER (Luc), "La mise en rnuvre des politiques publiques", in PAQUIN (Stephane), BERNIER (Luc) e LACHAPELLE (Guy), (eds.), L'analyse des politiques publiques, PUM, 2010, pp. 255-277.

BERTHET (Thierry), "L'Etat social a I'epreuve de 1'action territoriale. Postmodemite et politiques publiques de proximite dans le champ de la relation formation-emploi", in FAURE (Alain) et NEGRIER (Emmanuel) (dir.), Les politiques publiques a I'epreuve de 1'action locale. Critiques de la territorialisation, Paris, L'Harmattan, 2007, pp. 43-51.

BIAREZ (Sophie), "sphere locale et espace public", in Lien Social et politique (39), pp. 132-133.

BIRNBAUM (Pierre), "L'action de 1 Etat: differenciation et dedifferenciation", in GRAWITZ (Madeleine) et LECA (Jean), (dir.), Traite de science politique, Vol 3, Paris, PUF, 1985, pp. 643-682.

°**BONGRAND (Philippe) e LABORIER (Pascale),** " L'entretien dans 1'analyse des politiques publiques: un impense methodologique?", in Revue Fran^aise de Science Politique, Vol. 55, n l, Fevrier 2005, pp. 73111.

BONNAL (Liliane), FAYARD (Pascal) e NANA TOMEN (Harcel), "Protection et risque maladie: le cas du paludisme au Cameroun", in Assurances et gestion des risques, Vol 82 (1-2), março-junho de 2015, pp. 125.

BOURDIEU (Pierre), "Decrire et prescrire : notes sur les conditions de possibilite et les limites de I'efficacites politique", in Actes de la recherche en Sciences sociales, Vol, 38, maio de 1981, pp. 71-73.

CHENIER (Jacques), "La specification de la problematique", in GAUTHIER (Benoit), (dir.) Recherche sociale. De la problematique a la collecte des données, Ste-Foy, Presses de I'universite du Quebec, 1984, pp. 51-77.

CHOUMIL (Elsa), "Les ambitions d'un medecin colonial en Afrique: 1'histoire du docteur Jean Joseph David", in Classe Internationale, 8 fevrier 2018.

CARNEVAL (Pierre) e MOUCHET (Jean), "Controlo vetorial nos Camarões.

Passe-present-avenir. Reflexões". Manuscrito n°2181, "Entomologie medicale", 28 de agosto de 2000, pp. 202-209.
COUSTEIX (Pierre-Jean), "L'art et la pharmacopee des guensseurs Ewondo (Region de Yaounde)", in Recherches et Etudes Camerounaises, 1961, pp. 1-86.
DALGALARRONDO (Sebastien) e URFALINO (Philippe), "Choix tragique, controverse et decision publique: le cas du tirage au sort des malades du sida", Revue Fran^aise de sociologie, Vol. 41, Sida et action publique, 2000, pp. 119-157.
er**DEBUSSMANN (Robert),** "Medicalisation et pluralisme au Cameroun allemand: autorite medicale et stratégies profanes", in: outre-mer, tome 90, n°338-339, 1 semestre 2003. O Estado e as práticas administrativas em situação colonial, pp. 1-16.
DEMAILLY (Lise), GIULIANI (Frederique) e MAROY (Christian), "Le changement institutionnel: processus et acteurs", in Sociologias, Dossiers, Le changement institutionnel, 2019, pp. 1-16.
DI MAGGIO (Paul J) e POWELL WALTER (W), "Le neo- institutionnalisme dans 1 analyse des organisations", in Politix, vol. 10, n°40, Les sciences du politique aux Etats-Unis. Histoire et paradigmes, 1997, pp. 113-154.
DURAN (Patrice), "Le savant et la politique. Pour une approche raisonnee de l'analyse des politiques publiques", L'annee sociologique, Vol. 40, pp. 227-259.
EBOKO (Fred), "Introduction a la question du Sida en Afrique. °Politiques publiques et dynamiques sociales", in KEROUEDAN (Dominique) e EBOKO (Fred), Politiques publiques du sida en Afrique, Travaux et documents n 61-62, CEAN, IEP Bordeaux, 1999, pp. 20-40.
EBOKO (Fred), "L'organisation de la lutte contre le sida au Cameroun : de la verticalite a la dispersion?", Bulletin de l'APAD, 21, 2001, pp. 119.
EBOKO (Fred), "Politique publique et sida en Afrique", in cahiers d'etudes africaines, n°178, 2005, pp. 1-31.
EYMERI (Jean-Michel), "Frontiere ou marches? De la contribution de la haute administration a la production du politique" in LAGROYE (Jacques) (dir.), La politisation, Paris, Belin, 2003, pp. 47-77.
FEYT (Gregoire), "Redistribution des pouvoirs, redistribution des cartes. La connaissance des territoires, enjeu inedit de l'action publique?" in FAURE (Alain) et NEGRIER (Emmanuel) (dir.), Les politiques publiques a I'epreuve de l'action locale. Critiques de la territorialisation, Paris, L'Harmattan, 2007, pp. 107-115.
e**GARRAUD (Philippe),** "Agenda/Emergência", em BOUSSAGUET (Laurie), JACQUOT (Sophie) e RAVINET (Pauline), Dictionnaire des politiques publiques, 2.ª edição, Presses de la fondation nationale des Sciences Politiques, 2006, pp. 51-59.
GARRAUD (Philippe), "Politiques nationales : elaboration d'un agenda", l'annee sociologique, n°40, pp. 17-41.
GAXIE (Daniel), "Une construction mediatique du spectacle politique? Realite et limites de la contribution des medias au developpement des perceptions negatives

du politique", in LAGROYE (Jacques) (ed.), La politisation, Paris, Belin, 2003, pp. 325-356.

GEEST (Sjaak Van Der), "Les medicaments sur un marché Camerounais. Reconsideration de la commodification et de la pharmaceuticalisation de la sante", in revue Internationale francophone d'anthropologie de la sante, Association Amades, Varia, 2017, pp. 1-15.

e **GROSSMAN (Emiliano),** "Acteur", in BOUSSAGUET (Laurie), JACQUOT (Sophie) e RAVINET (Pauline), Dictionnaire des politiques publiques, 2 edição, Presses de la fondation nationale des Sciences Politiques, 2006, pp. 25-31.

e**HALL (Peter A) e TAYLOR (Rosemary C.R),** "La science politique et les trois neo-institutionnalismes", in Revue Fran^aise de Science Politique, 47 annee, n°3-4, 1997, pp. 469-496.

HAMIDI (Camille), "Elements pour une approche mteractionniste de la politisation: engagement associatif et rapport au politique dans des associations locales issues de 1 immigration", in Revue Fran^aise des Sciences Politiques, 2006, Vol. 56 (№1), pp. 5-25.

HALPERN (Charlotte), LASCOUMES (Pierre) ET LE GALES (Patrick), " L'instrumentation et ses effets. Debats et mises en perspective theorique", in HALPERN (Charlotte), LASCOUMES (Pierre) et LE GALES (Patrick) (dir.), L'instrumentation de l'action publique. Controverses, resistances, effets, SciencePo.Les Presses, Presses de la fondation nationale de sciences politiques, 2014, pp. 15-59.

HASSENTEUFEL (Patrick), "L'Etat mis a nu par les politiques publiques", in BADIE (Bertrand) e DELOYE (Yves) (dir.), Le temps de 1 Etat, melange en l'honneur de Pierre BIRNBAUM, Fayard, 2007, pp. 311-329.

e**JACQUOT (Sophie),** "L'approche sequentielle", in BOUSSAGUET (Laurie), JACQUOT (Sophie) e RAVINET (Pauline), Dictionnaire des politiques publiques, 2 edição, Presses de la fondation nationale des Sciences Politiques, 2006, pp. 73-80.

JOBERT (Bruno), "L'Etat en action. eoL'apport des politiques publiques", in Revue Fran^aise de Science Politique, 35 annee, n 4, 1985, pp. 654682.

°**LAGROYE (Jacques),** "On ne subit pas son role", Politix n 38, 1997, pp. 7-17.

LASCOUMES (Pierre), "Gouvemer par les instruments. Ou comment s'instrumente 1'action publique", in LAGROYE (Jacques) (ed.), La politisation, Paris, Belin, 2003, pp. 387-401.

LASCOUMES (Pierre) e SIMARD (Louis), "L'action publique au prisme de ses instruments", Revue Fran^aise de Science Politique, 2011, Vol. 61, pp. 5-22.

LECOURS (André), "L'approche neo-institutionnaliste en science politique : unite ou diversite?" in Politique et Societe, Vol. 21, 2002, pp. 3-19.

e**LEVY (Julien) e WARIN (Philippe),** "Ressortissants", in BOUSSAGUET (Laurie), JACQUOT (Sophie) e RAVINET (Pauline), Dictionnaire des politiques publiques, 5 edição, Presses de la fondation nationale des Sciences Politiques,

2019, pp 555-561.
LINDBLOM (Charles), "The science of 'muddling through'", Public Adminitration Review, 19 (2), 1959, pp. 79-88.
MASSE (Jolicoeur M), "Introduction au modele de I'equilibre ponctue : un modele pour comprendre la stabilite et les changements radicaux en politiques publiques", Montreal, Quebec: National Collaborating Centre for Healthy Public Policy, 2018, pp. 1-11.
MANFET (Christelle), "La territorialisation problematique de l'action universitaire. Dynamique sectorielle et reponses locales", in FAURE (Alain) et NEGRIER (Emmanuel) (dir.), Les politiques publiques a I'epreuve de l'action locale. Critiques de la territorialisation, Paris, L'Harmattan, 2007, pp. 27-34.
[e]**MEGIE (Antoine),** "Mise en rnuvre", in BOUSSAGUET (Laurie), JACQUOT (Sophie) e RAVINET (Pauline), Dictionnaire des politiques publiques, 2 edição, Presses de la fondation nationale des Sciences Politiques, 2006, pp. 285-292.
MEVA'A ABOMO (Dominique), "Le fardeau de la lutte centre le paludisme urbain au Cameroun: etat des lieux, contraintes et perspectives", RCGT, Vol 3 (2), 2016, pp. 26-42.
MOULIOUM MOUNGBAKOU (Ibrahim Bienvenu), "Concurrence des therapeutiques traditionnelles et biomedicales dans la lutte centre le paludisme a I extreme-nord du Cameroun", in Journal des anthropologues, 2014, pp. 137-157.
MULLER (Pierre), "Esquisse d'une theone du changement dans 1 action publique". Structures, acteurs et cadres cognitifs", in Revue Fran^aise de Science politique, 2005/1 Vol. 55, pp. 155-187.
[e]**MULLER (Pierre),** "L'analyse cognitive des politiques publiques : vers une sociologie politique de l'action publique", in Revue Fran^aise de Science Politique, 50 annee, n°2, 2000, pp. 189-208.
[e] **MULLER (Pierre),** "Referentiel", in BOUSSAGUET (Laurie), JACQUOT (Sophie) e RAVINET (Pauline), Dictionnaire des politiques publiques, 2 edição, Presses de la fondation nationale des Sciences Politiques, 2006, pp. 372-378.
NAHRATH (Stephane), "Les referentiels de politiques publiques", Congres annuels de 1 association suisse de Science Politique, Universite de Geneve, 2010, pp. 1-25.
NAY (Olivier), "La politique des bons offices. L'elu, l'action publique et le territoire", in LAGROYE (Jacques) (ed.), La politisation, Paris, Belin, 2003, pp. 199-219.
KONTCHOU KOUOMENGI (Augustin), "Methode de recherche et domaines nouveaux en Relation Internationale", in Revue Camerounaise des Relations intemationales, Ed. Speciale, 1982, pp. 55-60.
OKALLA (Raphael), "Le district de sante d'Akonolinga", in Bulletin de l'APAD, 2001, pp. 1-11.
OKALLA (Raphael) e LE VIGOUROUX (Alain), "Cameroun: de la reorientation des soins de sante primaries au plan de développement sanitaire", in

Bulletin de 1 APAD, 2001, pp. 1-10.

OGIEN (Albert), "Garfinkel et la naissance de I'ethnomethodologie", Paris, Institut marcel Mauss-CEMS, abril de 2016, pp. 1-16.

PALIER (Bruno) e SUREL (Y), "Les trois 'i' et l'analyse de 1 Etat en action", Revue Fran^aise de Science Politique, 2005/1, Vol.55, pp. 7-32.

PAQUOT (Thierry), "Qu'est-ce qu'un territoire?", in Vie Sociale, n°2, 2011, pp. 23-32.

PIERSON (Paul), "Path Dependence, Increasing Returns, and the Study of Politics", American Political Science Review, 94 (2), 2000, pp. 251-267.

PROULX (Serge) e BELANGER (Danielle), "La reception des messages", in GINGRAS (Anne-Marie) (dir.), La communication politique. Etat des Savoirs, enjeux et perspectives, Presses de I'Universite du Quebec, 2003, pp. 215-255.

QUERMONNE (Jean-Louis), "Les politiques institutionnelles. Essai d'interpretation et de typologie", in GRAWITZ (Madeleine) e LECA (Jean), Traite de science politique, Paris, PUF, Tome 4, 1985, pp. 61-88.

[e]**SAURUGGER (Sabine),** "Groupe d'interet", in BOUSSAGUET (Laurie), JACQUOT (Sophie) e RAVINET (Pauline), Dictionnaire des politiques publiques, 2 edição, Presses de la fondation nationale des Sciences Politiques, 2006, pp. 252-260.

[e]**SHEPPARD (Elisabeth),** "Probleme public", em BOUSSAGUET (Laurie), JACQUOT (Sophie) e RAVINET (Pauline), Dictionnaire des politiques publiques, 2 edição, Presses de la fondation nationale des Sciences Politiques, 2006, pp. 349-355.

SIMEANT (Johanna), "Un humanitaire 'apolitique' ? Demarcations, socialisations au politique et espaces de realisation de soi", in LAGROYE (Jacques) (ed.), La politisation, Paris, Belin, 2003, pp. 163-196.

SORIAT (Clement), "L'implication des acteurs associatifs beninois dans 1'action publique de lutte contre le sida: entre domestication et prise de pouvoir", in Penser 1'action publique en contexte africain, Congres AFSP Aix, 2015, pp. 1-18.

[e]**SUREL (Yves),** "Approches cognitives", in BOUSSAGUET (Laurie), JACQUOT (Sophie) e RAVINET (Pauline), Dictionnaire des politiques publiques, 2 edição, Presses de la fondation nationale des Sciences Politiques, 2006, pp. 80-88.

TCHOUPIE (André), "L'institutionnalisation des deliberations dans 1 espace public au sein des chefferies Bamileke de 1 Ouest-Cameroun", in Afrique et Developpement, CODESRIA, Vol. XXXIV, 2009, pp. 65-92.

THELEN (Kathleen), "Comment les institutions evoluent: perspectives d'analyse comparative historique", L'annee de la regulation, 7, 2003-2004, pp. 13-44.

THOENIG (Jean-Claude), "L'analyse des politiques publiques", in GRAWITZ (Madeleine) e LECA (Jean), Traite de science politique, Paris, PUF, Tome 4, 1985, pp. 1-60.

[e]**THOENIG (Jean-Claude),** "Politique publique", em BOUSSAGUET (Laurie), JACQUOT (Sophie) e RAVINET (Pauline), Dictionnaire des politiques publiques,

2 edição, Presses de la fondation nationale des Sciences Politiques, 2006, pp. 328-335.
VERNAZZA-LICHT (Nicole), BLEY (Daniel), MUDUDU (Leon) e MBETOUMOU (Marceline), "Entre fatalite et action: perception et gestion du risque palustre au Cameroun", in POMEL (Simon), (ed.) Du risque en Afrique: terrain et perspectives, Karthala, MSHA, 2015, pp. 202-213.
VOLLET (Dominique), CALLOIS (Jean-Marc), MOQUAY (Patrick) e ROUSSEL (Veronique), "Les politiques rurales gagnees par la territorialisation", in FAURE (Alain) e NEGRIER (Emmanuel) (dir.), Les politiques publiques a l'epreuve de 1 action locale. Critiques de la territorialisation, Paris, L'Harmattan, 2007, pp. 79-85.
WATSON (Rodney), "Continuite et transformation de I'ethnomethodologie", in FORMEL (Michel de), OGIEN (Ruwen), QUERE (Louis) (dir.), L'ethnomethodologie: une sociologie radicale, Paris, La Decouverte, 2001, pp. 17-29.
ZAHARIADIS (Nicolaos), "Setting the agenda on agenda setting: definitions, concepts and controversies", in ZAHARIADIS (Nikolaos) (ed.), Handbook of Public Policy: agenda setting, Cheltenham, UK- Northampton, MA, USA, Edward Elgar, 2016, pp. 1-21.
ZITTOUN (Philippe), "La fabrique pragmatique des politiques publiques", in Anthropologie et Developpement,n°45/2017, pp. 65-89.

III: TESES E DISSERTAÇÕES

BONVALET (Perrine), *De I'urgence politique a la gestion de 1 action publique: Construire et institutionnaliser I'acces aux traitements du VIH/Sida au Benin,* These de doctorat en science politique, Universite de Bordeaux, 2014.
DJEUTCHOUANG SAYANG (Collins), *Interet de l'utilisation de tests de diagnostic rapide du paludisme sur le cout et I'efficacite de la prise en charge des patients febriles a Yaounde Cameroun,* These de doctorat en pathologie humaine, Faculte de medecine de Marseille, 2010.
DESCLAUX (Alice), *L'epidemie invisible. Anthropologie d'un systeme medical a I'epreuve du sida chez 1'enfant a Bobo Dioulasso, Burkina Faso,* These de doctorat en Anthropologie, Aix-Marseille 3, 1997.
DIAW (Mamadou), *L'appropriation communautaire des cases de sante selon la perspective des populations,* These de doctorat en Geographie, Universite Paris Saclay, 2019.
EBOKO (Fred), *Pouvoir, jeunesse et sida au Cameroun: politiques publiques, dynamiques sociales et constructions des sujets,* These de doctorat en science politique, Universite Montesquieu-Bordeaux IV, Institut d'Etudes politiques de Bordeaux, Ecole doctorale de science politique de Bordeaux, Bordeaux, 2002.
FOE NDI (Christophe), *La mise en oeuvre du droit a la sante au Cameroun,* These de doctorat en Droit public, Universite d'Avignon, 2019.
KOJOUE KAMGA (Larissa), *Enfants et VIH/Sida au Cameroun. Construction et*

implications de l'agenda politique, These de doctorat en science politique, Universite de Bordeaux Segalen, SciencePo Bordeaux, 2013.

MBOUZEKO (Raymond), *Discours et representations sociales dans la prevention du paludisme au Cameroun. Logique des discours, perceptions de la maladie et pratiques des populations,* These de doctorat en science de l'information et de la communication, Universite Lumiere de Lyon 2, 24 novembre 2010.

SIMBE AVORE (Thomas D'Aquin), *Les politiques publiques de traitement du paludisme dans l'arrondissement de Mbouda (1952-2014),* Memoire de master en science politique, Universite de Dschang, 2016.

TSOTSA (Nathanael Edrich), *A ação pública de luta contra o VIH/Sida. Actores, controvérsias e dinâmicas. Analyse comparee a partir des exemples sud-africain, Burkinabe et camerounais,* These de doctorat en science politique, Institut d'etude politique de Bordeaux, 2009.

IV: DICIONÁRIOS

e **DICTIONNAIRE DES POLITIQUES PUBLIQUES,** editado por Laurie BOUSSAGUET, Sophie JACQUOT e PAULINE RAVINET, 2 edição revista e corrigida, Paris, Presses de sciences Po, 2006.

e **DICTIONNAIRE DES POLITIQUES PUBLIQUES,** editado por Laurie BOUSSAGUET, Sophie JACQUOT e PAULINE RAVINET, 5 édition entièrement mise a jour et augmentee, Paris, Presses de sciences Po, 2019.

e**DICTIONNAIRE DE LA SCIENCE POLITIQUE ET DES INSTITUTIONS POLITIQUES,** editado por Guy HERMET, Bertrand BADIE, Pierre BIRNBAUM e Philippe BRAUD, 7 edição revista e aumentada, Paris, Armand Colin, 2010.

DICTIONNAIRE DE SCIENCES POLITIQUES ET SOCIALES, editado por David ALCAUD e Laurent BOUVET, Edition Sirey, Paris, 2004.

DICTIONNAIRE UNIVERSEL, Hachette, Edicef, 2001.

LE DICTIONNAIRE DES SCIENCES SOCIALES, editado por Jean-Francois DORTIER, Editions sciences humaines, 2013.

e**LEXIQUE DE SCIENCE POLITIQUE,** editado por Olivier NAY, 4 edição, Dalloz, 2017.

V: RELATÓRIOS E DOCUMENTOS ADMINISTRATIVOS

Decisão ministerial n°0406/D/MINSANTE/CAB, de 23 de junho de 2014, sobre a fixação de preços da gestão da malária grave nos Camarões.

Decreto n°2013/093 de 03 de abril de 2013 sobre a organização do Ministério da Saúde Pública.

DESCLAUX (Alice), *Une etrange absence de crise. L'anthropologic et la faillite du systeme,* comunicação oral no colóquio l'AMADES, "L'anthropologie des systemes de sante", Paris 6-8 de janeiro de 1999.

IRESCO, *Etude d'évaluation du projet de distribution des moustiquaires impregnees a l'insecticide par l'association camerounaise pour marketing social,* fevereiro de 2006.

MINSANTE, *Enquete post campagne sur l utilisation des MILDA 2016/2017. Relatório final,* dezembro de 2017.

MINSANTE-OMS, ONSP, *Rapport de suivi des 100 indicateurs cles de sante au Cameroun en 2019, focus sur les ODD,* 2019.

Lei №90-035 de 10 de agosto de 1990 sobre o exercício e a organização da profissão de farmacêutico.

Lei №96/06 de 18 de janeiro de 1996 que revê a Constituição de 2 de junho de 1972.

Reseau Sida Afrique, *Cartografia da luta contra o paludismo nos Camarões,* Kid SIDA.

Plan strategique national de lutte contre le paludisme au Cameroun 20072010, The Global Fund, To fight AIDS , Tuberculosis and malaria.

VI: DOCUMENTOS E FONTES ELECTRÓNICAS

BIAREZ (Sophie), "Sphere locale et espace public", Lien social et politiques, (39), https://doi. 0rg/10.7202/0005059ar. Acedido em 11 de janeiro de 2020. pp. 132-133.

Claude (G), "Recolha de dados: características, técnicas e exemplos. Scribbr. https://www.scribbr.fr/methodologie/collecte-de-donnees/, 24 de março, 2021.

BIRABALUGE Louis, "Apprendre d'un pretre guensseur : Pere Memrad- Pierre HEBGA", disponível em linha em https://afrique.xaveriens.org/collaborateurs/item/louisbirabaluge-sx

"Projeto de imersão comunitária nos Camarões. Tema: a luta contra a malária num hospital periférico", www.medecine.unige.ch.pdf, consultado em 13 de março de 2019.

https://ioumals.openedition.org/faceaface/445?lang=en

"Les acquis et les limites de l analyse strategique", documento disponível em linha em https://www.lc-doc.com

www.infosdafrique.com.pdf. Acedido em 18 de junho de 2020.

www.vumpu.com.pdf. Acedido em 18 de junho de 2020. ..., ...

www.minsante.cm, consultado em 23 de abril de 2020.

VII: IMPRENSA

- *Tribuna dos Camarões,* 14/11/2005.
- *Tribuna dos Camarões,* 16/11/2005.
- *Tribuna dos Camarões,* 18/11/2005.
- *Tribuna dos Camarões*, 08/04/2008.
- *Cameroon Tribune,* 30/08/2010.
- *Jeune Afrique,* 30/10/2013.
- *Expressão de nível* , 24/04/2001.
- *Expressão de nível* , 04/02/2001.
- *Expressão de viagens* , 21/11/2005.
- *Expressão de nível* , 08/06/2007.
- *Expressão de viagens* , 20/03/2008.
- *Lanouvelleexpression* , 01/18/2008.

APÊNDICES

APÊNDICE 1
GUIA INDICATIVO DE ENTREVISTA
PROFISSIONAIS DE SAÚDE

1. Quando ou em que ano começou a registar-se um aumento dos casos de paludismo?
2. Que estratégias são utilizadas pelos estabelecimentos de saúde para tratar os doentes que sofrem de malária?
3. Porque é que alguns doentes se recusam a ir para o hospital quando estão doentes?
4. Que tratamento prescreve aos doentes com suspeita de malária?
5. Quantos casos de malária foram registados em 2020?
6. Já registou algum caso de morte relacionada com a malária nesta unidade de saúde?
7. As crianças com idades compreendidas entre os zero e os cinco anos são tratadas gratuitamente contra a malária neste estabelecimento de saúde?
8. Quanto custa um RDT neste estabelecimento de saúde?
9. Administram IPT a mulheres grávidas?
10. Que dificuldades encontra no tratamento de doentes com malária?
11. Porque é que acha que a malária persiste na região?

AUTORIDADES POLÍTICAS E ADMINISTRATIVAS

1. O que estão a fazer no terreno para combater a malária?
2. O que é o programa *"small no be sick"?*
3. Está a tomar medidas específicas na sua localidade para combater o paludismo? Em caso afirmativo, que medidas?
4. Que dificuldades estão a encontrar na luta contra a malária?
5. Que papel desempenhou nas várias campanhas de distribuição de MTIs/MILDAs aos agregados familiares?
6. Porque é que acha que a malária persiste na região?

ACTORES COMUNITÁRIOS (ONGS E ASSOCIAÇÕES)

1. O que pensa dos programas *"Fazer recuar a malária"* e *"Vigilância nocturna"* e que papel desempenha neles?
2. O que está a fazer no terreno para reduzir a malária?
3. Esteve envolvido no processo de distribuição de MTIs/MILDAs à população durante as chamadas campanhas de "massa"?
4. Tratam casos de malária?
5. Tem mais sucesso na implantação em zonas rurais do que em zonas urbanas?
6. Quais são as dificuldades que encontra no terreno?
7. Porque é que acha que a malária ainda persiste na região?

Estas perguntas, que tomaram a forma de entrevistas, permitiram-nos recolher dados no terreno. Foram colocadas aos profissionais de saúde, nomeadamente os da delegação regional de saúde pública do Centro, e os dos distritos sanitários de Biyem-Assi, Cite-Verte, Ntui e Yoko. Foram igualmente colocadas às autoridades políticas e administrativas, nomeadamente ao antigo deputado de Mefou-et-Akono e ao vice-prefeito de Mfoundi. Por fim, estas perguntas foram dirigidas a certos responsáveis de ONGs, nomeadamente os da Malaria No More (MNM) e da Associação Camaronesa de Marketing Social (ACMS). Tivemos o cuidado de citar estas diferentes pessoas e as diferentes datas das entrevistas para efeitos da nossa tese.

APÊNDICE 2
LISTA DAS ASSOCIAÇÕES/ONG DE LUTA CONTRA A MALÁRIA NA REGIÃO CENTRO

№	NOME DA ASSOCIAÇÃO OU ONG	DOMÍNIO DE ACTIVIDADE
1	MEIOS DE COMUNICAÇÃO SOCIAL DOS CAMARÕES CONTRA A MALÁRIA (CAMAM)	COMUNICAÇÃO
2	ASSOCIAÇÃO CAMARONESA DE ADMINISTRAÇÃO ESCOLAR	SAÚDE ESCOLAR
3	ORGANIZAÇÃO CATÓLICA DE SAÚDE NOS CAMARÕES	PRESTAÇÃO DE SERVIÇOS, DEFESA DE INTERESSES
4	ASSOCIATION DES EDUCATEURS EMERITES (ASEDEM)	LUTAR CONTRA A POBREZA ENTRE OS JOVENS ATRAVÉS DE TÉCNICAS PEDAGÓGICAS PARA PROMOVER ACÇÕES DE LUTA CONTRA A MALÁRIA NAS ESCOLAS
5	SOCIEDADE CAMARONESA DE PEDIATRIA	SAÚDE INFANTIL
6	BESAFCA/ SOS MEDECIN	CUIDADOS MÉDICOS, FORMAÇÃO DOS ACTORES LOCAIS, INVESTIGAÇÃO E CUIDADOS DESCENTRALIZADOS
7	ASSOCIAÇÃO NACIONAL DOS CAMARÕES PARA O BEM-ESTAR DAS FAMÍLIAS (CAMNAFAW)	SAÚDE REPRODUTIVA, MOBILIZAÇÃO SOCIAL, PRESTAÇÃO DE SERVIÇOS CLÍNICOS
8	ASSOCIAÇÃO DE GINECOLOGISTAS OBSTETRAS DOS CAMARÕES (SOGOC)	SAÚDE REPRODUTIVA

9	ASSOCIAÇÕES DE MULHERES DINÂMICAS NOS CAMARÕES	ASSISTÊNCIA A CRIANÇAS VULNERÁVEIS NAS REGIÕES DE MBAM-ET-INOUBOU, MEFOU E AKONO
10	A MALÁRIA DEIXOU DE EXISTIR	SENSIBILIZAÇÃO, ACOMPANHAMENTO E AVALIAÇÃO, ACÇÕES SOCIAIS, CUIDADOS.
11	AFLUSES	SENSIBILIZAÇÃO DAS COMUNIDADES NO TERRENO
12	ASSOCIAÇÃO HUMANITÁRIA DE INVESTIGADORES MÉDICOS	MEDICINA TRADICIONAL
13	FESADE	SAÚDE MATERNA E INFANTIL, LUTA CONTRA A MALÁRIA, SAÚDE DOS JOVENS
14	ROSACAM	TODOS OS ASPECTOS DA SAÚDE REPRODUTIVA, A LUTA CONTRA A MALÁRIA E A TUBERCULOSE
15	MISSÃO INTERNACIONAL PARA CRISTO (MIC)	SENSIBILIZAÇÃO DA OPINIÃO PÚBLICA PARA A LUTA CONTRA A MALÁRIA
16	SINERGIA AFRICANA CONTRA A SIDA E O SOFRIMENTO	LUTA CONTRA O VIH/SIDA E OUTRAS ENDEMIAS, LUTA CONTRA A MORTALIDADE MATERNA INFANTIL, REDUÇÃO DA POBREZA
		SOFRIMENTO DAS CRIANÇAS
17	IMPACT SANTE AFRIQUE	DEFESA, SENSIBILIZAÇÃO, CONTROLO E AVALIAÇÃO
18	ASSOCIAÇÃO CAMARONESA PARA O MARKETING SOCIAL	LUTA CONTRA O VIH/SIDA, LUTA CONTRA A MALÁRIA, LUTA CONTRA AS DOENÇAS DIARREICAS TRANSMITIDAS PELA

		ÁGUA, CUIDADOS INFANTIS E PLANEAMENTO FAMILIAR
19	FEDERAÇÃO NACIONAL DOS SINDICATOS DO COMÉRCIO E DOS SERVIÇOS DOS CAMARÕES (FESCOSCAM)	PREVENÇÃO, MOBILIZAÇÃO SOCIAL, COMUNICAÇÃO, CONTROLO DOS VECTORES
20	BCH ÁFRICA	REFORÇO DAS CAPACIDADES COMUNITÁRIAS EM MATÉRIA DE COMUNICAÇÃO SOBRE SAÚDE
21	RACTAP	ACOMPANHAMENTO, AVALIAÇÃO, CUIDADOS

APÊNDICE 3
DECISÃO N°0406/D/MINSANTE/CAB, DE 23 DE JUNHO DE 2014, SOBRE O PREÇO DO TRATAMENTO DO PAUUDISMO GRAVE NOS CAMARÕES

REPUBLIQUE DU CAMEROUN Paix – Travail – Patrie MINISTERE DE LA SANTE PUBLIQUE CABINET DU MINISTRE	REPUBLIC OF CAMEROON Peace – Work – Fatherland MINISTRY OF PUBLIC HEALTH MINISTER'S OFFICE

DECISION N°0406/D/MINSANTE/ CAB du 23 JUIN 2014
PORTANT TARIFICATION DE LA PRISE EN CHARGE DU PALUDISME GRAVE AU CAMEROUN

LE MINISTRE DE LA SANTE PUBLIQUE,

Vu la Constitution ;

Vu la Loi n°96/03 du 04 janvier 1996 portant Loi-cadre dans le domaine de la Santé ;

Vu la Loi n°90/62 du 19 décembre 1990 portant dérogation spéciale aux formations sanitaires publiques en matière financière ;

Vu le Décret n°2013/093 du 03 avril 2013 portant organisation du Ministère de la Santé Publique ;

Vu le Décret N°2011/408 du 09 décembre 2011 portant organisation du Gouvernement ;

Vu le Décret n° 2011/410 du 09 décembre 2011 portant formation du Gouvernement ;

Vu le Décret 2005/252 du 30 juin 2005 portant création, organisation et fonctionnement de la Centrale Nationale d'Approvisionnement en Médicaments et Consommables Médicaux Essentiels modifié et complété par le décret n°2009/386 du 30 novembre 2009 ;

Vu le Décret n°93/228/PM du 15 mars 1993 fixant les modalités d'application de la Loi n°90/062 du 19 décembre 1990, accordant dérogation spéciale aux formations sanitaires publiques en matière financière ;

Vu la Décision n°0399/D/MINSANTE/CAB du 18 juin 2014 portant directives sur la gratuité de traitement du paludisme grave chez les enfants de moins de cinq ans ;

Vu la Décision n°0092/D/MSP/CAB du 29 novembre 2001 portant tarification des médicaments et dispositifs médicaux essentiels au niveau des Centres d'Approvisionnement Pharmaceutique Régionaux et des formations sanitaires publiques ;

Vu la Lettre Circulaire n°D36-11/LC/MINSANTE/CAB du 05 Mars 2012 portant révision des prix des produits pharmaceutiques dans le secteur public ;

Considérant les nécessités de service.

DECIDE :

Article 1er :
La présente Décision porte tarification de la prise en charge du paludisme grave par l'artésunate injectable ou l'artémether injectable.

Article 2 :
(1) L'artésunate injectable et l'artémether injectable utilisés dans le cadre du traitement du paludisme grave sont cédés à titre gratuit à tous les patients quelque soit l'âge.
(2) Toutefois, les formations sanitaires s'acquittent auprès des Centres d'Approvisionnement Pharmaceutique Régionaux ou des Fonds Régionaux de Promotion de la Santé, des frais de gestion de ces antipaludiques cédés à titre gratuit.

Article 3 :
Les molécules et intrants complémentaires à la prise en charge du paludisme grave sont : un (01) antipyrétique à base de paracétamol, un (01) test de diagnostic rapide, 06 seringues de 10 ml, une (01) poche sérum glucosé 5%, une (01) poche de ringer lactate, un (01) perfuseur, trois (03) cathéters G24 ou trois (03) épicrâniennes G24.

Article 4:
(1) Ces molécules et intrants complémentaires ne sont pas gratuits ; toutefois, ils sont subventionnés à 100% chez les enfants de moins de cinq ans par un mécanisme de solidarité inter-génération.
(2) La solidarité inter génération consiste à faire supporter le coût des malades de paludisme grave âgés de moins de cinq ans par les malades de paludisme grave âgés de plus de 5 ans, sachant que ces derniers représentent 65% et les premiers 35% (Données PNLP, 2013).

Article 5:
Les molécules et intrants complémentaires à l'artésunate injectable ou l'artémether injectable sont partiellement subventionnés pour les femmes enceintes qui représentent 10% des malades, par les patients âgés de plus de cinq ans (Données PNLP, 2013).

Article 6:
(1) La molécule antipaludique du paludisme grave de la **femme enceinte au premier trimestre de la grossesse est uniquement la quinine**, tel que précisé dans le Guide National de Prise en Charge du Paludisme au Cameroun.
(2) La quinine n'est pas gratuite.

Article 7:
Les molécules et intrants rentrant dans le traitement des complications éventuelles de paludisme grave font l'objet d'une facturation quelque soit l'âge du patient.

Article 8:
(1) Les formations sanitaires acquièrent normalement aux prix homologués les molécules et intrants complémentaires auprès des Centres d'Approvisionnement Pharmaceutique Régionaux ou des Fonds Régionaux de Promotion de la Santé.
(2) Les frais de gestion des Centres d'Approvisionnement Pharmaceutique Régionaux ou des Fonds Régionaux de Promotion de la Santé sont facturés aux formations sanitaires sur la base des quantités de molécules antipaludiques destinées aux adultes à raison **de 600 francs CFA par traitement** (12 ampoules d'artésunate injectable 60mg ou 6 ampoules d'artémether injectable 80mg).

Article 9:
Les prix de cession du traitement **dans le cadre de la solidarité inter-génération d'un épisode de paludisme grave** au niveau des formations sanitaires s'établissent ainsi qu'il suit :
- enfants de moins de cinq ans (hors frais d'hospitalisation et de complications éventuelles) : **gratuit** ;
- femmes enceintes à partir du deuxième trimestre de grossesse (hors frais d'hospitalisation et de complications éventuelles) : **quatre mille (4 000) francs CFA** ;
- patients de plus de cinq ans (hors frais d'hospitalisation et de complications éventuelles) : **huit mille (8 000) francs CFA**.

Article 10: La présente Décision abroge la Décision N°0243/MINSANTE/SG/DAJC/ du 30 avril 2014 et sera enregistrée, publiée puis communiquée partout où besoin sera /-

LE MINISTRE DE LA SANTE PUBLIQUE,

André MAMA FOUDA

APÊNDICE 4

NOTA INFORMATIVA SOBRE A CAMPANHA NACIONAL DE DISTRIBUIÇÃO DE MILDA 2015/2016

RÉPUBLIQUE DU CAMEROUN
Paix-Travail-Patrie
MINISTERE DE LA SANTE PUBLIQUE

REPUBLIC OF CAMEROON
Peace-Work-Fatherland
MINISTRY OF PUBLIC HEALTH

NOTE D'INFORMATION
2ème CAMPAGNE NATIONALE DE DISTRIBUTION GRATUITE DE 12,350 MILLIONS DE MILDA

Le Cameroun s'est engagé à atteindre la « Couverture universelle des populations en Moustiquaires Imprégnées d'insecticides de Longue Durée d'Action (MILDA) », afin de diminuer d'une manière significative la morbidité et la mortalité dues au paludisme.

Une deuxième campagne nationale de distribution gratuite d'environ **12 350 000** de MILDA a débuté le 2e semestre 2015 et va s'achever en Mai 2016.

Au 1er Avril 2016, Neuf Régions sur dix ont déjà reçu **8.765.522 MILDA** réparties comme suit :

Régions	Nombre de MILDA distribuées	Précisions
Adamaoua	**697 220**	
Est	**496 377**	
Extrême-Nord	**1 953 921**	**Données de 28 districts de santé sur 30**
Littoral	**1 473 212**	**Données de 23 districts de santé sur 24**
Ouest	**734 099**	**Données de 18 districts de santé sur 20**
Nord	**1 362 401**	
Nord-Ouest	**956 407**	
Sud	**376 767**	
Sud-Ouest	**715 118**	
Total	**8 765 522**	

La 10ème Région à savoir le Centre, recevra les MILDA la mi- Mai 2016, à l'issue des enquêtes de dénombrement programmées la dernière semaine d'Avril 2016.

Yaoundé le 15 AVR 2016

André MAMA FOUDA
Ministre de la Santé Publique

MIX
Papier aus verantwortungsvollen Quellen
Paper from responsible sources
FSC® C105338

Printed by Books on Demand GmbH, Norderstedt / Germany